2006-2007

农业科学学科发展报告

基础农学

REPORT ON ADVANCES IN BASIC AGRONOMY

中国科学技术协会　主编

中国农学会　编著

中国科学技术出版社

·北　京·

图书在版编目(CIP)数据

2006－2007农业科学学科发展报告(基础农学)/中国科学技术协会主编；中国农学会编著. —北京：中国科学技术出版社，2007.3

ISBN 978-7-5046-4520-3

Ⅰ.2... Ⅱ.①中... ②中... Ⅲ.农业科学－研究报告－中国－2006－2007 Ⅳ.S

中国版本图书馆CIP数据核字(2007)第023511号

中国科学技术出版社出版

北京市海淀区中关村南大街16号　邮政编码:100081

电话:010－62103210　传真:010－62183872

http://www.kjpbooks.com.cn

科学普及出版社发行部发行

北京长宁印刷有限公司印刷

*

开本:787毫米×1092毫米　1/16　印张:13.25　字数:318千字

2007年3月第1版　　2007年5月第2次印刷

印数:2001—3600册　　定价:32.00元

ISBN 978-7-5046-4520-3/S·514

2006—2007
农业科学学科发展报告(基础农学)

REPORT ON ADVANCES IN BASIC AGRONOMY

首席科学家 卢良恕
主　持　人 信乃诠　许世卫　孙好勤
参加工作人员 孔繁涛　朱　遐　刘荣志　赵凯丰
专题研究

专题之一:农业植物学学科发展专题报告
牵头人:朱至清
成　员:刘公社

专题之二:植物营养学学科发展专题报告
牵头人:金继运
成　员:刘晓燕　何　萍

专题之三:昆虫病理学学科发展专题报告
牵头人:倪汉祥
成　员:雷仲仁　彭德良

专题之四:农业微生物学学科发展专题报告
牵头人:林　敏
成　员:伍宁丰　李　敏

专题之五:农业分子生物学与生物技术学科发展专题报告
牵头人:黄荣峰
成　员:张海文

专题之六:农业数学学科发展专题报告
牵头人:田维明
成　员:介跃建

专题之七:农业生物物理学学科发展专题报告

牵头人:张晔晖

成　员:严衍禄　彭运生　吉海彦

专题之八:农业气象学学科发展专题报告

牵头人:梅旭荣

成　员:郑大玮　孙忠富　尹燕芳

专题之九:农业生态学学科发展专题报告

牵头人:骆世明

成　员:王建武　章家恩　曾任森　黎华寿　蔡昆争
叶延琼　肖红生　陈贵葵　秦　钟　赵　娜

专题之十:农业信息科学学科发展专题报告

牵头人:许世卫

成　员:刘世洪

序

基于我国经济社会发展和国际社会竞争态势的客观要求，党中央、国务院做出增强自主创新能力、建设创新型国家的战略部署，这是综合分析我国所处历史阶段和世界发展大势做出的重大战略决策。学科创立、成长和发展，是科学技术创新发展的科学基础，是科学知识体系化的象征，是创新型国家建设的重要方面，是国家科技竞争力的标志。在科学技术繁荣、发展的过程中，传统的自然科学学科得以不断深入发展，新兴学科不断产生，学科间的相互渗透、相互融合的趋势不断增强；边缘学科、交叉学科纷纷涌现，新的分支学科不断衍生，科学与技术趋向综合化、整体化。及时总结、报告自然科学的学科最新研究进展，对广大科技工作者跟踪、了解、把握学科的发展动态，深入开展学科研究，推进学科交叉、融合与渗透，推动多学科协调发展，促进原始创新能力的提升，建设创新型国家具有非常重要的意义。为此，中国科协在连续 4 年编制《学科发展蓝皮书》基础上，自 2006 年开始启动学科发展研究及发布活动。

按照统一要求，中国力学学会、中国化学会、中国地理学会等 30 个全国学会申请承担了 2006 年相应 30 个一级学科发展研究任务，并编撰出版 30 本相应学科发展报告。在此基础上，中国科协学会学术部组织有关专家编撰了全面反映这 30 个一级学科的总报告——《学科发展报告综合卷(2006—2007)》。

中国科协是中国科学技术工作者的群众组织，是国家推动科学技术事业发展的重要力量，开展学术交流、活跃学术思想、促进学科发展、推动自主创新是其肩负的重要任务之一。开展学科发展研究及学科发展报告发布活动，是贯彻落实科技兴国战略和可持续发展战略，弘扬科学精神，繁荣学术思想，展示学科发展风貌，拓宽学术交流渠道，更好地履行中国科协职责的一项重要举措。这套由 31 卷、800 余万字构成的系列学科发展报告(2006—2007)，对本学科近两年来国内外科学前沿发展情况进行跟踪，回顾总结，并科学评价了近年来学科的新进展、新成果、新见解、新观点、新方法、新技术等，体现了学科发展研究的前沿性；报告根据本学科的发展现状、动态、趋势以及国际比较和战略需求，展望了本学科的发展前景，提出了本学科发展的对策和建议，体现了学科发展研究的前瞻性；报告由本学科领域首席科学家牵头、相关学术领域的专家学者参加研究，集中了本学科专家学者的智慧和学术上的真知灼见，突出了学科发展研究的学术性。这是参与这些研究的全国学会和科学家、科技专家劳动智慧的结晶，也是他们学术风尚和科学责任的体现。

希望中国科协所属全国学会坚持不懈地开展学科发展研究和发布活动，持之以恒地出版学科发展报告，充分体现中国科协“三服务、一加强”（为经济社会发展服务，为提高全民科学素质服务，为科学技术工作者服务，加强自身建设）的工作方针，不断提升中国科协和全国学会的学术建设能力，增强其在推动学科发展、促进自主创新中的作用。

中国科学技术协会主席

韩启德

2007 年 2 月

前　言

当今世界，新科技革命迅猛发展，不断引发新的创新浪潮，科技成果转化和产业化更新换代的周期越来越短，科学技术作为第一生产力的地位和作用越来越突出。新的科技革命既给我们带来发展机遇，也使我们面临严峻的挑战。我们要把握发展的主动权，就必须紧紧掌握世界科技发展趋势，抓住机遇，迎接挑战，加速科技发展，提高我国经济的国际竞争力。

中国科协为贯彻落实全国科技大会和《国家中长期科学和技术发展规划纲要(2006～2020)》精神，组织开展学科发展研究及发布活动意义重大。这是实践“三个代表”重要思想和科学发展观的重要举措，也是促进学科发展和原始创新能力提高，提升我国科技自主创新水平，建设创新型国家的必然抉择。

农业是国民经济的基础。中国的农业在历史上为世界科技界称道。18世纪瑞典生物学家林奈曾赞扬过中国农业；19世纪著名生物学家达尔文认为中国最早提出了选择原理；德国农业化学家李比希认为中国古代对有机肥的利用，是人类的一大进步。新中国成立后，特别是改革开放以来，农业科技取得了一系列重大突破，杂交育种、土壤培肥、生物防治、高产栽培、多熟种植等技术处于世界领先或先进水平。农业科技进步对农业的贡献率从“一五”期间的20%左右，上升到“十五”末的48%。农业科技的巨大进步和贡献率的提高，使农业综合生产能力不断增强，粮食生产已基本稳定在4.8亿吨的水平。

农业科技的理论基础是基础农学学科。加强基础农学学科建设与发展，对于发展现代农业、加快社会主义新农村建设意义重大，影响深远。中国农学会根据中国科协学发(2006)96号文件《关于开展学科发展研究的通知》的统一要求和部署，提出了《农业科学学科——基础农学发展研究组织方案》，成立了以卢良恕院士为首席科学家，信乃诠为课题组组长，许世卫、孙好勤为副组长，朱至清、金继运、倪汉祥、林敏、黄荣峰、田维明、张晔晖、梅旭荣、骆世明、许世卫10个专题研究牵头人约近百名专家、教授参加的基础农学学科研究课题组。

半年来，按照分工合作原则，各位专家在广泛调查研究、占有文献资料的基础上，对本学科国内外发展进行分析，提出未来发展趋势与建议，初步形成研究报告；举办基础农学学科学术讨论会，对各学科研究报告进行较深入探讨与交流，提出进一步修改意见与建议；最后，各自形成有思路、有观点的研究报告，并通过了审定，进一步提高了研究质量和水平。

基础农学学科研究综合报告，首次界定了基础农学学科的概念与内涵，回顾了50多年我国基础农学学科发展的四个阶段，从理论高度论述了基础农学学科的地位和作用，分析了基础农学学科的现状和问题，概述了基础农学及主要分支学科的重要进展，重点研究了当代基础农学学科的特点与趋势，最后提出了加快农学学科发展的政策性建议。综合报告从基础农学学科高度把握了方向，有重要的参考价值。

基础农学分支学科研究，参照国家标准学科分类与代码(GB/T13745—92)，结合当前学科发展，提出了农业植物学、植物营养学、昆虫病理学、农业微生物学、农业分子生物学与生物技术、农业数学、农业生物物理学、农业气象学、农业生态学、农业信息科学10个分支学科作为专题，分别论述了学科最新进展及其在农业和农村经济发展中的应用、成效，分析了学科发展现状、进展和趋势，有的专题报告对学科发展趋势和研究方向提出了建议。

尽管课题组同志做了很大努力，但是由于时间紧、任务重，而且受篇幅所限，对某些重要问题研究、探索的深度和广度还有待提高。对于报告的不足之处，敬请读者不吝批评指正。

在课题研究过程中，得到了中国农学会有关分会、中国农业科学院、中国农业大学等单位的大力支持，得到了许多专家和相关工作人员的真诚帮助，在此一并表示衷心的感谢。

中国农学会

2006年12月

目　录

综合报告

专题报告

附　录

ABSTRACTS IN ENGLISH

Comprehensive Report

Reports on Special Topics

综合报告

基础农学学科发展

一、引言

本报告在界定基础农学学科概念与内涵的基础上，回顾了新中国成立后，基础农学学科发展的四个阶段，即：全面起步阶段、曲折与破坏阶段、恢复与调整阶段、改革与发展阶段，从而为基础农学学科发展奠定了坚实基础。

基础农学学科在科技、经济、社会发展中占有极其重要的地位。基础农学学科是衡量国家科研水平的重要标志；基础农学学科的新概念、新理论、新方法是推动农业科技创新和进步的动力；基础农学学科的定位观察和基础数据积累是国家宏观决策重要的科学依据；基础农学学科是培养高素质人才、提高农业教育水准的重要途径；基础农学学科的研究成果转化与推广，可以促进农业和农村经济持续稳定健康发展。

新中国成立后，特别是改革开放以来，基础农学学科发生了深刻变化，研究机构比较健全，队伍初具规模，试验研究条件改善，国际合作与交流有了新的发展。基础农学学科在不同历史时期都是国家科技发展规划、计划的重点，特别是“六五”以来，国家先后推出的科技攻关计划、高技术研究与产业化发展计划（“863”计划）、重点基础研究发展计划（“973”计划）和研究开发条件建设计划等涉农项目中，基础农学及分支学科，即：作物遗传育种、作物营养、作物昆虫病理、农业微生物、农业分子生物学与生物技术、农业生物物理、农业气象、农业生态、农业信息科学等研究项目增加、经费强度提高，加快了基础农学学科发展。值得指出的是，基础农学学科根据国家需要和已有科研工作的大量成果，在阐明自然现象、特征和规律的基础研究和应用基础研究中，取得了具有重要科学价值的科研成果，在应用科学技术知识做出产品、改进工艺及其系统等技术发明中，取得了具有先进性和创新性的科技成果。据统计，从1949～2005年受到国家奖励的农业方面成果，国家自然科学奖27项，国家技术发明奖特等奖和一等奖18项。这些科技成果有很高的科技水平，极大地丰富和发展了基础农学，而且也直接或间接地转化为巨大的生产力，产生了巨大的经济、社会效益。

20世纪90年代以来，随着现代科学技术的迅猛发展，特别是数、理、化、天、地、生等基础科学对基础农学的渗透，基础农学学科研究出现了新特点、新趋势。即：基础农学与农业科技、生产结合越来越密切，正在走向一体化和综合化；基础科学对基础农学的渗透日趋明显，不断产生新的边缘学科、交叉学科和综合学科；基础农学向微观和宏观两个方面发展，既结合又促进，加快了科研进展与突破；基础农学研究借助现代试验工具和理论方法，实现了试验研究手段的现代化；国际间基础农学研究是竞争与合作、交流与限制并存，形成十分复杂的态势。随着基础农学研究及其成果转化与推广，必将为解决全球人口高峰期的食物问题做出新的贡献。

为了加快我国基础农学学科的发展，要以“三个代表”重要思想和科学发展观为指导，认真贯彻"自主创新,重点跨越,支撑发展,引领未来"的科技指导方针,进一步深化科技体制改革,建立起适合社会主义市场经济、符合农学学科自身规律的新型国家科研体制;造就一支精干、高效的基础农学学科研究队伍;加快基础农学及分支学科国家重点实验室和现代化试验研究基地建设;积极推进基础农学国际科技合作与交流,建议在中国举办基础农学与世界农业高层论坛;大力增加基础农学的科技投入,争取到 2010 年前,基础农学研究占整个农业科研投入比例,从 2004 年的 1%左右,提高到 2%以上;创造有利于基础农学学科持续稳定发展的外部环境,保持研究计划的稳定性和连续性,鼓励创新学术思想,树立良好的科学道德和学风,继续改善科研人员生活待遇,改进成果奖励制度等。所有这些相关政策的实施,必将有助于基础农学学科的可持续发展。

二、基础农学学科概述

基础农学学科是农业科学的技术基础。基础农学学科不仅可以促进农业科技进步和创新,而且可以推动农业和农村经济持续稳定协调发展。

基础农学学科是生物学的一个分支学科,是认识与农业有关的自然现象、揭示农业客观规律及其原理,研究农业生产体系中的自然现象及其现象本质的学科,其目的是为充分开发利用和保护农业自然资源,协调作物与环境之间的关系,防止有害生物和不良环境对农业的破坏,以期获得农业生产的最佳组合,提高农产品的产量和品质及其生产效率,促进优质、高产、高效农业的发展,有效保障国家食物安全、生态安全,持续增加农民收入,提高农产品的国际竞争力。

基础农学学科概念是一个综合、动态、发展的概念。随着经济和科技的发展,在不同历史时期有着不同的内涵。早在几千年前,人类在进行农耕、放牧的实践中,观察、描述、认识、总结和积累了有关植物、动物、微生物的丰富知识。我国的古籍《诗经》和《齐民要术》上就记载了大量的草木鸟虫鱼的名称及其实际应用。进入 19 世纪,受物理学、化学、生物学发展的影响以及进化论思想的促进,基础农学学科开始形成并得到了迅速发展,从此跨入了现代科学的行列。

基础农学的分支很多,如遗传育种学、形态学、生理学、营养学、昆虫学、病理学、生态学等等。20 世纪 50 年代以来,由于广泛深入地应用物理、化学、生物学的新成就,基础农学得到了迅速发展。对农学各种现象的研究从宏观进入微观,深入到细胞、亚细胞和分子水平,使农业分子生物学成为现代基础农学的一个重要发展方向,其影响已渗透到基础农学的各个领域,创立了新兴学科,即分子遗传学、分子细胞学、分子病理学等等。随着人类农业活动的扩大和自然环境对农业产生的深刻影响,基础农学学科范畴进一步拓宽,到了 20 世纪末,基础农学的分支学科,即作物遗传育种学、作物营养学、作物昆虫学、作物病理学、农业微生物学、农业分子生物学与生物技术、农业数学、农业生物物理学、农业气象学、农业生态学、农业信息学等逐步发展起来,形成了门类比较齐全的学科体系,并获得了重要进展与突破,产生了新理论、新方法、新技术,涌现出一些新思路、新见解、新观点,某些领域和项目接近或赶上世界先进水平。但是,我国的基础农学学科起步晚,发展滞后,同发达国家比较,还存在较大的差距。我们要认真贯彻全国科技大会和《国家中长期科学和技术发展纲要》(2006～2020年)精神,以“三个代表”重要思想和科学发展观为指导,组织精干的科研队伍,选择有基础、有优势,又是国际学科前沿,选择影响国计民生、具有全局性、前瞻性、基础性的重点领域和亟须解决的“三农”重大技术理论问题,联合攻关,实现跨越式发展,努力攀登高峰,为发展学科、服务农业做出新的贡献。

三、我国基础农学学科发展与回顾

近代农业科学技术发展的一个重要特征,是基础农学学科的研究成果投入实际使用的过程在缩短,进程在加速。在现代社会中,虽然有部分农业生产,特别是在发展中国家,来自传统的技术和操作,但大部分农业生产依赖于近代基础农学的研究成果,尤其是19世纪以来的进化论、遗传学、细胞学说、基因学和杂交优势理论的创立。当代社会的分子标记辅助育种技术、杂交优势理论、基因组学、计算机及信息技术、3S技术、环控技术、空间技术等及其推广应用都来自基础农学的科学研究。这清楚地表明,基础农学研究并不是脱离生产实际的象牙之塔,而是对农业和农村经济的发展起着巨大的推动作用。

仅占世界人口约1/8的发达国家拥有80%的世界财富,如果我们暂不考虑造成这种不合理结果的历史原因,就事论事来看,则是他们对科学研究及其推广应用的深度和广度,都远远超过所有的发展中国家,并成为世界上这两类国家带有本质特征的区别。

就我国而言,从19世纪引进基础农学以来,经历清王朝、北洋政府和国民党政府三个阶段,基础农学研究成果寥寥无几,设施残破不堪。新中国成立后,特别是改革开放以来,基础农学学科的建设和发展,受到了党和政府的高度重视,健全机构,培养队伍,引进竞争机制,促进了基础农学学科的发展。

回顾我国基础农学学科的发展历程,大致可划分为四个阶段。

(一)全面起步阶段(1949～1965)

新中国刚一建立,党和政府就用很大的精力来关注基础农学事业的发展。首先开始了科研机构的组建工作。1949年11月,成立了中国科学院。1957年3月成立中国农业科学院。各省也相继成立一批农业科研机构。同时,通过高等院校的院系调整,加强了基础农学教育,为农业科学研究培养了大批专业人才。到20世纪50年代中期,我国农业科研机构已发展到205个,科研人员增加到近万人,提倡理论联系实际,实验室、试验场研究和大田生产相结合,专业研究与综合研究相结合,取得了一批科研成果。但是,在基础农学起步阶段也受到了干扰。20世纪50年代由于苏联学术界的影响,大搞“一边倒”,掀起了批判摩尔根遗传学运动,只准提米丘林,不准提摩尔根,甚至把摩尔根遗传学打成“伪科学”,用政治帽子代替了学术争鸣。在开展“果树保花保果与疏花疏果”、“甘薯翻蔓与不翻蔓”等学术讨论中,把学术争论和政治问题混同起来,压制学术民主,设置种种禁区,推行现代迷信,窒息农业科学。随着“大跃进”形势发展,党内不按科学规律办事的“左”的思想有了发展,出现了瞎指挥、浮夸风和急于求成等现象,盲目提出了“人有多大胆,地有多大产”,大放“高产卫星”,批判“理论风”,使刚刚起步发展的基础农学受到了严重影响。

1961年6月,国家科委和中国科学院共同制定了《关于自然科学研究机构当前工作的 14 条意见》(简称《科研工作 14 条》),对"大跃进"以后农业科技战线各种"左"的思想表现,进行了清理,并对科技工作中各种政策问题,作了新的规定和澄清。1962 年 9 月国家科委农业组召开扩大会议,讨论了农业科学现状与问题,提出恢复和发展农业科学研究的建议。随后,党的八届十中会上强调"要特别加强农业科学研究"。周恩来同志亲自批准"给中国农业科学院增加 400 名科研人员编制"。以党中央、国务院名义召开全国农业科技工作会议,提出领导、专家、群众相结合,实验室、试验场、农村基点相结合,试验、示范、推广相结合,坚持理论联系实际,科学为生产服务,使基础农学得到了新的发展。

(二)曲折与破坏阶段(1966~1976)

1966 年开始的持续 10 年之久的"文化大革命",使我国基础农学事业受到严重破坏。林彪、"四人帮"反革命集团,把 20 世纪 50 年代科技战线曾经出现的一些"左"的思想和政策,重新发展到了极点。

他们否定科学技术是生产力,是推动社会发展的巨大力量,否定科学技术对生产的促进作用,诬蔑搞四个现代化是"复辟资本主义"。

他们在"依靠七亿五","不依靠七千五"(依靠农民群众,不依靠科技人员)"左"的思想指导下,掀起"搬神拆庙"、"下楼出院"等拆散科研机构的错误行动,将中国农业科学院 33 个研究所(室),撤消了农业经济研究所,下放了 31 个研究所,只留下固定设备难以搬迁的原子能利用研究所。这种拆散科研机构的做法,波及全国,有 8 个省农业科学院被撤消,21 个省农业科学院被下放,使整个农业科研工作处于瘫痪状态。

他们打击和迫害广大农业科技人员,把一大批老专家、老教授打成"反动学术权威",把多年来培养起来的科研队伍搞得七零八落,把实验室和试验基地的仪器设备毁坏,从全国各地征集的农作物种质资源,其中包括稀有珍贵的材料,损失严重。

他们否定基础农学的理论研究,诬蔑理论研究是"三脱离",大批所谓"理论风"。他们企图用简单的哲学概念代替农业科学的理论研究。这样做,实际上既否定了基础农学的理论基础,也否定了马克思主义哲学的指导作用。

他们反对学习国外基础农学的先进技术,诬蔑学习国外先进技术是所谓"洋奴哲学"、"爬行主义"。推行与世隔绝、闭关锁国的政策,结果使我国基础农学同世界先进水平的差距越来越大。

广大农业科技人员对林彪、"四人帮"的种种倒行逆施,进行了抵制和斗争,并在极端困难的条件下,坚守岗位,坚持必要的研究工作,在实施全国 22 个重大科研协作项目中,取得了重大进展和突破,如籼型杂交水稻三系配套等,达到了世界领先水平。

(三)恢复与调整阶段(1973~1985)

粉碎"四人帮",给我国基础农学事业的发展带来了新的生机。党中央在百废待兴的形势下,不失时机地抓紧科学技术的一系列工作。

首先是恢复和重建科研机构。1977 年 4 月,经党中央、国务院批准下放各地的科研机构重新划归中国农林科学院领导,并搬回北京。1979 年 2 月,经国务院批准,恢复了中国农业科学院建制,随后各省的农业科学院也相继恢复了建制。接着农林部、国家物资总局、财政部联合发出《关于加强农林科技工作和调整农林科教体制的函》，提出对 1970 年农林部下放各省、自治区、直辖市的 43 个单位的调整意见。中国科学院涉农科研机构也得到了恢复和加强。

其次是落实党的知识分子政策，推倒了各种强加在知识分子头上的诬蔑不实之词，平反了一大批科技人员中的冤假错案。对于确有真才实学而用非所学的专业人才，重新调回科研工作岗位。1978 年开始恢复了科研人员的职称，建立新的考核制度，保证科研人员每周至少有六分之五时间从事科研工作，散失的基础农学队伍初步得到恢复和加强。

最后组织制定了全国科技发展规划纲要。1977 年在北京召开全国科学技术规划会议，动员了 1000 多名专家、学者参加规划的研究制定。这个《规划纲要》确定了 8 个重点发展领域和 108 个重点项目，其中农业科技作为重点领域之一，提出了 18 个重点项目。同时，在农业科技领域还编制了《农业生物学》和《农业工程学》技术科学发展规划，对基础农学研究发展作出了重要部署。

1978 年 3 月，党中央召开了全国科学大会。这次大会批判了林彪、"四人帮"在科技领域的种种罪行，提出了我国发展科学技术的一系列重要政策，通过了《1978～1985 年全国科学技术发展规划纲要》。此外，大会还交流了工作经验，评选出科技成果 7 657 项，其中农业科技成果 381 项。

现在回过头来看，1978 年全国科学大会时期，对我国科学技术事业发展规模和速度，对大型科研工程项目的一些设想，也存在过一些急于求成的情绪，提出过一些不切实际的指标。党的十一届三中全会后，根据中央"调整、改革、整顿、提高"的方针，科技战线进行了较为重大的调整，对科技发展方针、科技发展规划和管理体制等，都提出了一些新的思想，采取了一些新的措施，使科技工作得到蓬勃健康的发展。

(四)改革与发展阶段(1986～2005)

以 1985 年中共中央颁布《关于科学技术体制改革的决定》(以下简称《决定》)为标志，我国科技体制改革开始全面启动。基础农学改革按照《决定》的要求，调整科研方向和任务，使学科发展与经济建设紧密结合，提高了自主创新能力，同时引入市场机制和竞争机制，在改革、开放、联合、竞争中求生存、求发展，以各种形式推进技术成果的商品化、产业化，取得了较大进展。

1992 年国家科委和国家体改委联合发布了《关于分流人才，调整结构，进一步深化科技体制改革的若干意见》，明确提出了"稳住一头，放开一片"的改革思路。1995 年 5 月，中共中央、国务院《关于加速科学技术进步的决定》，强调要进一步深化科技体制改革，按照"稳住一头，放开一片" 的方针，大力推进农业和农村科技进步。农业科研机构根据国家需求和国际农业科技发展趋势，调整、改建和新建一批新兴学科、交叉学科和综合学科的科研机构，基础农学学科及分支学科，进一步得到了加强和发展。

1999 年，中共中央、国务院颁发《关于加强技术创新，发展高科技，实现产业化的决定》。2000 年 5 月，国务院办公厅转发科技部等部门《关于深化科研机构管理体制改革实施意见的通知》，提出对国务院部门(单位)所属的科研机构管理体制改革意见，其中对社会公益类科研机构分别不同情况进行分类改革。2000 年 12 月,国务院办公厅转发科技部等部门《关于非营利性科研机构管理的若干意见》(试行)的通知。2002 年 10 月,农业部按照科技部等部门分类改革的指导意见,69 个科研机构,转为公益、基础类机构 30 个,其中中国农业科学院 18 个,中国热带农业科学院 6 个,在一定程度上稳住和加强了一批基础农学学科研究机构。

经过十几年的改革与发展,基础农学工作取得了明显成效,其主要表现:学科发展与经济建设"两张皮"问题有所好转,一批学科研究成果实现了商品化、产业化,学科结构调整进一步优化,自主创新能力有明显提升等。所有这些,为基础农学学科发展奠定了坚实基础。

四、基础农学学科的地位和作用

科学技术是第一生产力,是推动农业和农村经济发展的强大动力。进入 21 世纪,科学技术发展日新月异,目前生物经济蓬勃发展,各国更加重视农业科学的研究。江泽民同志曾指出:"基础性研究和高技术研究,是推动我国 21 世纪现代化建设的动力源泉"。胡锦涛主席在全国科学技术大会上指出:"把生物科技作为未来高技术产业迎头赶上的重点,加强生物科技在农业、工业、人口和健康等领域的应用","加强基础科学和前沿技术研究,特别是交叉学科的研究,加强我国科技创新的基础和后劲"。并强调实现"农业科技整体实力进入世界前列,促进农业综合生产能力的提高,有效保障国家食物安全"。因此,加强基础农学学科建设和发展在科技、经济、社会发展中占有重要的地位和作用。

(一)基础农学是衡量国家农业科研水平的重要标志

新中国成立 50 多年来,农业科技工作发展迅速,基础农学研究工作取得了一定成绩。如作物新的种、亚种、变种和地方品种新类型的发现,水稻起源,水稻矮化育种,中国小麦种类及其分布,东亚飞蝗生态及防治,中国小麦条锈病流行体系,黏虫越冬和迁飞规律,中国水稻土、盐渍土及中低产土壤的改良等,在国际上具有广泛的学术影响。特别是籼型杂交水稻的重大突破,这是水稻发展史上一个新飞跃,不仅为提高水稻产量开辟了新途径,而且也为自花授粉作用利用杂交优势闯出了新路子,极大地丰富了遗传育种理论,在国际上居领先水平。

为了适应全球资源、环境和人类食物需求的新挑战,我国的基础农学研究要在许多方面有更多的突破和转变。要从模仿、跟踪转变到自主创新上来;要从较自由、分散的研究转变到以国家目标加以引导,集中优势力量,按照"有所为,有所不为"的原则,研究解决农业发展中的重大技术理论问题,确保粮食安全和生态安全。

基础农学研究中引以自豪的建树是中华民族向心力和凝聚力的重要因素之一。国内外华人以自己的同胞在国际前沿有世人瞩目的发现、我国有自己的优秀科学家为荣耀。基础农学研究是我国最容易开展国际合作的领域,要在广泛的技术前沿,同国外开展学术交流和合作研究,努力提高自主创新能力,提高基础农学学科的整体水平。

(二)基础农学学科新概念、新理论、新方法是推动农业科技进步和创新的动力

国内外实践表明,19世纪中叶以来,基础农学学科新概念、新理论、新学说的创立与应用,导致了农业技术的重大变革,使农业生产发生巨大飞跃。

19世纪中叶,达尔文(C. Darwin)首先发现玉米杂交优势现象,奠定了植物杂交优势的理论基础。20世纪初,美国科学家贝尔和舒尔进一步提出,农作物通过杂交复壮可利用自交繁殖获得新品种。接着,美国遗传学家琼斯创立了玉米双杂交育种技术,并在试验中大幅度提高了玉米产量。20世纪50年代,世界各国推广种植杂交玉米,使世界玉米单产增加了30%以上。我国在20世纪60年代以来,选育并大规模推广"两杂"(杂交高粱、杂交玉米),杂交玉米以利用单交种为主,双交种、三交种、顶交种结合,综合利用杂交优势。到20世纪90年代末,杂交玉米种植面积达到2.55亿亩,[①]占播种面积的近90%,平均每亩产量提高到340公斤。[②] 值得指出的是,我国1964年开始水稻杂交优势利用的研究,1973年在全国科研大协作的推动下,实现了水稻不育系、保持系、恢复系"三系"配套,在世界上率先育成籼型杂交稻新组合,并于1976年开始推广,到2000年累计推广面积近38亿亩,增产稻谷超过4 000亿公斤。同时,杂交水稻走向世界,促进了世界水稻育种和水稻生产的发展。

19世纪40年代,德国科学家李比希(Zustus von Liebig)发表了重要论著《化学在农业和植物生理学中的应用》,立即引起了巨大反响,被视为农业化学革命的开端。他创造性地提出了植物营养元素平衡和"地力补偿"学说,由此产生了化学肥料制造及施用技术,使农业生产发生了巨大的变革。有关资料表明,全世界农作物积累的氮磷钾养分中,有40%来自化学肥料。1850~1950年的100年间,世界粮食产量的增加,50%归功于化学肥料的应用。我国是化学肥料生产大国,也是化学肥料使用大国,化学肥料推广应用对粮食产量的贡献份额在33%左右。

植物细胞全能理论确立,双螺旋式结构模型发现等,使遗传学发展进入了一个新的时代,由宏观到微观,由细胞水平发展到分子水平,建立了分子遗传学,由此推动了基础农学及分支学科的快速发展,为农业科技进步和创新奠定了理论基础。

(三)基础农学学科定位观察和基础数据积累是国家宏观决策重要的科学依据

通过对农业资源、环境、生态、自然灾害等重大问题的系统调查、研究和预测等,是基础农学学科一项重要的基础性工作。

新中国成立以来,分别在20世纪50年代后期和90年代中期进行过两次全国性的土壤普查,积累了大量的数据和资料,对于国土整治,开发利用土地资源,指导农作物科学施肥等起到了重要作用。例如在普查中发现鉴定了土壤新类型,提出了划分指标和分布的新概念,具有重要的理论价值。同时,还基本查清了土壤资源状况,为合理利用土地和指导农业生产提供了科学依据。

---

① 1公顷=15市亩。

② 1公斤=1 000克。

我国是世界上农作物种质资源最丰富的国家之一。新中国成立后,分别在20世纪50年代中后期和80年代以来,在全国范围内大规模的进行了农作物种质资源征集工作,先后组织了西藏、云南等地农作物种质资源综合考察,以及全国性野生稻、野生大豆、近缘野生小麦和重点地区牧草、饲料品种资源等专项考察,共得到60多种农作物种质资源11万份,有不少是稀有名贵的品种资源和失而复得的地方品种。与此同时,还开展了农作物品种资源繁殖、鉴定和保存工作,在全国不同生态区建设了现代化农作物种质资源库2座和地方种质资源库10座,实现了低温、干燥现代化保藏。截止到2005年我国已入国家种质库(圃)保存的农作物种质资源38万份,居世界首位。

通过收集整理全国各地主要农作物生育期、产量试验和482个气象台站20年的气象资料,进行计算、分析,编制出《中国主要农作物气候资源图集》,反映出水稻、小麦、玉米、棉花等主要作物生育期和各生育阶段物候期及其太阳辐射总量、日照时数、积温、降水量等气候条件,为合理开发利用农业气候资源,确定各地区作物气候适宜程度,以及各主要作物品种适宜栽培地区提供了科学依据。

还有农业气象灾害预警和预报体系、农业科技信息资源及网络环境建设等等,都是基础农学的重要基础性工作,应切实组织力量,增加投入,开展必要的系统调查、分析、研究和预测,逐步缩小同发达国家的差距,为我国农业和农村经济发展提出综合性参考意见,为国家宏观决策提供科学依据。

(四)基础农学学科是培养高素质人才,提高农业教育水准的重要途径

国内外的实践证明,基础农学学科是高等农业院校的基础课,学习掌握农学专业基础知识和实验技能,打下系统而坚实的理论基础,可以培养和提高科技自主创新能力,不断向农业科学的广度和深度进军。

同时,基础农学学科研究也丰富了农业科学的知识宝库。当前,要针对我国农业科研队伍,即素质结构、能力结构、学科结构等的主要问题,依托国家主要科技计划,如“973”、“863”、国家自然科学基金等项目,整合人才资源,形成优秀团队,培养创新型人才队伍,要结合国家重点实验室、部门开放实验室等,开展基础农学及分支学科的基础项目研究,提高原始创新、集成创新和引进消化吸收再创新的能力,为建设创新型农业提供智力支持。

胡锦涛主席指出:人才是科技发展的根本,是科技创新的关键。当前,在建设创新型农业的实践中,坚持“人才资源是第一资源”的科学论断,把基础农学自主创新研究作为国家农业发展的基点之一,大力实施人才强国战略,造就一批领军人物和著名科学家,也为农业应用、开发研究和科技管理工作输送大批优秀人才,成为造就农业科技人才的摇篮。

(五)基础农学学科的研究成果转化与推广应用,可以促进农业和农村经济持续稳定发展

新中国成立后,特别是改革开放以来,农业科学研究与开发按照面向经济建设主战场、高技术研究开发及其产业化、基础研究三个层次布局展开,科技创新能力有所提高,科技成果转化为现实生产力的速度和效率明显加快,有力地推动农业和农村经济持续稳定发展。据统计,从1949～2005年受到国家、部门奖励的重大科技成果8 170项,其中基础

农学和高技术研究方面的科研成果，如籼型杂交水稻，水稻矮化育种，东亚飞蝗控制，黏虫越冬与迁飞规律，小麦条锈病流行体系，小麦花粉无性系变异机制与配子类型的重组与表达，湖北光周期敏感核不育稻的发现与育性转换机理，冬小麦矮秆多抗高产新种质“矮孟牛”的创造及利用，太谷核不育小麦的发现、鉴定核初步利用，水稻 K 型新质源的创制、研究与利用，棉花抗虫基因的研制，甘蓝型油菜细胞质雄性不育三系及其杂交杂油 2 号，远缘杂交小麦新品种小偃 5 号、6 号，聚乙烯地膜及地膜覆盖栽培技术等等，都有很高的科技水平，取得了某些新原理、新理论、新方法的突破。极大地丰富和发展了农业科学，也产生了巨大的经济社会效益。据测算，农业科技进步的贡献率“十五”期末达到 48%左右。

五、我国基础农学学科的现状和问题

以党的十一届三中全会成功召开为标志，我国农业研究工作进入了改革开放的新时期，基础农业科学发生了深刻变化，事业发展，成果斐然，具体表现如下。

(一)基础农学学科的事业发展得到了加强

□ 省以上的农科研机构（种植业）329 个，其中国家、部属机构 28 个，省级机构 301 个。高等农业院校和中国科学院相关科研机构也有新的发展。其中从事基础农学及其分支学科的国家重点实验室 21 个，部门开放实验室 84 个和科研机构近百个。一些原来比较薄弱和空白的学科，如遗传改良、生物技术、细胞生物学、分子生物学、发育生物学、微生物学、资源与环境、农业信息等，逐步发展起来，出现了一些新兴学科、交叉学科和综合学科。

□ 全国省级科研机构（种植业）以上的科研人员 3.49 万人，其中部属机构 0.62 万人，省属机构 2.88 万人。高等农业院校和中国科学院相关机构的科研人员增长很快。其中从事基础农学及分支学科的科研人员近 2 万人。改革开放以来，通过多形式、多渠道培养了一大批科研人员，其中出国进修、攻读学位和合作研究的有几千人。科研人员的业务素质普遍提高，中青年科研骨干和学科带头人正在茁壮成长，有的已成为科研的尖子人才和领军人物。

□ 随着国家科技投入水平的提高，省以上农业科研机构、高等农业院校和中国科学院相关科研机构的试验研究条件和基础设施发生了很大变化。国家重点实验室、部门开放实验室和一些学科科研机构等的仪器设备、试验设施和装备水平普遍较高，基本实现了试验研究手段的现代化。这些为基础农学及分支学科的科学研究提供了良好的条件。

□ 随着对外开放方针的实施，我国与发达国家、发展中国家互派团组，进行科技考察与交流，还对非洲、亚洲发展中国家援建了一批试验站、农场和技术推广站。加强了政府间双边的科研合作，同 140 多个国家和地区开展科技交流。还加强了同国际组织和国际研究磋商小组的 16 个研究中心建立了多边的科技合作与交流，取得了明显成效，不仅引进先进技术、培养了人才，而且扩大了国际影响，使我国基础农学的科学研究开始走向世界。

所有这些，为我国基础农学学科建设和发展，奠定了坚实的物质基础和智力支撑。

(二)基础农学学科的研究部署得到深化

新中国成立以来，我国共编制了七次科技发展规划，其中《1956～1967 年科学技术发展远景规划》和《1986～2000 年科技发展规划》的制定动员人力最多，其实施产生的影响最为深远。在这些科技发展规划中，都把农业科技规划作为重点，其中都有涉及基础农学研究的任务和重点项目，并且在实施中做出了重要部署。

1949～1978 年农业科技计划：根据国务院部署和要求，1951 年开始编制了第一个五年计划，农业部制定了 1951～1955 年农业研究计划。1955 年 11 月，农业部召开全国农业科学研究工作会议，制定了 1956～1967 年农业研究工作方案和 1956 年工作要点，提出 4 项任务和 51 个中心问题，分解出 330 个课题，其中有零星的基础农学研究课题。1963 年 2 月，党中央、国务院召开全国农业科技工作会议，制定了《1963～1972 年农业科学技术发展规划纲要》，提出包括农作物、土肥、植保等 19 个(专业)研究项目 1 310 个，课题 3 845个，其中有少量的基础农学的研究课题。1972 年 4 月，根据国务院领导的批示精神，农林部召开了“全国农林科技座谈会”，编制出《全国农林科技重大协作项目》共 22 项，其中包括：解决水稻雄性不育系的保持系问题，解决“T”型小麦雄性不育系的恢复系问题，研制中国新的棉花不育系等基础农学的研究项目。

1978～1990 年农业科技计划：1978 年根据国务院部署，由国家科委和中国科学院组织制定了《1978～1985 年全国科学技术发展纲要》，制定了“六五”期间 8 个优先发展领域和 108 个重点项目，其中农业科技作为优先发展领域，并提出 18 个重点项目，其中包括：作物育种理论与育种技术、不同作物合理群作结构、农业生物生长发育理论及控制技术、生物和化学模拟固氮、中低产田治理和综合发展、大面积农业现代化综合试验研究基地等基础农业研究项目。同时，根据国家计委、国家科委、财政部等部门编制出台了“六五”国家科技攻关计划，共提出包括基础农学的国家农业科技重大攻关项目 11 项。1983 年，根据国民经济和社会发展需求，国家计委、国家科委、财政部等部门继续编制了“七五”国家重大科技攻关计划，共安排重点项目 76 项，其中包括农业高新技术应用和基础理论研究等重大项目。同时，1986 年国家自然科学基金委员会成立，启动了基础农学研究项目。1983 年和 1984 年国家计委分别设立了《国家重点实验室建设计划》和《国家工业性试验项目计划》，对基础农学的基础研究和基础性工作做出了安排。国家重点实验室有：植物分子学重点实验室、农业生物技术重点实验室、热带作物生物技术重点实验室、植物病虫害生物学重点实验室和遗传工程重点实验室等；国家工业性试验项目有：农作物品种区域试验基地、新农药大田药效试验基地和全国土壤肥力和肥料效益长期定位监测点等。1987 年国家科委为加强基础研究，出台了《国家攀登计划》，在基础农学方面，首次启动重点项目有：粮棉油雄性不育杂种优势利用基础研究，主要农作物高产、高效、抗逆生理基础研究，粮棉作物五大病虫害灾变规律及控制技术基础研究等。

1991～1995 年农业科技计划：在“七五”计划基础上，“八五”农业科技计划有新的发展。1986 年 3 月，经中共中央、国务院批准，实施了《高技术研究发展计划》(简称“863”计划)。该计划从我国实际需要和可能出发，按照“有限目标，突出重点”的原则，选择生物技术、信息技术等 7 个重点领域 15 个主题作为中国高技术研究与开发的重点，“八五”期间，安排重大关键技术项目 13 个，其中农业方面 2 个，即：两系法杂交水稻、抗虫棉花转基因植物；重大成果转化项目 8 个，其中农业方面的由两系法杂交水稻的试种示范等。国家自然科学基金委员会生命科学部，“八五”期间资助自由申请项目 4 476 项，重点项目 82 项，重大项目 19 项。国家重点实验室增建了作物遗传改良国家重点实验室和植物细胞与染色体工程重点实验室等。农业部启动了部门开放实验室建设，重点围绕基础农学及其分支学科，首批通过了 54 个，主要分布在国家农业科研机构和高等农业院校。

1996～2000 年农业科技计划：农业研究与开发领域进一步拓宽，初步形成了 4 个层次若干重点科技计划。其中涉及基础农学的研究计划有：国家科技攻关计划和农业部重点科研计划；高技术“863”计划和火炬计划。“863”计划共 8 个领域、20 个主题。其中农业生物技术领域包括：优质高产抗逆动植物新品种，基因工程药物，疫苗和基因治疗，蛋白质工程 4 个主题，水稻基因图谱专项。重大项目 27 项，其中农业项目 2 项，即：两系法杂交水稻和抗虫棉转基因植物。重大产业化项目 50 个，其中农业 5 项。火炬计划是高技术的下游计划，在全国建立高新技术产业开发区 56 个。同时，在生物技术领域安排了一些转化项目。在“八五”国家攀登计划的基础上，1997 年开始启动了基础研究重大项目计划（简称“973”计划），1998～2000 年重点围绕农业、信息、资源环境等 7 个领域安排重大项目 86 项，其中农业领域占 13%。主要项目有：作物抗逆性与水分养分高效利用生物学基础研究，农作物重大病虫害成灾机理及调控基础研究等。国家自然科学基金委员会生命科学部“九五”期间，批准面上项目 6 170 项，重点项目 169 项，重大项目 8 项，主要有：挖掘生物高效利用土壤养分保持土壤环境良性循环，植物光合作用光系统Ⅱ结构及超快速过程的机理和调控，稻麦玉米重要基因的鉴定及利用途径的基础研究和我国北方地区农业生态系统水分远行及区域分异规律研究等。

2001～2005 年农业科技计划：“十五”期间，科技计划形成 3＋2 计划，即：高技术研究与产业化发展计划、国家科技攻关计划、国家重点基础研究发展计划 3 个主体计划和研究开发条件件建设计划、科技产业化环境建设计划。

在 3 个主体计划中，高技术“863”计划重点在 6 个领域，其中生物和现代农业技术领域共安排了主题项目 198 项，启动功能基因组和生物芯片、创新药物、现代农业节水技术和新产品、优质超高产农作物新品种、生物反应器等 6 个重大专项。国家科技攻关计划包括国家重大科技专项和科技攻关计划。其中重大专项共 12 项，农业方面有：功能基因组和生物芯片研究、现代节水农业技术体系及新产品研究与开发等；科技攻关项目，2001 年安排农业方面项目 16 项，其中包括 4 个重大专项和 12 个重点项目，有部分涉及基础农学研究项目。“973”计划，重点围绕农业、信息、资源环境等领域可持续发展的重大科学问题，在农业领域，2001 年项目有：光合作用高效光能转化机理及其在农业中的应用、农作物资源核心种群构建、重要新基因发掘与有效利用、水稻重要性状功能基因组学研究等；2002 年项目有：重要作物品质性状功能基因组学与分子改良、农林危险生物入侵机理与控制基础研究等；2003～2005 年重大项目有 16 项，占重大项目总数的 14%。主要有：农业微生物杀虫防病功能基因的发掘和分子机理研究、作物高效抗旱的分子生物学和遗传学基础、绿色化学农药先导结构及作用靶标的发现与研究、主要农作物核心种质重要功能基因多样性及其应用价值研究、棉花纤维品种功能基因组学研究与分子改良、水稻重要农艺性状的功能基因组和分子基础研究、作物高效利用氮磷养分的分子机理等。国家自然科学基金委员会生命科学部批准资助面上项目 2 181 项、重点项目 42 项、重大项目 1 项,即:主要农田生态系统氮素行为与氮肥高效利用的基础研究等。

为加强农业基础和应用基础研究,在研究与开发条件建设和科技产业环境建设方面,也批准安排了一批相关项目,对提高自主创新能力、加快基础农学学科建设和发展将起到积极的作用。

(三)基础农学学科取得一批重要科研成果

新中国成立以来,广大基础农学的科研工作者,依据需要和已有工作基础,在阐明自然现象、特征和规律的基础研究和应用基础研究中,具有科学价值的科研成果,在运用科学技术知识做出产品、工艺及其系统等技术发明中,取得前人尚未发明、具有先进性和创新性的科技成果。据统计,从 1949～2005 年受到国家奖励农业方面的重大科研成果,即国家自然科学奖 27 项,国家技术发明奖特等奖和一等奖 18 项,有很高的科技水平,丰富和发展了我国的基础农学,而且科研成果直接或间接转化与推广应用,产生了重大经济社会效益。

回顾 50 多年来,国家奖励的国家自然科学奖和国家技术发明一等奖可以概括以下几个特点。

1. 从奖励成果学科分布上看

国家自然科学奖即基础农学部分 27 项,其中遗传育种 11 项、昆虫病理 6 项、植物营养 5 项、生物技术 5 项;国家技术发明特等奖和一等奖即基础农学部分 18 项,其中遗传育种 15 项、土壤和作物营养 2 项、昆虫病理 1 项。

2. 从奖励成果等级分布上看

国家自然科学奖即基础农学部分,二等奖 10 项、三等奖 11 项、四等奖 6 项,没有获得一等奖;国家技术发明奖即基础农学部分,特等奖 1 项、一等奖 17 项。

3. 从奖励成果时间分布上看

国家自然科学奖即基础农学部分,1981～1985 年 2 项、1986～1990 年 1 项、1991～1995 年 6 项、1996～2000 年 13 项、2001～2005 年 5 项。其中 1996～2000 年最多;国家技术发明奖即基础农学部分,1950～1965 年 2 项、1981～1985 年 10 项、1986～1990 年 5 项、1996～2000 年 1 项。其中 1981～1985 年最多,1998 年后基础农学研究没有获得过 1 等奖。

4. 从奖励成果单位分布上看

国家自然科学奖基础农学部分,国家科研机构 17 项、省级科研机构 2 项、综合性大学和高等农业院校 8 项。其中中国科学院和中国农业科学院属科研机构最多。国家技术发明奖特等奖和一等奖基础农学部分,国家科研机构 7 项、省级科研机构 4 项、地级科研机构 3 项、高等农业院校 3 项。其中以省级科研机构和中国农业科学院属科研机构最多。

50 多年来,我国基础农学研究工作取得较大成绩,但是同世界上主要发达国家和新兴工业化国家比较,我国基础农学研究机构分散重叠,分工不明,定位不准;研究队伍尚在形成，缺乏跻身世界一流的领军人物和尖子人才；科技政策不明，投入严重不足，水平偏低；研究工作跟踪模仿多，突破性的科学发现和技术发明少；科研的知识生产占世界总量比重偏小，核心技术、关键技术自给率低等。所有这些，需要通过发展和改革加以解决。

六、我国基础农学学科的重要进展

新中国成立后，特别是改革开放以来，专业队伍初具规模，试验研究条件不断改善，基础农学及其分支学科，即作物遗传育种、作物营养、作物昆虫病理、农业微生物、农业分子生物与生物技术、农业气象、农业生物物理、农业生态、农业信息科学等，在各项科研计划执行中，取得了重要进展与突破。现分述如下：

(一)作物遗传育种

遗传学、分子生物学与农业科学相结合，产生了现代作物遗传育种学。作物遗传育种学以拟南芥和水稻为模式植物，逐步揭示出农作物生长、分化、发育和对环境的应答等基本生命过程的分子机理并且找出调控这些过程的关键基因，并在遗传育种、基因工程育种和产业化上取得重大突破，对农业科学和农业的发展产生了深远影响。

50 多年来，遗传育种工作者通过各种方法和途径，选育出 60 多种作物 6 000 多个新品种、新组合，使粮、棉、油等主要作物品种更换 4～5 次，并使品质和抗性得到较大改善。同时，遗传育种理论与方法有新的发展和提高。20 世纪 50 年代广东省选育出水稻矮秆品种“矮脚南特”，并用矮仔占矮源做有性杂交，育成矮秆品种“广陆矮”，随后又相继选育出适合不同熟期、不同类型的 50 多个矮秆品种，实现了水稻矮秆品种熟期类型配套，这是我国水稻育种史上第一次重大突破，居国际领先水平。1972 年组织的全国杂交水稻科研协作，1973 年实现了“三系”配套的重大突破，这是世界水稻发展史上一次新飞跃，不仅为提高水稻产量开辟了新途径，而且也为禾本科自花授粉植物利用杂交优势开辟了先河，极大地丰富了遗传育种理论。

利用辐射诱变技术，对杂交不育性和杂交育性进行研究，获得了在遗传学上有意义的科研成果，提出了克服杂交困难的有效方法，并获得一批优良品种。利用染色体遗传操作技术，人工合成了异源八倍体小黑麦、普通小麦与天兰冰草、水稻与高粱等远缘杂交等新物种，以及三倍体甜菜、三倍体无籽西瓜等，并应用于生产。

在作物遗传育种理论与方法上有新突破。在稻种起源及其演化，小麦分类及分布，水稻品种对光温条件反应特性，小麦品种及其系谱分析、太谷核不育小麦发现与利用，光温敏核不育水稻的发现、奠定与利用，以及水稻的两系法，水稻无融核生殖等，取得了一批理论成果。

细胞工程方面，茎尖脱毒培养、小孢子培养和细胞杂交技术已用于工厂化育苗和育种。基因工程方面，国际上获得转基因植物 100 种以上，转基因棉花、油菜、玉米、大豆和马铃薯等的种植面积超过 8 100 hm^2/a。我国获得水稻、玉米、小麦、油菜、棉花和大豆等 90 多种转基因植物，利用了约 145 个目标基因，10 多种转基因植物获准环境释放，棉花、番茄、甜椒和矮牵牛 4 种转基因植物进行了商品化生产，种植面积居世界第 5 位。2005

年中国转基因抗虫棉种植面积超过 5 000 万亩,占棉花种植面积的 70%左右。

国外基本查明生长素、赤霉素和光等信号系统如何通过转录因子调控基因表达和生长发育过程。最近发现了系统素,PSK,CLV3 和 SCR 等 4 种植物多肽激素,它们分别参与植物防御反应,细胞分裂,茎端生长点干细胞数目维持和花粉柱头识别过程。我国的李家洋院士最近提出吲哚乙酸生物合成途径的新模式,鉴定出一批油菜素内酯的应答基因。

已查明花芽形成、花期调控、雄性不育、生长点分化模式、分蘖形成和根系发育的分子机理,克隆了一系列调控植物的生长、发育和产量的基因。这些研究结果有助于设计和创造理想的农作物株型和发育模式,进一步提高农业产量。

国内外的研究表明,多种转录因子和促细胞分裂剂激活性蛋白激酶参与多种逆境的应答和基因调控;测定了抗逆性的 QTL 位点,克隆了多种耐盐耐旱相关基因和保护酶基因,开展了转基因育种。

近年来关于植物抗真菌、抗细菌和抗病毒的分子机理研究十分活跃,查明了包括 GTP 结合蛋白在内的参与防卫系统的各种信号分子,发现植物分泌多种细胞壁降解酶抵御真菌病害的入侵。

国内外已经将玉米高光效基因转磷酸烯醇式丙酮羧化酶基因(PEPC 基因)转入水稻,并获得光合效率提高 30%,产量提高 20%的株系。中国科学院发现了一批磷高效小麦种质,揭示了磷高效机理,育成高效利用氮和磷的新品种"小偃 54"和高光效高肥效新品系"小偃 81"。国外新近克隆了控制小麦同源联会的 cdc-2 激酶相关基因,有可能利用它加速近缘属有用染色体片段向小麦的转移。

(二)作物营养与施肥技术

早在公元前,我国劳动人民对作物施肥就有了初步认识,但对植物营养理论的探讨却始于 17 世纪的欧洲。1840 年李比希矿质营养学说的提出,宣布了植物营养学的诞生。当今的植物营养学已发展成为植物的土壤营养、植物营养生理学以及植物营养遗传学等几个分支学科。我国的植物营养学起步较晚,源于最早的肥料学和后来的农业化学,20 世纪 80 年代末才改名为植物营养学。50 多年来,两次全国范围的土壤普查和三次肥料试验,基本摸清了我国土壤的类型、特性和肥力状况等,促进了化肥的合理施用和农业化学研究。

土壤是植物赖以生存的物质基础。20 世纪 90 年代以来,实现养分高效利用一直是植物营养学不懈追求的目标。研究人员对土壤中 K、Si、S、Mg 等养分的化学行为和有效性做了大量研究。在中量元素尤其是钙的吸收利用机制方面取得重大突破,在揭示微量元素 B、Zn、Mo、Mn 等的生理功能和 Ca、S、Mo 等肥料的高效施用技术研究以及在逆境条件下,根系形态学和生理学适应机制研究也取得重要进展。在产量生理学方面,揭示了氮、磷、钾等养分用量及其配比在作物产量形成、库源调控方面的作用。这些研究成果对于推动肥料的合理施用和提高养分利用效率,具有积极作用。

近年来,在 N、P、K 等养分效率的基因定位和克隆等研究方面取得阶段性进展,揭示了生物高效利用土壤 N、P、K 等养分的遗传学潜力及其生理机制,培育出磷高效小麦品种。对于植物 K 和 Fe 养分吸收利用的分子调控理论研究也有新进展。

在利用植物营养学理论，解决我国土壤重金属污染和农业面源污染问题上取得了实质性进展。根据研究结果，倾向于利用化学修复技术治理轻度污染土壤，如施用磷肥或有机肥；采用植物修复技术治理重度污染土壤，微生物修复技术也正在悄然兴起。研究制定了一系列的有效措施，以降低农田肥料用量，从源头减少氮、磷的投入量。在追求高产和环保双重效益的新的施肥形势下，养分精准管理系统和平衡施肥技术体系研究也取得重要进展，推动了测土配方施肥工作在全国范围的开展。

我国缓/控释肥料的研究不断升温，在生物抑制剂、包膜材料、制备工艺等方面得到长足发展，并开始在生产上推广应用。在固氮菌研究和耐铵固氮工程菌构建方面取得骄人成绩，推动了固氮微生物肥料的研制和应用。同时，也筛选出了多种解磷、解钾菌，但增产效果不稳定。

(三)作物昆虫病理

昆虫病理学包括农业昆虫学和植物病理学两个分支学科。改革开放以来，在流行性病害和迁飞性害虫成灾规律、成灾机理、病虫种群遗传变异，以及作物抗病虫机理等方面均实现了重大突破。研究证实小麦条锈菌产生新小种的主要途径是突变和异核作用，创建了小麦抗条锈病、抗水稻白叶枯病、抗稻瘟病等基因系，为病虫基因检测、基因定位、克隆和致病机制研究奠定了基础；探明了棉铃虫、黏虫和麦蚜地理型及其生态区划、滞育及兼性迁飞和远距离迁飞的生物学特性和生态机制及猖獗危害的原因；在抗病虫育种研究中，转基因作物品种异军突起，选育并推广了一批转基因抗虫棉新品种。农业害虫和植物病害关键防治技术研究也有进一步发展，组建了主要农林重大病虫害测报系统，建立了一些病原特异的检测方法，制定出主要作物多病虫复合种群的科学防治指标，筛选培育出一批对主要病虫害稳定单抗或多抗的优良作物品种；在掌握一些主要害虫天敌的自然发生规律和自然控制作用的基础上，提出保护利用天敌控制害虫的措施；制定出通过调整作物布局、耕作制度、种植方式等减轻病虫发生危害的农田生态调控技术和化学信息素招引天敌，诱杀、驱避害虫的化学生态调控技术；筛选出一批对病虫高效，对天敌选择性较好，对人、畜低毒和在环境中低残留的生防制剂和化学农药新药剂、新剂型；摸清了主要病虫对常用杀虫/杀菌剂抗药性的发展变化，提出了避免和延缓病虫产生抗药性的科学管理和合理使用农药的配套技术。

近几年，利用遥感、雷达和地理信息技术对重大植物病虫害进行时空动态监测，成功研制了扫描昆虫雷达数据采集、分析系统，为我国重大迁飞性害虫的实时监测和及时预警提供了可靠的技术手段支持；开展了东亚飞蝗生长发育期环境指标、样方统计、地面光谱测试与遥感影像提取参数之间的相关分析，为实现蝗灾预测预警提供了三阶段监测的新模式。利用地理信息系统软件研制了有害生物疫情地理信息系统。害虫生物防治重点解决了一批重要天敌的人工低成本繁殖和释放技术难点；筛选出 3 个优良松毛虫赤眼蜂品系；首次成功研究了利用白蛾周氏啮小蜂和 HcNPV 病毒控制我国外来入侵害虫——美国白蛾的新技术，并用于大面积防治玉米螟。害虫对化学农药和抗病虫转基因作物的抗性监测与治理方面，突破了一些重要病虫抗药性监测的技术瓶颈，利用分子生物学技术建立了小菜蛾、棉蚜、褐飞虱等重大害虫对常用化学农药的抗性分子检测技术，提出了相应的抗药性治理技术;提出了延缓棉铃虫对转基因抗虫棉抗性发展的技术。外来入侵生物研究,采用行为生态学、分子生态学、生物化学等技术与方法,明确了烟粉虱生物型种类及其分布现状,首次发现了起源于南欧的Q型烟粉虱入侵我国;入侵我国的B型烟粉虱具有多个来源。明确了新近传入我国,在局部地区发生的桔小实蝇、西花蓟马、红火蚁、少花蒺藜草等的生态适生区,为有关部门提供了预防预警的决策依据。在植物病理学方面,通过对植物病原物致病基因及信号传导的研究,明确了部分病害的致病机理;研制并建立了多种植物病害快速分子诊断技术;初步完成了小麦矮腥黑穗菌、梨火疫病菌等潜在危险入侵植物病原物的快速分子检测的特异性引物设计,研制出基于SCAR标记、ITS特异序列等小麦矮腥黑穗病菌、梨火疫病菌、大豆疫霉菌、香蕉穿孔线虫、马铃薯腐烂茎线虫等的快速分子检测技术;筛选了大豆疫霉菌与寄主识别和侵染相关的基因,分离了疫霉菌决定寄主识别的蛋白因子;对重大检疫对象小麦矮腥黑穗病(TCK)在我国适生性和定殖风险进行了分析研究,为制定安全的植物检疫措施和保障小麦生产安全提供了科学依据。

(四)农业微生物

进入21世纪后,借助免培养和生态基因组技术,从极端环境和特殊生物环境分离特殊功能的新基因实现了大规模和高通量的技术革命,已获得了一系列与杀虫、抗病、抗逆、抗辐射、农药降解等相关特性,且具有显著优势的新菌株和新基因。随着十字花科植物重要病原微生物黄单胞菌野油菜致病变种、共生固氮微生物模式菌中华苜蓿根瘤菌、生物降解微生物模式菌恶臭假单胞菌和燃料酒精细菌运动发酵单胞菌等重要微生物基因组的完成,一系列与农业和环境保护密切相关的重大科学研究命题如生物防治、生物固氮和生物降解等进入一个在基因组平台上开展功能基因表达和网络调节研究的新阶段。

目前,我国是世界上农业重组微生物环境释放面积最大、种类最多和研究范围最广的国家,所取得的成就已受到国外科学家的广泛关注。在我国境内申报并通过农业生物基因工程安全委员会批准的农业重组微生物在50例以上,其中,研制的转ntrC-nifA基因斯氏假单胞菌AC1541、高效表达植酸酶的重组毕赤酵母、重组棉铃虫核型多角体病毒杀虫剂和延缓害虫对苏云金芽孢杆菌产生抗性的高产广谱工程菌BMB820Bt,均已通过农业部农业生物基因工程安全委员会审批,进入安全性评价的商品化生产阶段。

以Bt制剂、农用抗生素和病毒杀虫剂为龙头产品的生物农药已广泛应用在农业生产中。苏云金杆菌商品制剂目前已达100多种,是世界上产量最大、应用最广的微生物杀虫剂。我国Bt制剂的生产厂家达60多家,年产量达2万~3万t,使用面积达300万hm^2以上,已进入市场的微生物农药总产量(以成药计)约10万t,应用面积占病虫防治总面积的10%~15%,发展空间很大。

(五)农业分子生物学与生物技术

随着基因和基因组的结构和功能研究,分子生物学领域形成的结构基因组学、功能基因组学、比较基因组学、环境基因组学和进化基因组学等分支领域以及更深层次的转录本组学、蛋白质组学、代谢组学和表型组学等新兴学科。

目前,农业基础科学研究进入"分子农业时代",形成了以功能基因组和蛋白组学研究为方向,以多学科交叉为基础,微观与宏观相结合的研究体系,以阐明重要农作物农艺性状的分子调控机理为核心的研究已全面展开。随着水稻基因组测序的完成,以水稻基因组图谱为基础的重要农艺性状相关基因的克隆、功能与应用研究正在蓬勃兴起,我国在禾本科作物之间的比较基因组学和等位基因多样性等方面开展了富有成效的研究,在水稻、小麦等农作物重要性状分子标记及其在育种实践中的应用取得突破性进展,建立了较为完善的分子标记辅助选择育种技术体系。

随着籼稻全基因组测序和粳稻测序的完成,我国先后克隆出抗病、耐盐、抗旱、氮磷高效利用和调控生长发育等有潜在应用价值的重要农艺性状基因,为水稻高产、优质、增强抗病、抗逆性提供了重要的数据基础,同时在比较基因组学方面也取得了重大的突破。基因转化已经在水稻、玉米、棉花、马铃薯、油菜、大豆和烟草等主要作物中获得了成功,并且在农作物的抗病、抗虫、抗逆、产量、品质及采后保鲜等方面的遗传改良取得了重大的进展,培育的转基因材料为我国转基因农作物的产业化提供了重要的品种资源,而且几种转基因农作物品种在国内已大面积的推广,产生了明显的经济效益和社会效益。

随着高通量蛋白质组技术如双向电泳、质谱技术和蛋白质芯片技术的建立,目前农作物蛋白质组学研究已由群体、组织和器官水平深入至亚细胞水平,叶绿体、线粒体等细胞器的蛋白质组已被鉴定。有关水稻抗逆性与发育相关的蛋白组学的研究工作开展顺利,并取得了可喜的研究成果。我国在水稻和其他物种基因组测序工作中所产生的大量数据为生物信息学方面的研究提供了重要的资源,并促成生物信息学的迅速发展。目前已开发了大量针对基因组数据进行组装、分析、功能注释和数据管理的软件,建立了卓有成效的生物信息学技术支撑体系,为我国农作物的分子育种提供了重要的可利用数据资源。随着不同研究方向的不断深入,我国开展分子设计育种的时机已经成熟,利用分子数量遗传学、计算机技术、生物信息学、农作物的基因组图、比较基因组学与等位基因多样性等领域的研究,为农作物分子育种提供了重要的研究平台和技术支撑。

(六)农业生物物理

农业生物物理学研究取得了重要进展,主要表现在5个方面:

(1)在高能辐射和空间诱变育种方面:围绕提高农作物新品种的品质和产量、研究诱变育种机理、提高辐射诱变育种的诱变效率等问题,开展了大量研究工作,并取得了一系列研究成果。育成了一批高产、优质、多抗、综合性状优良,适应当前国内各个不同生态区域农业生产需求的农作物新品种。据统计,我国累计育成新品种占世界辐射诱变育成品种总数的1/4以上,推广面积超过1亿亩。同时,创造出2 000多份优异突变新种质、新材料,为新品种选育,提供了物质基础。

(2)在食品的辐照储藏和保鲜方面:我国已批准6大类辐照食品的国家卫生标准和17种辐照食品的国家工艺标准,并于2002年建成“农业部辐照产品质量监督检验测试中心”。到目前为止,我国农用辐照装置已超过70多座,全国28个省、市、自治区的100多个单位分别对200多种食品进行了辐照保鲜、杀虫灭菌、改善品质等方面的研究,已形成规模效益,正在向集团化、产业化方向发展。

(3)在电磁学、光学、声学、电子—离子束等物理方法和技术促长增产方面:我国进行了大量的应用基础研究。如激光诱变育种;离子注入改良农作物品质和抗病虫害性能;利用光生态膜、静电场、梯度磁场、超声波促进作物生长增产,发展物理肥料;利用电子束辐照杀虫灭菌推迟成熟、延长货架等。并对这些物理作用的生物效应和作用机理、变化规律做了大量的研究,取得了显著的经济效益。

(4)在核素示踪技术方面:该技术已经在农业科学的一些领域广泛应用,其中在提高肥料利用率的研究中,核素示踪法可以检测肥料损失发生的时间,研究肥料元素在土壤中的转化以及不同施肥方法的有效程度,为科学合理地施肥、充分发挥肥料的肥效提供了科学的信息;在研究植物生理中的应用为阐明植物营养代谢的基本规律,改进栽培技术,指导农业生产发挥了积极作用。

(5)在农业生物仪器与信息检测方面:为了实现农业生产高产、高效、优质、生态和环保,实现工厂化农业、精细农业、虚拟农业等现代化农业,在整个农业生产过程中均需快速采集农业生物体、土壤环境、小气候与气象环境等有关信息,以便及时做出决策,指导农业生产。

(七)农业气象

随着第二次世界大战后世界经济的恢复发展,现代农业气象学逐步建立了比较完整的理论与技术体系。20 世纪 50 年代,热量平衡和空气动力学方法开始应用于农田水分平衡与灌溉管理。60 年代英国 J. L. Monteith 改进了 1948 年 Penman 自由水面蒸发量公式,提出可用于植被蒸散量估算的 Penman-Monteith 公式。60 年代以后,一些国家开展土壤—植被—大气连续体 SPAC 研究和人工气候室模拟实验,研制出一批作物模型并应用于生产。70 年代以来随着现代信息技术的广泛应用,农业气象观测方法、实验手段、数据分析和理论模式研究都提高到一个新水平。80 年代以来以全球变暖为主要特征的全球变化更加凸显,各国开展了气候变化对农业影响与对策的研究;同时为应对极端天气、气候事件,广泛开展了农业气象灾害机理与分布规律、灾害风险评估、减灾管理和减灾新技术的研究。

新中国成立以来,农业气象学科的理论与技术获得了很大发展,产生了较大的社会和经济效益。20 世纪 50 年代成立农业气象研究机构后,开展了农田蒸发、土壤水热状况和下垫面辐射、水分、热量、CO_2 传输与生态过程的协同研究,为环境资源高效利用与农业可持续发展提供了重要理论支持。70 年代末至 80 年代,先后完成了全国农业气候资源调查、分析和区划;接着又在丘陵山区农业气候资源开发利用、农业产量气象预测方面取得重大进展并迅速在全国推广应用。同时,农业气象灾害成为研究重点,先后完成了干旱、洪涝、霜冻、低温冷害、干热风等发生规律和预测预报理论方法研究,取得了重要进展。80 年代以来,3S 技术在农业气象科研和业务中广泛应用:冬小麦长势气象卫星遥感监测和综合估产研究的预报精度和时效均达到国际先进水平,建立了基于现代信息技术的农业气象监测服务系统,农业气候区划已经能对复杂地形和群体内部气象要素分布和变化规律进行精确描述。基于优化控制理论和能量平衡原理,建立了适合我国设施农业特点的环境模拟与调控模型。90 年代以后,作物生长模拟研究取得长足进展，基本达到与国际前沿接轨；应用近地面水热传输理论，旱作节水农业与荒漠化防治等研究取得重要进展。气候变化对农业影响及适应对策研究和农业气象灾害监测预警技术达到国际较先进水平。现代生物、物理、化学及信息技术的综合集成大幅度提高了农业气象减灾效果。

（八）农业生态

农业生态学是生态学基本原理在农学领域的应用和发展。在20世纪60～70年代，由于人口、资源、环境等生态危机中有很多与农业有关，而工业化农业又遇到了农药、化肥污染，大量消耗资源等生态问题，这在客观上促进了现代农业生态学的产生、发展和完善。在近年来，农业生态学取得了一系列的重要进展：

全球变化对农业的影响和农业对全球变化的作用：研究重点包括全球气候变暖、大气二氧化碳含量增加、紫外线辐射增加、臭氧含量增加对植物生产的影响及其机制，农田系统温室气体排放量及其调控机制等。

在农业中利用生物多样性控制病虫害、改善营养供应、逆转恶劣的生态条件：控制作物病虫害通过农田多种作物和多品种间套作、果园和农田生物覆盖和应用菌根菌放线菌等生物多样性方式来解决，改善作物营养通过蚯蚓利用、菌根和钾细菌利用、作物营养遗传基因型筛选等生物多样性方式解决，改善生态条件通过流域农业生产模式配置和退耕还林还草等方式解决。

系统研究并总结了有效和成功的流域生态农业布局模式，覆盖了从西北黄土高原到江南洞庭平原、从南方丘陵区域到西南石漠化区域、从长江上游到珠江上游敏感地带等，农田生态农业模式也有很多成果，例如稻田养鱼、稻田养鸭、猪沼果等。

以水稻为代表的作物化感作用有了深入的研究，并在基因定位和育种利用方面酝酿着新的突破；微生物和病原菌对作物的抗性诱导成为研究热点之一；作物受到昆虫攻击后其化学防御反应机制以及昆虫反制约的应对机制正在被揭示。

我国在农业生态系统水量平衡、水分循环方面做了大量研究，在此基础上测定了各种节水措施的效应，明确了节水的土壤水分标准。西北集水灌溉模式得到了长足进展；在养分平衡方面不仅开展短期核算，还建立了长期定位观察，研究也从大量元素延伸到了微量元素，并且促进了肥料选择和使用方法的进步；农业生态系统的能量流动研究发展比较慢，有关指导农业生产的研究方法仍在探索中。

此外，采用不同方法核算农业的生态服务功能和生态资源占用的研究正在展开，这有利于体现农业的综合生态效益。

（九）农业信息科学

近年来，我国的农业信息科学发展极为迅速，农业信息科学的各项关键技术取得了丰硕的成果。

(1)数据库建设：数据库技术以及数据库系统产品已经在农业领域取得了令人瞩目的成就。农业科技基础数据库建设与共享服务专项，建成了我国农业领域规模最大的农业科技基础数据库系统，包括10个数据库群，35个基础数据库，数据量达100万条记录，数据容量 25GB,内容涵盖了农、牧、渔业科技基础工作各个领域。

(2)农业专家系统:截至 2005 年底,“863”计划示范工程研制推广的农业专家系统达到 169 个,涉及种植业、养殖业、区域规划、资源环境等各个领域。

(3)模拟模型领域:对农业生产系统模型 APSIM 进行了改进和完善,实现了作物模型和遥感以及地理信息系统的有机结合。同时,还开发了草地生产力和长势实时监测模型,研发了具有独立知识产权的牧草生长机理模型,建立了植物生长模型。

(4)机器人视觉:水果品质实时检测和分级机器人的研究,它采用双排双锥式滚筒同时输送和翻转水果,利用图像处理分析软件对在视场内的每个水果的外观品质特征进行提取、分析和判断,做到按照不同水果的国家分级标准所需的外部特征信息进行分等、分级,生产率可达 3~5 t/h。

(5)精确农业:在精确农业中土壤养分管理的基本技术以及适合我国国情的精确农业与土壤养分管理的技术应用方面也取得了突破性进展。

(6)决策支持系统:研制小麦栽培模拟优化决策系统(WCSODS),以小麦生物学模拟模型为基础,应用先进的信息技术,将作物模型与小麦栽培优化、模拟模型与小麦专家经验相结合;研制了小麦栽培管理计算机专家系统(ESWCM)和棉花栽培管理专家系统等。

(7)自动控制技术:研制开发了温室控制与管理系统,并研制出基于 WINDOWS 操作系统的控制软件。研制出一套温室环境控制设备,能对营养液系统、温度、光照、CO_2 和施肥等进行综合控制。

七、现代基础农学学科的特点与趋势

自 20 世纪 90 年代以来,随着现代科学技术的发展,特别是数、理、化、天、生等基础科学对农业科学的渗透,基础农学研究出现了新特点、新趋势。

(一)基础农学与农业科技、生产结合越来越密切,正在走向一体化和综合化

长期以来,人类在农业生产实践中,通过不断总结经验,逐步形成各种专业生产技术。为了提高农业生产效率,人们不断地对各种专业技术加以改进,逐步上升到理论,形成了基础农学科学。反之,基础农学又指导农业技术的改进与提高,并在一定条件下形成新理论、新技术,推动农业生产的发展。

但是,在 20 世纪初,由于生产力水平的限制,基础农学还没有发展形成一项独立的社会实践,因此,上述技术上升为科学、科学转化为技术过程十分缓慢,农业生产增长中依靠科技进步作用的份额仅占 5%左右。到了 20 世纪 70 年代,农业科学有了快速发展,一些发达国家将农业生产中依靠科技进步作用的份额提高到 70%。美国农业生产增加值的 86%和劳动生产率提高的 81%,归功于基础农学和农业技术推广。日本战后 50 多年,农业恢复发展迅速,其重要原因之一就是重视基础农学和农业技术推广,加速对农业技术改造和革新。

我国自改革开放以来,基础农学有了长足发展,在农业增产中发挥了重要作用。据不完全统计,1949~2005 年各省、自治区、直辖市确认的农业科技成果 5 万多项,其中受到

国家、部门奖励的重大科技成果 8 170 项。根据中国农业科学院农业经济研究所测算，1972～1980 年间，我国农业总产值增长 27％是依靠科技进步实现的；1981～1985 年农业总产值增长中科技进步的贡献份额达到 35％，到了“十五”期末科技进步的贡献份额上升到 48％。

国内外实践证明，科学技术是第一生产力。农业科学技术，特别是基础农学研究重要进展与实践，一旦转化与应用，就会成为推动农业生产发展的强大物质力量。

（二）基础科学对基础农学的渗透日趋明显，不断产生新的边缘学科、交叉学科和综合学科

随着现代科学技术的飞速发展，基础科学对农业科学，特别是基础农学的渗透，不断产生新的分支学科。作物遗传育种学是以遗传学为基础，研究改进原有品种、创造新品种的原理和方法。就遗传改进方法而言，又分化出细胞遗传学、生化遗传学、分子遗传学、数量遗传学、群体遗传学等。就育种方法而言，又分化出作物引种、杂交育种、杂种优势利用和边缘杂交等。

作物营养学是研究作物和环境中营养物质与能量交换规律和调控技术的科学，包括作物营养生理学、作物营养遗传学、作物营养生态学和作物营养与施肥技术等。

农业土壤学是研究农业土壤形成及肥力形成规律和利用的科学，包括农业土壤发生学、农业土壤分类学、农业土壤物理学、农业土壤化学、农业土壤微生物学和农业土壤改良学等。

农业生态直接关系着农产品的数量和质量。保护农业生态环境使其不受污染是基础农学研究的重要课题。农业环境污染主要有大气、土壤、水质的污染，以及农药、化肥和工业废弃物的污染。要对农业环境监测和环境评价，要在农业生产过程中消除污染，化废为宝，使再生资源不断更新和利用。

总之，基础农学的分支学科较多，而研究解决农业上重大技术问题越来越需要多学科的结合。例如 20 世纪 60 年代，菲律宾水稻、墨西哥小麦品种选育的突破，掀起全球性的绿色革命；70 年代中国籼稻杂交水稻的突破等，就是依靠全国性的大协作，集种质资源、遗传育种、昆虫病理、生理生态等多学科的技术成就，较大地提高了农业生产力。

（三）基础农学向微观和宏观两个方面发展，既结合又促进，加快了科研进展与突破

20 世纪 50 年代，作物遗传学从细胞水平进入了分子水平，创造了分子遗传学，无疑为定向培育作物新品种开辟了新途径。栽培作物的高产、优质、抗逆等特性，也是由细胞 DNA 上的遗传信息控制的，也就是基因控制的。分子遗传学实现生物之间基因（DNA 片段）的重组和转移，可以按人类的需要创造出自然界从来没有的作物新品种或新物种。据报告，自 1983 年首次获得转基因烟草、马铃薯以来，基因工程技术发展很快，已经有 60 多种植物获得转基因植物，包括水稻、小麦、玉米、马铃薯等粮食作物，棉花、大豆、油菜等经济作物，番茄、黄瓜、芥菜、甘蓝、花椰菜等蔬菜作物，苹果、核桃、甜菜、草莓等瓜果，矮牵牛、菊花、香石竹等花卉，其中进入田间试验示范推广的植物，1990 年全球已达 120 例。

农业分子遗传学的迅速发展给农业生产带来了深刻的变革,对人类进步和社会发展产生难以估量的影响。如果说20世纪是电子时代的,那么21世纪将是分子生物学时代的。

20世纪70年代后,地球资源卫星的问世,航天遥感技术广泛地应用于农业,从宇宙空间观测地物,普查土壤、监测病虫害、预报农作物产量等,经济社会效益十分显著。例如英国过去利用人工测绘方法进行过一次全国土壤普查,动用6 000多人,持续6年之久才完成这项工作。1975年利用卫星遥感技术编制五万分之一的土壤利用图,只用了4个人9个月就完成了工作。墨西哥利用地球资源卫星资料调查土地资源,发现了新水源,扩大了小麦灌溉面积。1978年以来,美国利用卫星资料,对小麦、玉米、大豆、马铃薯等作物进行估产,准确性达到93%~98%,而且在时间上比美国农业部的产量统计数据提早10天至1个月。我国自1975年以来,广泛的利用星片资料进行土地资源调查、旱涝灾害监测和水稻、小麦、玉米等产量预测工作,取得了可喜的进展,为农业、水利部门防灾减灾、指导农业生产提供了依据。

(四)基础农学研究借助现代实验工具和理论方法,实现试验研究手段的现代化

进入20世纪80年代,现代试验工具和理论方法的运用,较大地提高了基础农学研究水平。在精密定量分析方面,采取自动定氮仪、紫外/可见光光度计、原子吸收分光光度计、等离子发射光谱仪等,对全国土壤进行调查,发现土壤有机质含量普遍偏低,59.1%面积缺磷,23.9%面积缺钾,13.8%面积磷钾齐缺;40%面积缺硼,30%面积缺锌,20%面积缺锰,10%面积缺铁,从而为科学指导施肥提供了科学依据。在图像观察和微观结构分析方面,应用电子显微镜、X光衍射技术、质谱仪、核磁共振技术等,可以观察到生物大分子,如蛋白质、核糖核酸等微结构,使生物学研究进入分子水平。日本科学家在高倍电子显微镜下发现了低温可使植物细胞的细胞膜系统受到伤害,约有4%~5%的蛋白质自膜系统游离出来,ATP酶在酶表面体上活动。在多因子、大数据处理方面,应用电子计算机技术取得突破性的进展,在全球范围内通过联机网络或介质交换实现信息资源共享,先后建立了AGRICOLA、CRIS、CABT和AGRIS四个著名的农业数据库。一些发达国家的农业模型涉及宏观和微观各领域,如作物模型研究,就是在土壤一作物一大气系统进行研究基础上,应用能量平衡、能量守恒等基本原理和物理、化学、生物学的基本规律研究、预测作物生长发育和产量形成及其对环境的反应,目前已在棉花上取得了成功,美国农场主借此获取纯利每公顷169美元。在此基础上,科学家把电子计算机和通信技术、互联网相结合,创办起农业信息产业。目前世界上最大的农业网络系统是Agent联机网络,其用户遍及全美各州和加拿大等地,社会效益十分显著。

(五)国际间基础农学研究是竞争与合作、交流与限制并存,形成十分复杂态势

回顾基础农学发展历史,科学试验活动已发展到由国家统一规划和组织协调阶段,特别是进入到20世纪90年代后,基础农学研究发展到国家规模,并打破国界实现了合作与交流全球化。1960年成立了国际农业研究磋商小组,下设18个农业研究中心,其中设在菲律宾的国际水稻研究所(IRRI)组织全球性的水稻资源与评价研究,培育出的水稻良种闻名世界,并使主要产稻国家的水稻产量大幅度提高;设在墨西哥的国际玉米小麦改良中心(CIMMYT),组织全球性的玉米和小麦的遗传改良研究,以矮秆、高产著称的墨西哥小

麦闻名于世，在世界农业史上产生了重要影响。菲律宾水稻和墨西哥小麦给全球，特别为发展中国家的农业发展做出了卓越贡献，有力地推动了全球的绿色革命。面对当前和未来全球人口、资源、环境、食物，即生存与发展的重大课题，需要加强双边或多边的国际科技合作与交流，开展基础农学及其分支学科重大问题的研究，为全球农业可持续发展做出新的贡献。

展望到2030年的发展，将有多项重大科研成果得到广泛应用，对农业增产起着巨大推动作用，其中作物遗传育种增产可达35%，灌溉和作物保水增产33%，遗传工程增产25%，生物固氮增产18%，提高光合效率增产17%，多熟制增产15%，保护性栽培增产5%等。基础农学研究将对解决全球人口高峰期的食物问题做出重大贡献。

八、加快我国基础农学学科发展的政策性建议

我国基础农学学科的发展，要以“三个代表”重要思想和科学发展观为指导，认真贯彻“自主创新，重点跨越，支撑发展，引领未来”的指导方针，进一步深化科技体制改革，建立起适应社会主义市场经济、符合基础农学学科自身规律的新型国家创新体制；科研队伍要精干化，在不断流动中保持相对稳定；继续改善科研工作条件，提高投入强度；加强国际科技合作与交流，提倡开放、流通、联合、竞争机制，使基础农学学科研究迅速走向世界。

(一)进一步深化科研体制改革

我国现行庞大的农业科研机构交叉重叠，结构松散，学科陈旧，远不适应国家需求和国际发展新趋势，必须通过深化科技体制改革，推进结构调整，加快人才分流步伐，建立起学科齐全，布局合理、精干高效的基础农学研究体制。

基础农学研究要以国家级农业科研机构、研究型高等农业院校和中国科学院相关科研机构为主体，适当吸收有优势、有特色省级农业科研机构参与，建立起精干、高效的科研队伍，通过政策引导和经费支持，加强基础农学学科的基础研究和战略高技术研究，努力攀登科学高峰，逐步形成国家新型的基础农学科学科研体制。

(二)造就一支精干、高效的基础农学科研队伍

基础研究和应用基础研究的主要特点是创新。要有一支适应当代基础农学和技术前沿性研究、高水平精干的研究队伍。要采取有力措施，组建以基础农学及分支学科为主体、相关学科人员参加的优秀群体，大力培养以中青年为骨干的尖子人才和学术带头人、领军人物，同时，要加大力度，引进国外留学有成专家和优秀境外专家、学者，组建一支高水平的基础农学学科研究队伍，积极推进高层次的跨学科研究，努力提高自主创新能力，力争取得重大进展和突破，为发展学科、服务生产做出新贡献。

(三)加快基础农学学科重点实验室和基地建设

基础农学研究是高度集约、需要采用先进设备和试验手段进行的研究工作。由于目前农业科学研究投入过低，一些研究机构仪器设备比较陈旧，不配套，亟待补充和更新。

在现行财政状况的条件下,建议采取局部优化、重点装备的政策。在国家农业科研机构、研究型高等农业院校和少数省级农业科研机构,分期分批建设基础农学及分支学科国家重点实验室和现代化试验基地,建设土壤、水、生物资源、环境、灾害监测预报系统,配备先进仪器设备和必要的基础设施,努力改善和提高基础农学研究条件。

(四)积极推进基础农学国际科技合作与交流

在经济全球化、科学技术日新月异的今天,加强基础农学国际合作与交流成为至关重要的问题。必须跟踪世界科技发展前沿,利用世界科学技术的最新成就,推动我国农学基础科学研究的发展。建议加强全国农业科技文献信息中心;建立国内外信息交流网络;全方位地开展国际科技合作;支持科学家参加国内外学术活动。同时,建议在中国举办基础农学与世界农业高层论坛,使中国农业科学尽快走向世界。

(五)大力增加基础农学学科研究的投入

根据基础农学科研工作周期长、地域性强、风险大,以社会效益为主的特点,应建立以政府为主的稳定拨款制度,建议国家增加农业科研的投入,从 2004 年占 GDP 的0.44%,到 2010 年提高至 1.5%,其中基础农学科研占整个农业科研投入比例,应从 2004 年占 1%左右,到 2010 年提高至 2%以上。同时,国家各项科技计划也应向基础农学学科的研究倾斜。建议国家自然科学基金委员会应设立基础农学学科专项基金,拨出专项经费,加大力度支持,促进基础农学学科研究有一个较快的发展。

(六)创造有利于基础农学学科持续稳定发展的社会环境

针对基础农学学科现状和问题,建议创造良好的外部环境,确保基础农学学科研究计划、项目的稳定性和连续性;发扬学术民主,鼓励创新学术思想;加强精神文明建设,树立良好的科学道德和学风;改善科研人员生活待遇,稳定基础农业学科研究队伍;改进成果奖励政策,鼓励跨学科协作研究。所有这些相关政策的实施,必将有助于基础农学学科持续稳定健康发展。

参考文献

[1] 陈至立.加强基础科学研究 增强国家创新能力.中国基础科学,2005,1.

[2] 张宝文主编.新阶段中国农业科技发展战略研究.北京:中国农业出版社,2004.

[3] 牛盾主编.1978-2003 年国家奖励农业科技成果汇编.北京:中国农业出版社,2004.

[4] 卢良恕.21 世纪我国农业科学技术发展趋势与展望.食品工业科技,2001,1.

[5] 卢良恕,等,农学基础科学发展战略.北京:中国农业科技出版社,1993.

[6] 程津培.基础科学至关重要:新时期加强我国基础研究的意义及对策.中国软科学,2004,5.

[7] 科技部农村与社会发展司,中国生物技术发展中心.2002,2003,2004 中国农村科技发展报告.北京:中国农业出版社.

[8] 科技部农村与社会发展司,中国生物技术发展中心.2004 中国生物技术发展报告.北京:中国农业

出版社,2004.
[9] 王志学,信乃诠.世界农业和农业科技发展概况.北京:中国农业出版社,2004.
[10] 信乃诠.科学技术与现代农业.北京:中国农业出版社,2005.
[11] 信乃诠,许世卫.国内外农业科技体制调研报告.北京:中国农业出版社,2006,5.
[12] 许世卫,李哲敏.法国、荷兰农业科研体制及其启示.科学管理研究,2005,6.
[13] 许世卫著.中国食物发展与区域比较研究.北京:中国农业出版社,2001.
[14] 信乃诠.不同农业系统国家奖励科技成果的比较研究.农业科技管理,2006,6.
[15] 胡跃高主编.20世纪中国农业科学进展.济南:山东教育出版社,2004.
[16] 万建民.2006,作物分子设计育种.作物学报,32; 3:455-462.
[17] 范云六,等.我国农作物生物技术的成就与展望.世界科技研究与发展,1999, 21(1):11-15.
[18] 桑新华,等.植物逆境抗性相关转录因子的研究进展.植物学通报,2004,21(6):700-708.
[19] 阮松林,马华升,王世恒,等.植物蛋白质组学研究进展Ⅱ.蛋白质组技术在植物生物学研究中的应用.遗传,2006,28(12):1633-1648.
[20] 张书标,杨仁崔.水稻 eui 基因研究进展.作物学报,2004,30 (7):729-734.
[21] 金继运,白由路.精准农业与土壤养分管理[M].北京:中国大地出版社,2001.
[22] 刘晓燕,何萍,金继运.钾在植物抗病性中的作用及机理的研究进展.植物营养与肥料学报,2006,12(3):445-450.
[23] 金继运,李家康,李书田.化肥与粮食安全[J].植物营养与肥料学报,2006,12(5):601-609.
[24] 种康等.2005年中国植物科学若干领域的重要研究进展.植物学通报,2006,23(3):3-19.
[25] 彭友良主编.中国植物病理学会2006年学术年会论文集,P74-81.北京:中国农业科技出版社,2006.
[26] 中国植物病理学会.2004年植物病原物生物与病害流行学研究进展.学科发展蓝皮书2005卷284-289.北京:中国农业科技出版社,2004.
[27] 黄大昉主编.农业微生物基因工程.北京:科学出版社,2001.
[28] 中国微生物学会.微生物学在国民经济发展中的地位及其在我国的发展.学科发展与科技进步,北京:中国科学技术出版社,1994,113-123.
[29] 王贺祥主编.农业微生物学.北京:中国农业大学出版社,2003.
[30] 金仲辉,等.物理学在促进农业发展中的作用.物理,2002,31(6):392-399.
[31] 赵宏钧,张皓臻.物理农业技术的应用与发展.农业装备技术,2005,31(5):28-30.
[32] 中国农业科学院主编.中国农业气象学.北京:中国农业出版社,1999.
[33] 王馥棠,王石立等."九五"期间我国农业气象科技若干进展.气象科技,2002.10,30(5),257-261.
[34] 赵峰,千怀遂.全球变暖影响下农作物气候适宜性研究进展.中国生态农业学报,2004,12(2):134-137.
[35] 骆世明,陈聿华,严斧.农业生态学.长沙:湖南科技出版社,1987.
[36] 张维理,徐爱国,冀宏杰.中国农业面源污染形势估计及控制对策Ⅲ.中国农业面源污染控制中存在问题分析[J].中国农业科学,2004,37(7):1026-1033.
[37] 骆世明,等.农业生态学.北京:中国农业出版社,2001.
[38] 曹卫星.农业信息学.北京:中国农业出版社,2005.
[39] 刘世洪.农业信息技术与农村信息化.北京:中国农业科技出版社,2005.
[40] 付强.数据处理方法及其农业应用.北京:科学出版社,2006.
[41] 王人潮,史舟.农业信息科学与农业信息技术.北京:中国农业出版社,2003.
[42] 刘世洪等.主要粮油产品质量全程跟踪与溯源技术研究.北京:科技部"863"计划课题申请报告.

[43] Rural and Social Development Department, China Rural Technology Development Center of the Ministry of Science and Technology People's Republic of China. 2003 China Rural Science and Technology Development Report. Beijing: China Agriculture Publishing House, 2003.

[44] Li Mei, Qu Jiuhui, Peng Yongzhen. Sterilization of Escherichia coli cells by the application of pulsed magnetic field. Journal of Environmental Sciences, 2004, 16(2): 348-352.

[45] Huang, G., Gao, B., Maier, T., Allen, R., Davis, E. L., Baum, T. J., Hussey, R., A profile of putative parasitism genes expressed in the esophageal gland cells of the root-knot nematode Meloidogyne incognita. Mol. Plant-Microb. Interact. 2003. 16, 376-381.

[46] Dos Santosa CV, Reyá P., Plant thioredoxins are key actors in the oxidative stress response Trends in Plant Science, 2006, 11(7): 329-334.

[47] Federicia L, Polygalacturonase inhibiting proteins: players in plant innate immunity? Trends in Plant Science, 2006, 11(2): 65-70.

[48] Komatsu S, Yano H. Update and challenges on proteomics in rice. Proteomics, 2006. 6(14): 4057-4068.

[49] Xu J, Li H D, Chen L Q, et al. A protein kinase, interacting with two calcineurin B-like proteins, regulates K+ transporter AKT1 in Arabidopsis[J]. Cell, 2006, 125(7): 1347-1360.

[50] Li L, Tang C, Rengel Z and Zhang F S Calcium, microelement uptake as affected by phosphorus sources and interspecific root interactions between wheat and chickpea[J]. Plant and Soil. 2004, 261: 29-37.

[51] Kathleen Park Talaro, Foundations in Microbiology, Fifth Edition, The McGraw-Hill companies, Inc., 2005.

[52] Ganesh KA, Randeep R. Rice proteomics: A cornerstone for cereal food crop proteomes. Mass Spectrometry. 2006. 25, 1: 1-53.

[53] Gliessman, Stephen R., Agroecology: ecological processes in sustainable agriculture, CRC Press, 1997.

[54] Sivakumar, M. V. K, R. Gommes, W. Baier, Agrometeorology and Sustainable Agriculture. Agricultural and Forest Meteorology. 2000, 103, 11-26.

[55] Altieri, M. A., Agroecology: the science of sustainable agriculture, Boulder: Westview Press, 1995.

撰稿人:许世卫　孙好勤　信乃诠

专题报告

农业植物学学科发展

一、引言

植物分子生物学和农业科学相结合，产生了现代农业植物学。农业植物学以拟南芥和水稻为模式植物，逐步揭示出植物和农作物生长、分化、发育、繁殖和对环境的应答等基本生命过程的分子机理并且找出调控这些过程的关键基因，并在基因工程育种和产业化上取得重大突破，对农业科学和农业的发展产生了深远影响。

细胞工程方面，茎尖脱毒培养、小孢子培养和细胞杂交技术已用于工厂化育苗和育种。基因工程方面，国际上获得转基因植物 100 种以上，转基因棉花、油菜、玉米、大豆和马铃薯等的种植面积超过 8 100 万 hm^2/a。我国获得水稻、玉米、小麦、油菜、棉花和大豆等 90 多种转基因植物，利用了约 145 个目标基因，10 多种转基因植物获准环境释放，棉花、番茄、甜椒和矮牵牛 4 种转基因植物进行了商品化生产，种植面积居世界第 5 位。2005 年中国转基因抗虫棉种植面积超过 5 000 万亩，占棉花种植面积的 70%左右。

国外基本查明生长素、赤霉素和光等信号系统如何通过转录因子调控基因表达和生长发育过程。最近发现了系统素，PSK，CLV3 和 SCR 等 4 种植物多肽激素，它们分别参与植物防御反应，细胞分裂，茎端生长点干细胞数目维持和花粉柱头识别过程。我国李家洋院士最近提出吲哚乙酸生物合成途径的新模式，鉴定出一批油菜素内酯的应答基因。

目前，已查明花芽形成、花期调控、雄性不育、生长点分化模式、分蘖形成和根系发育的分子机理，克隆了一系列调控植物的生长、发育和产量的基因。这些研究结果有助于设计和创造理想的农作物株型和发育模式，进一步提高产量。

国内外的研究表明多种转录因子和促细胞分裂剂激活性蛋白激酶参与多种逆境的应答和基因调控；测定了抗逆性的 QTL 位点，克隆了多种耐盐耐旱相关基因和保护酶基因，开展了转基因育种。

近年来关于植物抗真菌、抗细菌和抗病毒的分子机理研究十分活跃，查明了包括 GTP 结合蛋白在内的参防卫系统的各种信号分子，发现植物分泌多种细胞壁降解酶抵御真菌病害的入侵，有关这方面的最新进展参见植物病理学学科发展报告。

国内外已经将玉米高光效基因转磷酸烯醇式丙酮羧化酶基因（PEPC 基因）转入水稻，并获得光合效率提高 30%、产量提高 20%的株系。李振声院士等发现了一批磷高效小麦种质，揭示了磷高效机理，育成高效利用氮和磷的新品种“小偃 54”和高光效高肥效新品系“小偃 81”。国外新近克隆了控制小麦同源联会的 cdc-2 激酶相关基因，有可能利用它加速近缘属有用染色体片段向小麦的转移。

近年来在植物分子生物学和发育植物学的基础上，农业植物学取得重大进展。在此基础上,未来的 10～15 年内,农作物生长发育的调控,激素作用机理、抗逆抗病性机理以及光能和肥料利用效率等问题仍将是农业植物学的研究热点。

二、概述

农业植物学(Agricultural Botany)是基础农学的一个分支学科,也是应用植物学的重要组成部分。农业植物学是在对植物生命活动规律认识和了解的基础上,探索作物改良、作物营养、作物保护、作物抗性、作物生长发育调控的基本原理和基本方法,解决农业可持续发展的一些关键问题。在英语的学科分类系统中,还有一个与农业植物学类似的分支学科 Plant Science,虽然在我国它常常被翻译为"植物科学",但是实际含义应当是"栽培植物科学",其内涵与农业植物学非常相似。

三、回顾

人类对植物的认识起始于对栽培植物和农作物的了解。农作物最先出现在新石器时代。欧洲新石器时代的遗址中发现过小麦等农作物种子,我国新石器时代遗址中曾经发掘出粟粒和稻谷,说明人类在 7000 年前就已经通过采集活动和人工选择培育出主要的农作物。从这个意义上说,农业植物学是最先出现的农业科学的分支学科。

农业植物学的发展大体上经历了三个阶段。

(一)描述农业植物学阶段

我国是记载和研究农业植物最早的国家之一,2000 年前的《诗经》提及 200 多种植物,其中许多种是农作物。此后历代都有关于农作物品种和栽培技术的书籍问世。例如,公元 6 世纪北魏贾思勰的《齐民要术》,记述了当时的农作物、果树和野生植物,指出豆类植物可以肥田,豆谷轮作能够增产。又如明代李时珍的《本草纲目》,虽然主要论述药用动植物,但对于粮食作物、蔬菜、果树和家养动物均有详尽的记述。

希腊的西奥弗拉斯脱(370～285 B. C.)被认为是植物学之父,他曾记载了大约 500 种植物,包括许多农作物和栽培植物。欧洲中世纪时期,随着小农经济的发展,出现了许多栽培植物的园圃。文艺复兴时期,植物学研究从中世纪黑暗思想下解放出来,农作物品种选育和栽培技术都达到了较高的水平。18 世纪瑞典博物学家林奈(1707～1778)创立了植物的科学命名法——双名法,并建立了人为分类系统,各种野生和栽培植物的种类和名称得以规范和统一。19 世纪中期伟大的英国自然科学家达尔文(1809～1882)创立了进化论,把整个生物界看做是一个自然选择的进化系统,同时也提出了人工选择学说,阐明了栽培植物的起源。后来在达尔文学说推动下建立了植物自然分类系统,植物学和农业植物学的描述阶段也告一段落。

(二)实验农业植物学阶段

19 世纪的欧洲,由于资本主义的迅速发展,科学研究仪器和设备日臻完善,自然科学进入了实验研究阶段,实验植物学和实验农业植物学也应运而生。19世纪中叶到20世纪60年代的100多年中,实验农业植物学研究成果丰硕,极大地推动了农业的发展。

实验农业植物学在以下几方面的成果是具有里程碑意义的。

1. 农作物育种的细胞遗传学基础

1838年施莱登总结了前人的研究结果,提出:"一切植物,如果它们不是单细胞的话,都完全是由细胞集合而成的,细胞是植物构造的基本单位。"施旺在动物学领域提出了相似的观点。Strassburger在1875年首次观察到存在于细胞核内的染色体,后来又描述了受精过程和精卵融合现象。Nawaschin1898年发现了被子植物的双受精现象。1892年Boveri和Strassburger各自描述了动物和植物的减数分裂过程。1865年孟德尔确立了遗传因子分离和独立分配定律,认识到染色体实际上是遗传因子的载体。摩尔根1910年提出基因学说,确立了细胞遗传学。植物细胞学、遗传学和胚胎学的理论奠定了农作物有性杂交和品种选育的科学基础。

2. 矿质营养学说与农作物营养

18世纪末到19世纪初,欧洲最流行的植物营养学说是腐殖质营养学说,认为腐殖质是植物唯一的营养物质。1840年德国化学家李比希(1803～1873)提出矿质营养学说,彻底否定了腐殖质营养学说。李比希指出,植物通过绿叶可吸收和同化CO_2,根吸收的氮素是大气中的氨通过雨水供给土壤的,人工向土壤中施用氮肥是必要的,此外P、K、Ca、Mg、S、Na等元素对植物体的形成也是必要的。植物矿质营养学说的创立,有力地推动了化学肥料的广泛应用与化肥工业的蓬勃发展,代表着现代农业科学的一个新起点。

3. 杂种优势理论

德国的科尔罗伊特在1761～1766年间进行烟草杂交实验时获得了丰产、早熟和优质的杂种,从而提出利用杂种一代的可能性。达尔文于1876年发表的《植物界异花受精与自花受精的效果》一书中,提出了"异花受精一般对后代是有益的。而自花受精时常对后代是有害的"论断。Shull于1908年最先报道了玉米自交系间的杂种一代的增产效果,提出可先选育最好的自交系以生产杂交种。1914年他又提出"杂种优势"(heterosis)这一术语。从1920年开始,玉米双交种和单交种先后用于生产。20世纪60年代以后,雌雄同花作物中雄性不育系、保持系和恢复系"三系"配套研究的成功,水稻、高粱、甜菜、向日葵、番茄、萝卜、甘蓝、大白菜等作物的杂交种选育均获得成功,大幅度提高了农作物产量。

4. 植物激素、生长调节剂与除草剂

1920年Went发现生长素吲哚乙酸以后,又陆续发现了细胞分裂素、赤霉素、脱落酸和乙烯等植物激素。这五类激素中有些化合物是植物体内天然存在的,如吲哚乙酸、异戊烯腺嘌呤、赤霉素GA3、脱落酸和乙烯等,它们被称为天然激素。还发现一些和天然激素功能相近的生长调节物质,例如萘乙酸、2,4-D和激动素等。激素和生长调节物质在农业生产中发挥了重要作用,例如用于促进或抑制种子萌发,刺激侧芽萌动,防止落花落果,以及加快或延缓果实成熟等。20世纪中叶发现2,4-D具有选择性杀灭双子叶杂草的效用,开辟了使用化学除草剂的先河。20世纪后半叶多种选择性和非选择性除草剂的大规模使用是农业植物学研究成果推进农业现代化的又一范例。

(三)现代农业植物学阶段

现代农业植物学开始于 20 世纪 70 年代,它是在植物细胞生物学、分子生物学和植物发育生物学基础上形成和发展的。现代农业植物学是在分子水平上深入研究农作物生命活动规律,揭示作物改良、作物营养、作物保护、作物抗性、作物生长和发育的控制的新理论新途径,以生物工程为主要手段,解决农业可持续发展中存在的关键问题。在下一节中我们将详细介绍近年来现代农业植物学各个方面的现状与进展。

四、现状

进入 21 世纪以来,植物分子生物学取得重大进展。2000 年美英等国科学家完成了拟南芥的基因图谱。2001 年 4 月美国测绘出粳稻基因组框架图。2001 年 10 月中国科学院基因信息中心暨北京华大基因组中心完成了水稻(籼稻 93-11)的基因组工作框架图,覆盖了整个水稻基因组的 92%。拟南芥和水稻基因组和其他生物基因组 DNA 序列物理图谱的完成为人们从基因水平认识植物的生命本质提供了极其重要的基本资料。在基因图谱的基础上,功能基因组学、结构基因组学、生物信息学、蛋白质组学和代谢组学相继兴起,基因芯片技术和微阵列技术得到普遍应用,新基因发现与克隆的速度大大加快,为农作物基因工程和分子育种开辟了更加广阔的前景。

植物分子生物学的理论和方法与传统植物学和农业科学相结合,产生了植物发育生物学和现代农业植物学。近年来以拟南芥和水稻为模式植物,逐步揭示出植物和农作物生长、分化、发育、繁殖和对环境的应答等基本生命过程的分子机理并且找出调控这些过程的关键基因,并在基因工程育种和产业化上取得重大突破,对农业科学和农业的发展产生了深远的影响。

五、进展

现代农业植物学内容广泛,进展迅速,很难全面概括,本文仅对一些重要的研究前沿和最新进展作简要综述。

(一)农作物生物工程

农作物生物工程包括细胞工程与基因工程两部分。

农作物细胞工程起始于 20 世纪 60～70 年代,那时国外出现了植物茎尖脱毒快繁、小孢子培养技术和细胞杂交技术等植物离体遗传操作技术。我国的细胞工程研究与国外同步进行,取得了一些国际瞩目的研究成果。到 20 世纪 90 年代,在我国植物茎尖脱毒培养技术已经广泛用于园艺和观赏植物的快速繁殖,形成了试管苗规模化生产;已经用小孢子培养技术培育出数十个油菜、辣(甜)椒、水稻、小麦和烟草新品种;细胞杂交技术用于转移外缘抗病基因、抗逆基因和培育新型细胞质不育系也取得不少进展。近年来国内外仍有许多细胞工程的文章发表，主要集中于方法和技术的进一步改进与完善。

自1983年首次获得转基因烟草、马铃薯以来，国际上获得转基因植株的植物已达100种以上，全球转基因植物的种植面积已经突破了8 100万 hm^2/a，转基因棉花、油菜、玉米、大豆和马铃薯等已经进入大规模商品化生产阶段。

最近10年，我国的转基因植物研究与开发取得了巨大进展，已经在水稻、玉米、小麦、油菜、棉花和大豆等90多种植物上获得转基因植物，利用了大约145个目标性状基因，分布在抗虫、抗病、抗逆、抗除草剂、提高品质和产量、人工雄性不育、工厂植物（生物反应器）、环境保护和转基因植物安全性等方面，但具有自主知识产权的基因较少。目前有10多种转基因植物获准进入环境释放，其中棉花、番茄、甜椒和矮牵牛4种转基因植物进行了商品化生产，转基因品种种植面积居世界第5位。具有我国知识产权的转基因抗虫棉在中国已广泛种植，2005年中国转基因抗虫棉种植面积已经超过5 000万亩，占全部棉花种植面积的70%左右，堪称我国转基因植物产业化成功的范例。

（二）激素作用的分子机理

国外近年来已经基本查明生长素、赤霉素和光等三个信号系统如何通过转录因子调控基因表达和生长发育过程。除了传统的五类植物激素外，国外最近又发现第六类激素，即植物多肽激素。已发现的多肽激素有4种：系统素，PSK，CLV3和SCR，它们参与植物的防御反应，细胞分裂，茎端生长点干细胞数目维持和花粉柱头的识别过程。这些小分子多肽化合物以配基的形式与细胞膜表面的受体激酶相互作用，从而实现细胞之间的信号交流。与以往的小分子激素不同，多肽激素属于蛋白质激素，编码它们的基因可以作为基因工程的目的基因，因此可通过转基因植物进一步研究多肽激素的功能及其在农作物育种上的应用价值。

我国李家洋院士最近利用转基因技术，创制出色氨酸与吲哚乙酸合成量改变的转基因植物，从而提出植物生长素吲哚乙酸生物合成途径的新模式；建立了一种简易的基因芯片体系，鉴定出一批油菜素内酯的应答基因，并证实了油菜素内酯对植物细胞分裂的促进作用。

（三）农作物生长、生殖和发育过程的调控机理

除了利用激素和光信号系统调节生长和发育外，还有众多的结构基因和调控因子参与植物的生殖、生长和发育过程的调控。

1. 生殖过程的调控

对拟南芥的研究表明，调控植物开花有四个途径，即光照途径、春化途径、自主促进途径（promotive autonomous pathway）和赤霉素途径，这些途径最终启动作用于花芽的三位一体的整合基因SOC1、FT和LEY。此外还发现一些促进开花的基因和抑制开花的基因。对这些基因的进一步研究有可能找出促使农作物提前开花的基因调控机理，在此基础上有可能借助基因工程培育出早熟的农作物品种。

雄性不育问题继续受到关注。国内外研究者已经将10余种诱导型和非诱导型雄性不育基因导入主要农作物，包括核糖核酸酶基因，反义肌动蛋白基因，由除草剂等诱导的

雄性不育基因以及四环素诱导性雄性不育基因等。最近李家洋分离出一批育性改变的拟南芥突变体,通过获得的拟南芥胆碱生物合成突变体,初步明确了胆碱合成与植物温度敏感雄性不育性的关系。中国农业大学叶德等从拟南芥突变体 vgd1 入手,分离并鉴定了 VGD1 基因。VGD1 编码一个果胶甲基转移酶的同源蛋白。VGD1 基因突变后,果胶甲基转移酶活性降低引起花粉管生长严重受阻,导致了雄性育性的急剧降低。

水稻细胞质雄性不育的恢复机理研究一直受到广泛重视,最近几年随着遗传连锁图谱和转座子标签法的应用,一些恢复基因已经被克隆,它们是玉米 T 型恢复基因 Rf-1 和 Rf-2、矮牵牛 Rf 基因和红萝卜 Rfk1(Rfo) 基因。以上研究为更好地利用杂种优势提供了理论和技术指导。

棉花纤维是棉花种子特有的一种表皮毛细胞。中科院遗传发育所杨维才等利用棉纤维特异的 cDNA 文库克隆到几个肌动蛋白编码基因,并预测其中的 ACTIN1 具有独特的蛋白结构。与此同时发现 ACTIN1 是棉纤维特异表达的基因。在 ACTIN1 的 RNAi 转基因植株中,棉纤维可以正常发生,但无法伸长。在拟南芥中已有的研究表明,Actin 在细胞中可以与很多蛋白结合,其中与著名的 ARP2/ARP3 复合体结合后可以决定细胞的形态。在棉纤维的生长过程中可能也存在同样的决定机理。

2. 生长模式的调控

植物的生长模式决定植物的形态,也决定了农作物的株型,对农作物生长模式及其调控基因的了解有助于分子设计育种,调控生长的基因也可以作为基因工程的目的基因用于农作物品种改良。

高等植物的顶端生长以及众多侧生器官的相继分化和发育直接关系到植株各部分器官的组成、个体的大小和经济价值的高低,是植物功能基因组研究的一个热点。茎尖分生组织被分为两个区:一个称为中央区,由一群分裂速度较慢的茎细胞所组成,为维持顶端生长所必需;一个称为周边区,由一群分裂速度较快的生成细胞(founder cells) 所组成,在合适的条件下启动侧生器官原基的形成和发育。茎尖分生组织的维持需要在中央区茎细胞和周边区生成细胞之间保持一种平衡,这种平衡的打破往往导致侧生器官(侧枝、叶片、花序、花器官)原基的启动和形成。高等植物主根、侧根和分支根分化发育也受同种机制的调控。有几类基因或基因家族,包括 CLAVATA (CLV)、WUSCHEL (WUS)、KNOX、MYB、YABBY、LBD 等的成员,通过形成一种复杂的调控网络,使植物在不同生长发育阶段的顶端生长和侧向生长处于不同水平的平衡状态,以维持茎尖分生组织的生长,同时按顺序启动各侧生器官的分化与发育。

3. 水稻分蘖和茎秆生长的调控

分蘖影响禾谷类穗数的多少并进而影响单产。中科院遗传所李家洋院士等对粳稻品种的自然单秆突变体 monoculm1 进行了研究。该突变体完全丧失了分蘖能力,只具有一个主茎秆。遗传分析表明,该突变体是由单个核基因的隐性突变造成的,这一水稻分蘖的基因 MOC1 已被克隆。水稻分蘖控制基因 MOC1 的克隆是近年来在植物形态建成特别是侧枝形成研究领域中最重要的进展之一,受到国内外的广泛关注。《自然》杂志为此而刊登的专门评论中,称水稻 MOC1 基因及其在番茄和拟南芥中的同源基因 LS 和 LAS 为株型建成的关键因子，并预言这些基因将成为植物遗传与发育研究领域中的热点。作为水稻分蘖的关键调控因子，MOC1 基因为采用基因工程技术培育高产水稻品种奠定了重要基础。李家洋等还利用水稻脆秆突变体分离了 *BC*1 基因，阐述了水稻机械强度的控制机理。

此外，美国学者发现的 Eui 基因能够控制水稻茎秆的高度和节间长度，有助于解决杂交水稻亲本的包茎问题。日本学者在水稻中发现的捕获硅的转运蛋白基因，可以促进硅元素吸收，对于抗倒伏具有一定价值。

4. 根系发育的调控

侧根的连续形成是根系发育最重要的部分，也使植物可以适应土壤条件的变化。国外的研究表明，ABA 不仅介入休眠的调控和逆境的应答，而且在侧根形成过程中起着重要作用。在拟南芥中发现一个 ABA 受体突变体 fca1，它的侧根生长对 ABA 发生明显的反应。中科院微生物所郭惠珊和遗传发育所谢旗等发现 miRNA164 突变导致 miRNA164 量减少，NAC1 的 mRNA 量增加，侧根也增多。有趣的是 miRNA164 本身的表达受生长素诱导，说明生长素可能通过诱导 miRNA164 来清除 NAC1 mRNA，从而控制生长素信号转导与侧根发生。中科院上海植物生理生态所陈晓亚等发现 2 个生长素反应因子 ARF10 和 ARF16 同时受 miRNA160 调控，在生长素信号途径中通过抑制细胞分裂和促进细胞分化控制根冠细胞的形成。

水稻的不定根对于水稻的固着生长和物质吸收有重要的生物学和农业生产意义。浙江大学吴平等通过对水稻不定根缺失突变体的研究，克隆鉴定了 ARL1 基因，该基因的编码产物可能作为转录因子控制禾本科植物侧根原基的发端，并且其功能受到生长素的调控。该研究提供了用基因工程改良作物根系的可能性。

根毛发生机理最近取得进展。北京大学白书农和许智宏等发现，当拟南芥幼苗生长在含组蛋白脱乙酰化酶（HDAC）的特异抑制剂 Trichostatin A(TSA) 的培养基上时，根毛增多，其数量随 TSA 浓度的增加而增多，位于皮层细胞上的表皮细胞也发育成根毛了。这种现象与 HDAC18 的突变体表型相吻合，说明 HDAC18 基因参与了该调控过程。

5. 高产相关基因

所谓高产基因大多是能够显著影响作物生长发育的基因。继大豆高产基因发现以后，2002 年日本名古屋大学的研究者在《自然》杂志报道，发现了一种使水稻高产的 SD1 基因，该基因一出现变异，水稻植株就会变矮，不易倒伏，茎粗叶大，稻粒增多，单位面积产量大幅提高。

最近复旦大学杨金水等将具有高产性状的江西东乡野生稻与栽培稻“桂朝 2 号”进行杂交，研究了杂种第六代 2 号染色体前端的 500 多个基因，发现其中 LRK1-LRK8 等 8 个基因对水稻产量有很大影响，而 LRK1、LRK4、LRK6 的作用尤为关键。他还首次发现水稻开花基因 FCA 基因中的 RRM1 结构域可以促进细胞生长，导入 RRM1 的转基因水稻的所有细胞变大，谷粒的大小比对照组高 73%。

(四)农作物对非生物胁迫反应的分子机理

1. 对逆境反应的遗传因子

植物体内存在大量的转录因子,仅含 27 000 个基因的拟南芥就有 5.6%的基因是编码转录因子的。典型的转录因子含有 DNA 结合结构域(DNA—binding domain)、转录调控结构域(activation domain)、寡聚化位点(oligomerization site)以及核定位信号(nuclear localization signal)等功能区域。这些转录因子根据与 DNA 结合区域的特点可以分为若干个家族,其中和植物逆境抗性相关的主要有 4 类:bZIP 类、WRKY 类、AP2/EREBP 类和 MYB 类。在对植物逆境信号转导的研究中发现转录因子是一个很关键的因素,在胁迫刺激下它们不断合成,并将信号传递和放大,调控下游基因的表达,引起植物生理生化的改变,增强对干旱、盐碱、寒冷或高温等的耐受性。中国科学院遗传与发育生物学研究所陈受宜等发现 NAC 家族除参与侧根发育外,还可能参与抗盐胁迫反应。AtNAC2 对盐胁迫的反应受乙烯和生长素的调节,与 ABA 无关。另外,AtNAC2 可能作为转录因子在环境反应与侧根的形成之间起协调作用。

促细胞分裂剂激活性蛋白激酶(mitogen-activited protein kinases,MAPKs)是一类丝氨酸/苏氨酸蛋白激酶,在细胞中对各种生长因子进行应答,迅速在其丝氨酸、苏氨酸残基部位磷酸化而被激活。它广泛存在于各种真核生物中,与一些其他的信号分子组成 MAPK 级联(MAPK cascades)。当生物体遭遇各种胁迫,如紫外线辐射、渗透胁迫、热胁迫等,或是受到创伤以及其他细胞因子、激素刺激时,MAPK 被不同的上游信号分子激活,通过对下游分子的磷酸化作用,最终将外界信号传递给细胞核,调节特异基因的表达,使细胞、组织、器官、整个生物体做出相应的生理反应。越来越多的实验证据表明,MAPK 在植物的生长发育调节和抗逆等生理过程中起重要作用。

2. 耐盐性

(1)渗透调节有关的基因:这些基因在正常条件下表达量极低,但是在盐胁迫条件下会大量表达,并产生一些小分子有机物,如脯氨酸、甜菜碱、糖醇等。这些小分子物质能够维持细胞渗透势,提高植物的耐盐性。与脯氨酸合成相关的 P5CS 基因已经从大豆、紫花苜蓿、豌豆、拟南芥、水稻等物种中得到克隆和鉴定,在盐处理或干旱条件下 P5CS 转录水平有很大程度的提高,并最终导致了脯氨酸含量的增加。甜菜碱合成相关的甜菜碱脱氢酶基因(BADH 基因)已经从菠菜、山菠菜和甜菜中克隆,转基因证明 BADH 基因可增强植物的耐盐性。BADH 基因和胆碱单氧化酶(CMO)基因已应用到耐盐植物基因工程研究中。

(2)离子区域化相关基因:国外的研究表明,液泡膜上的 Na^+/H^+ 反转运蛋白(antiporter)直接参与了 Na^+ 在液泡中的积累。我国王子宁等以水稻 Na^+/H^+ 反转运蛋白 cDNA 为探针,从小麦盐胁迫的 cDNA 文库中筛选和克隆了 2 个 Na^+/H^+ 反转运蛋白基因,分别命名为 TaNHX1 和 TaNHX2。这 2 个基因与已知的水稻、拟南芥和蒺藜中的同类基因 NHX 的相似性约为 70%。Shi 等从拟南芥中克隆了 1 个 Na^+/H^+ 反转运蛋白基因 SOS1,并证明 SOS1 基因是 Na^+ 和 K^+ 在液泡中富集所必需的,与植物耐盐性直接相关。Apes 等将 1 个编码液泡膜 Na^+/H^+ 反转运蛋白的基因转入拟南芥，证明其耐盐性显著增强，可在含盐量为 200 mmol/L 的 NaCl 土壤中生长。

(3)保护酶基因：保护酶，尤其是 SOD，可以减轻盐害产生的过氧化物的危害。近年来克隆了一系列 SOD 基因，包括 Fe-SOD、Cu/Zn-SOD、Mn-SOD 等基因。多数 SOD 基因的表达都具有组织特异性，并受许多环境因素的影响。赵风云等的研究表明，水稻的 Mn-SOD 基因(sodA1)可由 ABA、干旱、盐胁迫诱导，而 Fe-SOD 基因则由 ABA 诱导，质体的 Cu/Zn-SOD 基因(sodCp)由盐胁迫在光下诱导而黑暗条件下则不诱导。这些现象说明不同的 SOD 基因表达受不同的因素诱导，因此仅转入 1 个或 1 种类型的 SOD 基因难以提高植物的耐盐能力。

(4)抗盐相关的数量性状位点(QTL)：中国科学院上海植物生理生态研究所林鸿萱用抗盐籼稻品种 Nona Nokra 与盐敏感粳稻品种 Koshihikari 杂交，经过多年的努力，建立了大量近等位基因系(NIL)，鉴定出了与抗盐相关的数量性状(QTL)。该实验室最近通过图位克隆法分离到了 SKC1 基因，SCK1 编码一个 HKT 型转运子(OsHKT8)，特异地转运 Na^+。该基因在根部表达最高，受盐胁迫的诱导。

3. 耐旱性

(1)ABA 与耐旱性：干旱是植物生存环境中遇到的主要逆境因子之一，它对世界作物产量的影响，在诸多自然逆境中占首位，其危害相当于其他危害之总和。经过多年的争论，ABA 作为干旱信号已被越来越多的人所认同。干旱和盐胁迫导致植物体内 ABA 积累，ABA 再通过其信号转导途径激活下游的应答基因，使植物产生适当的反应。大量证据表明，胞内[Ca^{2+}]浓度、pH、cADP 核糖、H_2O_2 和可逆磷酸化作用等都在 ABA 信号转导中发挥着重要作用。河南大学宋纯鹏等与美国加州大学基因组研究所的朱建康合作，发现 APETALA2/EREBP 的家族成员 AtERF7 参与了植物对干旱反应的 ABA 信号途径，AtERF7 转录因子特异结合应答基因启动子的 GCC box，作为负调节因子抑制下游基因的表达。

(2)耐旱相关基因：中国农业大学巩志忠研究组获得了一个耐干旱胁迫的拟南芥突变体 lew2。lew2 积累更多的 ABA、脯氨酸和可溶性糖及相应信号途径的标志基因表达。*LEW2* 基因编码纤维素合成酶复合体的一个亚基 AtCESA8/IRX1，该工作提示细胞壁纤维素合成参与了植物对干旱和渗透压胁迫的反应。

(3)耐旱的基因组辅助育种(genomics-based breeding)：植物的耐旱性涉及诸多的基因和生理过程，单纯的基因工程往往难于解决作物耐旱的问题。近年来分子标记辅助育种已经对耐旱作物育种有所帮助，最近国外有人提出基因组辅助育种的新设想，试图用来解决多基因性状的育种问题。其方法是首先测定在目标 QTLs 上的序列，以此设计分子探针，然后从杂交后代材料中选择抗旱的新品种。

4. 抗氧化

以往的研究确定 SOD 酶、维生素 C、维生素 E 和类胡萝卜素是植物体内主要的抗氧化物质。最近的研究表明，硫氧环蛋白(Thioredoxins)在植物界表现出极大的多样性。最近发现它可以提供还原能力修复由于逆境引起的氧化损伤，而且在植物的抗氧化网络系统中充当信号分子。

(五) 植物对生物胁迫反应的分子机理

植物的生物胁迫主要来自真菌病害、细菌病害和病毒病害,近年来关于植物抗病性的分子机理的研究十分活跃,有关这方面的最新进展参见植物病理学学科发展报告。这里补充关于植物细胞应答病原菌入侵方面的一些进展。

1. 细胞壁降解酶抑制蛋白

植物细胞主要由多糖(纤维素、半纤维素和果胶)组成,在防卫病原菌侵染上起着重要作用。大多数病原微生物分泌一系列细胞壁降解酶,用来降解寄主的细胞壁。植物为了抵御病原菌的入侵,会产生一系列的防卫反应,其中包括分泌多种细胞壁降解酶的抑制蛋白。抑制蛋白的种类有多聚半乳糖醛酸酶抑制蛋白,果胶甲酯酶抑制蛋白,果胶裂解酶抑制蛋白果胶降解酶抑制蛋白和木聚糖酶抑制蛋白。近年来对这些蛋白及其与目标酶复合体的三维结构和编码基因进行了深入研究。例如多聚半乳糖醛酸酶抑制蛋白(PGIP),它是一种分泌到细胞外的富亮氨酸的蛋白,能够抑制真菌分泌的多聚半乳糖醛酸酶,防止植物细胞壁被降解。一个小的基因家族编码 PGIP 的异构体,它们可以特异性地抑制不同病原菌分泌的多聚半乳糖醛酸酶。PGIPs 的结构和功能分析证明它们能够辨认结构来源不同真菌的多聚半乳糖醛酸酶,因此在基因工程育种中,编码 PGIPs 的基因可以作为抗真菌病的新的候选目的基因。

2. GTP 结合蛋白

植物与病原(细菌、真菌、病毒)在进化过程中形成了复杂的互作关系,病原侵染植物,植物会识别或感应病原物或病原激发子,启动抗病反应,抵御病原菌的进一步侵染。植物抗病反应表现为寄主植物在病原侵染部位的少数细胞迅速死亡,同时产生局部的抗性,从而限制病原扩散并进一步激发周围细胞及整株植物对病原的抗性,这一过程涉及许多信号分子的参与,并且存在着一个复杂的信号转导网络。最近的研究揭示 GTP 结合蛋白(G 蛋白)作为细胞内信号转导网络中的重要组分,参与多种抗病的生理过程。

(六)高光效和高肥效农作物

通过提高农作物的光合作用来提高产量水平,一直是植物学家和育种专家共同关注的前沿学科问题。1997 年世界著名植物光合作用研究专家、美国华盛顿州立大学的研究者将玉米高光效基因转磷酸烯醇式丙酮羧化酶基因(PEPC 基因)转入水稻,并获得高表达,为提高水稻的光合能力展示了可能。最近江苏省农业科学院焦德茂等也将 PEPC 导入水稻,实验表明,转基因水稻在高温高光条件下耐光抑制,对强光有较强的利用力和较高的光合能力,在低温强光下能抗光氧化,防早衰,光合效率比受体提高了 57%,产量提高 10%到 30%。在获得这种水稻种质材料的基础上,课题组又利用这种高光效种质材料与江苏优质粳稻“9516”杂交,已得到高光效基因粳稻“9516”种质材料,其光合效率提高 30%,产量提高 20%,开辟了我国水稻高光效育种的新途径。

李振声院士的研究组发现了一批可以活化和吸收土壤中难溶性磷的小麦种质,鉴定了小麦近缘种中控制磷高效特性的染色体,发现高效利用磷元素特性受一对主效基因控制。这些磷高效小麦根系分泌的酸性磷酸化酶活性活性比对照高,在磷胁迫条件下能够正常生长发育。他们从小麦和长穗偃麦草的杂种后代中培育出了耐低磷、优质、抗逆和稳产的小麦品种"小偃 54",并进一步将高效利用土壤氮、磷营养的"小偃 54"与光和效率高丰产的"8602"品系杂交,育成小麦新品系"小偃 81"。该品系具有品质优良、分蘖成穗率高和营养利用效率高等优点,平均亩产量 565 公斤,最高产量 617.5 公斤。令人惊奇的是"小偃 81"籽粒重量占整株重量的 60%,可见以充分利用光能和肥料为目标的营养育种具有良好的发展前景。

高肥效基因往往存在于小麦的近缘属中,如何将有用染色体片段从近缘属转移到小麦上一直是小麦育种的重要问题。普通小麦 5B 染色体长臂(5BL)上存在抑制部分同源染色体配对的 Ph1 基因是一种显性主效基因,若该基因不存在(缺失或突变),外缘的有部分同源关系的染色体均可与小麦染色体发生配对与联会。Griffiths (2006)等克隆了 Ph1 位点的 cdc-2 激酶相关基因(cdc2-kinase-related gene),该基因抑制部分同源联会。将来可以利用基因敲除技术或者反义基因转化创建可以与近缘种染色体联会的小麦远缘杂交材料,大大加快外缘基因通过易位导入小麦的进程,有利于培育高肥效和抗逆的小麦品种。

六、趋势

近年来在植物分子生物学和发育植物学的基础上,农业植物学取得重大进展。在此基础上,未来的 10~15 年内,农作物生长发育的调控,激素作用机理、抗逆抗病性机理以及光能和肥料利用效率等问题仍将是农业植物学的研究热点。

植物激素调控作物生长发育的分子机理研究,是当前国际农业基础研究的重点之一。2005 年 7 月,《科学》杂志提出当前全球科学界的 25 个重大科学问题之一,就是"单个体细胞如何受植物激素调控变成整株植物"。在 2006 年 10 月召开题为"植物激素与绿色革命"的香山会议上,我国一些科学家认为,通过调控激素的代谢和运输,改良作物的株型结构和产量构成,在现有水平上再次大幅度提高产量是完全可行的。

基因工程育种、杂种优势育种和分子标记辅助育种在作物遗传改良中的作用将进一步增大。分子设计育种、基因组辅助育种、蛋白质组基因工程、代谢组基因工程以及和生物工程营养强化育种将逐步成为实用的植物改良技术。

以下几个农业植物学研究方向值得鼓励与提倡。

(1)继续加强植物生长发育过程的激素与基因调控研究,为基因工程和分子设计育种提供理论依据,创造具有理想株型的超级农作物。

(2)利用功能基因组学、蛋白质组学、代谢组学等分子生物学新技术,克隆更多的高产相关基因、抗逆基因和抗病基因,为基因工程提供物质基础。

(3)改进转基因方法和技术,发展病毒介导的基因载体,提高主要农作物转基因的效率和转基因植物再生频率,加强转基因植物安全性的研究。

(4)加强杂种优势的遗传学和分子遗传学机理的研究,开辟杂种优势利用的新途径。

(5)建立分子设计育种的技术平台,结合使用基因工程技术、基因组辅助选择、分子标记辅助选择、杂种优势利用和常规育种技术等多种方法,选育高产、优质、多抗、高效的超高产品种。

(6)发掘和创造氮高效、磷高效、钾高效、光高效、抗病和抗除草剂种质,培育环境友好型作物品种,减少除草剂、农药和化肥等化学制剂的使用,保护生态环境,实现农业可持续发展。

参考文献

[1] 崔润丽,刁现民.植物耐盐相关基因克隆与转化研究进展.中国生物工程杂志,2005,25(8):25-29.

[2] 关春峰,等.植物肽生长因子 PSK-Ot 的研究进展.植物学通报,2005,22(增刊):75-81.

[3] 郭程瑾,等.小麦高效吸收和利用磷素的生理机制.作物学报,2006,32(6):827-832.

[4] 李爱宏,张亚芳.LBD 基因家族在高等植物中的研究进展.分子植物育种,2006,4(6).

[5] 李琛,等.高等植物中的多肽激素.植物学通报,2006,23 (5):584-594.

[6] 李广贤,姚方印.水稻细胞质雄性不育的育性遗传及恢复基因的定位研究进展.杂交水稻,2006,21(3).

[7] 刘子会,等.干旱胁迫与 ABA 的信号转导.植物学通报,2004,21 (2):228-234.

[8] 吕艳东,郭晓红.水稻理想株型的研究进展.垦殖与稻作,2006,第 2 期.

[9] 桑新华,等.植物逆境抗性相关转录因子的研究进展.植物学通报,2004,21(6):700-708.

[10] 万建民.作物分子设计育种.作物学报,2006,32(3).

[11] 王关林,等.中国转基因植物产业化的研究进展及存在问题.中国农业科学,2006,39(7):1328-1335.

[12] 肖文娟,等.植物体中的 MAPK.植物学通报,2004,21 (2):205-215.

[13] 肖兴国,等.中国植物细胞学与生物技术研究进展Ⅱ.中国植物基因工程研究与开发.植物学报,2003,45(增刊):92-103.

[14] 张谦,等.转 PEPC 基因水稻的光保护效应的研究.中国农业科学,2004,37 (12):1812-1818.

[15] 张书标,杨仁崔.水稻 eui 基因研究进展.作物学报,2004,30 (7):729-734.

[16] 种康,等.2005 年中国植物科学若干领域的重要研究进展.植物学通报,2006,23(3):3-19.

[17] Ablea,JA ,Langridgeb P,2006,Wild sex in the grasses,Trends in Plant Science,11(6) :261-263.

[18] Chunga SM et al. ,Agrobacterium is not alone:gene transfer to plants by viruses and other bacteria. Trends in Plant Science,2006,11(1) :1-4.

[19] Dixon RA,Plant biotechnology kicks off into the 21st century Trends in Plant Science. 2005. 10 (12):560-561.

[20] Dos Santosa CV,Reya P. ,Plant thioredoxins are key actors in the oxidative stress response Trends in Plant Science,2006,11(7) :329-334.

[21] Federicia L,Polygalacturonase inhibiting proteins:players in plant innate immunity? Trends in Plant Science,2006,11(2):65-70.

[22] Griffiths S et al. ,Molecular characterization of Ph1 as a major chromosome pairing locus in polyploid wheat,Nature,2006,439:749-752.

[23] Huq E,Degradation of negative regulators:a common theme in hormone and light signaling networks? Trends in Plant Science,2006,11(1) :4-7.

[24] Kwak JM et al. ,NADPH oxidase AtrbohD and AtrbohF genes function in ROS-dependent ABA signaling inArabidopsis. EMBO J,2003,22 :2623-2633.

[25] Maa JF,Yamajia N,Silicon uptake and accumulation in higher plants,Trends in Plant Science,2006, 11(8):392-397.

[26] Montagu MV,Technological milestones:from plant science to agricultural biotechnology. Trends in Plant Science,2005,10 (12):559-560.

[27] Nathalie J,Plant protein inhibitors of cell wall degrading enzymes,Trends in Plant Science, 2006,11 (7) :359-367.

[28] Roux1 F et al. ,How to be early flowering:an evolutionary perspective. Trends in Plant Science, 2006,11(8):375-381.

[29] Smet1 ID et al. ,A novel role for abscisic acid emerges from underground,Trends in Plant Science, 2006,11(9):434-439.

[30] Stewart Jr CN,Plant functional genomics:beyond the parts list Trends in Plant Science,2005,10 (12):61-562.

[31] Tuberosaa R,Salvia S,Genomics-based approaches to improve drought tolerance of crops,Trends in Plant Science,2006,11(8):405-421.

撰稿人:朱至清　刘公社

植物营养学学科发展

一、引言

早在公元前,我国劳动人民对作物施肥就有了初步认识,但对植物营养理论的探讨却始于17世纪的欧洲。1840年李比希矿质营养学说的提出,宣布了植物营养学的诞生。当今的植物营养学已发展成为植物的土壤营养、植物营养生理学、植物营养生态学、肥料学与现代施肥技术以及植物营养遗传学等几大学科分支,肩负着世界人口生存的重任。我国的植物营养学起步较晚,源于最早的肥料学和后来的农业化学,20世纪80年代末才改名为植物营养学。历史上两次全国范围的土壤普查和三次肥料试验,基本摸清了我国土壤的类型、特性和肥力状况等,促进了化肥的合理施用和农业化学研究。

土壤是植物赖以生存的物质基础,但目前我国局部地区土壤肥力已呈现下降趋势,因此,培肥地力不容忽视。实现养分高效利用一直是植物营养学不懈追求的目标。近十余年,对土壤中K、Si、S、Mg等养分的化学行为和有效性做了大量研究;在中量元素尤其是钙的吸收利用机制方面取得重大突破,在揭示微量元素B、Zn、Mo、Mn等的生理功能和Ca、S、Mo等肥料的高效施用技术研究方面都有较大进展。在逆境条件下,根系形态学和生理学适应机制研究也取得重要进展,并开始对K、Si等抗病机制的探讨。在产量生理学方面,揭示了氮、磷、钾等养分用量及其配比在作物产量形成、库源调控方面的作用。以上研究成果对于推动肥料的合理施用和提高养分利用效率方面具有积极作用。

近年来,国内在N、P、K等养分效率的基因定位和克隆等研究方面取得阶段性进展,揭示了生物高效利用土壤N、P、K等养分的遗传学潜力及其生理机制,培育出磷高效小麦品种。对于植物K和Fe养分吸收利用的分子调控理论研究也有新进展。但总体上讲,目前我国的植物营养遗传学研究仍处于起步阶段。

在利用植物营养学理论研究和解决我国土壤重金属污染和农业面源污染问题上取得实质性进展。根据研究结果,倾向于利用化学修复技术治理轻度污染土壤,如施用磷肥或有机肥;采用植物修复技术治理重度污染土壤,另外,微生物修复技术也正在悄然兴起。在农业面源污染治理方面,也研究制定了一系列的措施,降低农田肥料用量,从源头减少氮、磷的投入量。在追求高产和环保双重效益的新的施肥形势下,养分精准管理系统和平衡施肥技术体系研究也取得重要进展,推动了测土配方施肥工作在全国范围展开。

我国缓/控释肥料的研究不断升温,在生物抑制剂、包膜材料、制备工艺等方面得到长足发展,但是仍未得到广泛应用,这是值得认真思考的问题。我国在固氮菌研究和耐铵固氮工程菌构建方面取得骄人成绩,推动了固氮微生物肥料的研制和应用。同时也筛选出了多种解磷、解钾菌,但增产效果不稳定。如何将实验室中表现优良的菌株,在田间应用时同样获得显著效果是一个亟待解决的难题。

在今后几年里,我国的植物营养学将紧紧围绕"保证粮食和农产品安全,促进农业可持续发展”这一中心任务，一方面通过培肥地力、深化土壤养分化学行为和营养元素生理学研究，优化施肥技术体系，提高肥料利用效率；另一方面推进植物营养遗传学规律的探讨，利用分子生物技术努力实现养分资源的高效利用，从而减少环境风险，实现作物优质高产。

二、植物营养学概述

“民以食为天”，粮食问题关系着一个国家的稳定与安全。当今我国面临着人口、资源和环境问题的巨大挑战，自然灾害、土壤污染、人为浪费等给我国的粮食安全再次敲响警钟。因此，协调资源与环境间的相互关系、提高资源的利用效率、保证粮食安全、提高环境质量、推进可持续发展是我国农业面临的重大问题，也是植物营养学科的首要任务。

植物营养学是农业生物学的一个重要分支，是一门与多学科相互联系、相互交叉和相互渗透的学科。它是应用土壤学、植物生理生化学、生态学、分子生物学等基本原理，研究植物体与外界环境之间营养物质和能量交换的具体过程以及植物体内营养物质运输、分配和转化的规律，通过改善环境条件调控植物生长发育和代谢过程；或通过改良植物遗传特性的手段调节植物体的生理代谢，提高植物营养效率，从而达到明显提高作物产量、改善产品品质和保护生态环境的目的，获得更高的经济效益和社会效益，促进农业的可持续发展。

根据研究内容，广义的植物营养学主要包括 5 个研究方向：1. 植物营养元素的土壤化学；2. 植物营养生理学；3. 植物营养生态学；4. 肥料学与现代施肥技术；5. 植物营养遗传学。

三、植物营养学的发展历程回顾

我国劳动人民在长期的农业生产实践中积累了丰富的施肥经验。如早在战国时期的《荀子·富国篇》中，就有“多粪肥田”的记载，西汉的《汜胜之书》、元朝的《王贞农书》、清朝的《知本提纲》等书中也均有关于施肥的描述。而在欧洲，整个中世纪经济发展很慢，农业技术停滞不前。直至 17 世纪中叶，英国资产阶级革命使社会生产力空前高涨，极大地促进了欧洲特别是西欧科学技术的发展。但当时我国正处于封建社会，科学发展严重受阻。在这种历史背景下，西欧最先开始了植物营养理论的探讨。

（一）国外植物营养学的发展历程

1. 植物营养学的早期探索阶段

植物营养学从早期探索到真正意义上的建立，经历了碳素营养学说、腐殖质营养学说、氮素营养学说、矿质营养学说等几个阶段。1640 年海尔蒙特（Van Helmont）通过著名的柳条实验否定了当时古希腊亚里斯多德（Aristotle）的“腐殖质”营养学说。18 世纪末至 19 世纪初化学分析技术已有明显的进展，促进了对植物和土壤化学成分的研究。19 世纪初，索秀尔（De Saussure）利用定量化学实验证明植物体内的碳素来自空气，而氮素则是来自土壤。19 世纪 30 年代,法国布森高(Boussingault)发现豆科作物有利用空气中氮素的能力,而谷类作物只能吸取土壤中的化合态氮素。布森高对氮素营养的见解至今仍具有重要意义。

2. 植物营养学的建立及成长阶段

德国化学家李比希(Liebig)的三大学说对植物营养学的发展具有深远的影响。1840 年,李比希在《化学在农业及生理学中的应用》一文中提出著名的"矿质营养学说",认为土壤中矿物质是植物的唯一养料,从而彻底否定了腐殖质营养学说,宣布了植物营养学的诞生。后来他还进一步提出"养分归还学说",该理论对恢复和维持土壤肥力有积极意义。在 1843 年,又提出"最小养分律"理论,指出了作物产量受土壤中供应能力最小的养分的限制,为肥料的科学平衡施用提供了理论基础。

李比希的"三大学说"作为农业发展的基本理论,促进了世界化肥工业的发展。如 1842 年英国鲁茨(Lawes)取得制造普通过磷酸钙的专利,以后逐渐发展为磷肥工业。与此同时,法国发现了钾盐矿,开始生产钾盐并用于农业。1904~1908 年德国化学家哈伯(Haber)发明了合成氨工艺,尔后于 1913 年在德国建立了世界上第一个合成氨工厂。

在李比希之后,萨克斯(Sach)提出营养液成分的标准配方,使植物营养研究进入了精确化和定量化阶段,为植物必需的大量元素和微量元素的陆续发现创造了条件。鲁茨 1843 年创立了被称为"现代农业科学发源地"的洛桑长期试验站,这是肥料试验网的先驱,对植物营养学的发展具有重要的指导意义。

3. 植物营养学发展与壮大阶段

20 世纪是科学技术突飞猛进的世纪,也是植物营养学快速发展壮大的时期,并逐步形成多个分支学科。1920 年前后,人类开始着手研究土壤中养分的含有量及其有效性问题。1922~1939 年间陆续发现了一批新的植物必需营养元素,探明了许多植物生理性病害的原因。

1958 年,Langridge 发现了植物营养基因型差异,为植物营养遗传学的发展奠定了基础。1972 年,Epstein 在《植物的矿质营养》一书中对植物营养遗传性状进行了较为详细的介绍。1969 年 Rorison 建立了植物营养生态学。1984 年 Baber 提出了植物营养有效性的概念。20 世纪 90 年代以来,随着分子标记、基因克隆等技术的迅速发展和逐步成熟,推动了植物营养生理学和植物营养遗传学的快速发展。目前,国际上植物营养学在植物营养生理、生态和遗传的分子机理等领域取得了很大的进展,许多新的研究方法与手段开始应用于植物营养学的研究与实践中,推动了世界农业的快速和可持续发展。

(二)我国近代植物营养学发展回顾

我国的植物营养学发展较晚。最早源于肥料学,1952 年改为农业化学,80 年代末,顺应欧美的学科体系,才改名为植物营养学。在植物营养生理方面,罗宗洛早在 20 世纪 30 年代就开始了氮素营养方面的研究。20 世纪 40 年代初,孙羲先后对水稻施肥、水稻根系活力生物化学诊断、水稻氮素和钾素营养生理等进行了系统研究,后来在植物的有机营养方面做了大量工作。90 年代后中国科学院南京土壤研究所和中国农业大学先后开展了根际营养研究。近些年，植物营养遗传学也开始受到重视，并在多家单位开展了植物营养性状改良方面的基础研究。

新中国成立后，先后开展了3次全国规模的肥料试验和两次以土壤肥力为重点的全国土壤普查，基本摸清了当时我国的土壤类型、特性、肥力状况，在制定农业区划、科学施肥、土壤改良等方面具有重要的指导意义，促进了我国化肥的施用和农业化学研究。1935～1940年，开展了第一次全国性的化肥肥效试验，张乃凤先生等在14个省进行了氮、磷、钾肥肥效试验156个，试验包括小麦、水稻、玉米等9种作物，发现全国氮素养分一般极为缺乏，磷素养分仅在长江流域和长江以南表示缺乏，钾素在土壤中俱丰富。1958～1962年，由农业部组织、张乃凤先生负责实施的第二次全国化肥试验网在25个省(市、自治区)157个试验点上进行。20年后发现，我国土壤普遍缺氮，氮仍然为作物生产的第一限制因素；磷肥增产效果在南方稻区已经十分明显，在北方也已经开始显效；而多数情况下钾肥增产不显著。1980～1983年，在农业部的统一部署下，在张乃凤先生策划和林葆先生的带领下进行了第三次全国性的肥料试验。5 334个田间试验结果表明：与20年前相比，氮肥效果在不同作物上有所下降，磷肥效果在南方水稻上有所下降，而在北方玉米和小麦上有所上升，钾肥效果在南方已趋于明显，在北方局部地区开始显效。明确了我国土壤对氮、磷、钾肥的需要程度和肥效，总结出了合理施肥技术。

同时，在肥料合理施用方面也做了大量研究工作，如发现硝态氮在水田的效果不如铵态氮肥；碳铵在小麦、棉花等旱作上施用肥效不如硫铵；氮肥深施可大幅提高氮肥肥效。在磷肥施用方面，研究总结了低产田施磷，禾本科作物氮磷配合以及磷肥做基肥或种肥集中施，水稻蘸根等整套磷肥施用技术。同时，建立了钾肥高效施用技术。

在微量元素研究方面，中国农业科学院油料所发现甘蓝型油菜缺硼导致“花而不实症”。另外，还有试验发现，锌肥对矮治水稻的“矮缩病”、果树的“小叶病”等有良好效果。

在1986年，我国召开了第一次植物营养教学和学科研讨会。此后，许多农业大学陆续建立植物营养学专业。20世纪80年代末90年代初，国外一大批留学生的陆续回国，使国内的科研氛围越来越浓，为植物营养学的发展提供了良好的平台，推动了我国植物营养学科的快速发展。当今，中国植物营养学已经由最初传统的单一学科逐步发展成为与其他学科的交叉渗透的理论研究与应用基础研究并重的多层次、综合性的研究体系，肩负着人口生存的重任。

四、植物营养学各分支学科的研究现状与发展

(一)植物营养元素的土壤化学

1.植物营养元素在土壤中的化学行为

土壤中各种营养元素十分丰富，但是绝大多数对植物无效，如何提高土壤养分的有效性一直是植物营养学家关注的问题。多年研究已表明，土壤酸碱度、温湿度、氧化还原电位、微生物、有机质等对土壤养分有效性均有明显影响。近10余年来，中国农业科学院金继运在大量田间试验基础上发现我国北方主要土壤的供钾能力及供钾潜力自西向东有明

显的降低趋势,而对外源钾的固定则自西向东逐渐增加,基本摸清了主要作物的需钾规律。李书田等研究了淹水条件下土壤有机硫矿化、硫磺的氧化和外源硫在土壤中的转化与生物有效性的关系,发现土壤中存在有机硫与无机硫相互转化的固定—释放机制,并提出了水田和旱地土壤的缺硫临界值。徐明刚等对南方红壤地区主要土壤类型的镁素形态、含量与分布、有效镁的供应能力、固定与释放比率及释放动力学做了深入研究。近几年,梁永超等研究了石灰性水稻土缺硅机制,发现含碳酸钙的石灰性水稻土中硅以钙结合态为主,对水稻有效性较低,指出以往适用于酸性土壤的有效硅临界值不能用于石灰性土壤。魏文学、胡承孝等通过研究修正了普遍认为禾本科作物对缺钼不敏感的观点,并提出了高产小麦钼营养土壤诊断临界值。

养分有效性不仅取决于土壤因素还与植物有密切联系,如张福锁等研究指出禾本科植物不仅在缺铁,而且在缺锌条件下能够主动合成和分泌特异抗性化合物－植物铁载体(Phytosiderophore),活化铁和其他养分。

2. 土壤肥力学

我国人多地少,要在有限的耕地上养活越来越多的人口,就必须依靠单产的提高,因此,我国的植物营养学家面临着比西方发达国家植物营养学家更严峻的挑战。开展全国范围的土壤普查和化肥肥效试验是实现这一目标的首要条件。但迄今为止,第二次土壤普查和第三次全国性的肥效试验已经过去近 20 多年,这 20 多年是我国经济发展最快速的时期,是农业生产增长和结构调整最大的时期,是农业化学品投入最强的时期,也是我国粮食产量迅速提高的时期,土壤肥力状况必然发生较大变化。

但目前就全国而言,存在土壤肥力不清,肥料效益不明的问题,造成施肥的盲目性较大。为此,金继运等利用国际合作项目,与全国 44 个科研教育单位合作,在全国范围内开展了化肥肥效试验,作物范围包括粮食作物、油料作物、蔬菜、果树等。与 1981～1983 年的化肥试验结果相比,2000～2004 年的 110 个试验的初步结果表明,氮肥在玉米和小麦上的增产效果有所降低,在水稻上的增产效果变化较小。磷肥在水稻上的肥效明显增加,但在玉米和小麦上的肥效略有降低。钾肥在玉米、小麦和水稻上的肥效均有大幅度提高。氮仍是产量的首要限制因子,其次是磷和钾。

俞海、黄季焜等利用全国第二次土壤普查资料和 2000 年“973”项目“土壤质量演变规律及土壤资源可持续利用”的调查资料,从中选取了 180 个采样地块作为样本点进行分析发现,样本地区耕地土壤肥力发生了较为显著的变化,同时肥力变化存在明显的地区差异。长江中下游的样本地区平均有机质含量明显上升,全 N 和速效 P 含量增加,速效 K 含量略有下降。华北的样本地区平均有机质含量略有改善,全 N 和速效 P 含量增幅较大,但速效 K 含量损耗很多。东北的样本地区土壤肥力指标平均含量均下降了,其中黑龙江省样本点的土壤肥力比吉林省下降的幅度更大。另外,除华北的样本地区耕地土壤酸碱性有所改善外,长江中下游和东北的样本地区都存在酸化倾向。

近些年,我国局部的调查工作也显示土壤肥力已发生较大变化。2000 年,全国农业技术推广服务中心对全国 78 个监测点进行分析,发现监测点耕地土壤肥力中等,土壤钾素仍然亏缺较大,部分地区出现磷素亏损,土壤养分呈下降趋势。以上调查及研究表明培肥土壤不容忽视。

分析我国的局部地区土壤肥力下降的原因，可能与肥料的长期不合理施用、有机肥补充不足、土地利用强度高、养分收支不平衡等因素有关。因此，以后要加强平衡施肥工作，注重秸秆还田和有机肥的投入，努力改善和提高我国土壤肥力状况。2005年，在全国启动的测土配方施肥行动中，一方面推动了平衡施肥工作的实施；另一方面对摸清全国范围的土壤肥力状况也至关重要。

(二)植物营养生理学

1. 植物营养元素生理学

主要研究各种养分的生理功能、养分的吸收、在植物体内的运输、分配、再循环等。Marschner主编的《高等植物矿质营养》一书对大、中、微量元素的生理功能、运输、分配、再利用等进行了详细的总结描述，至今这本书仍然是植物营养专业研究生培养的权威性参考书。国内近10年来，周卫等开展了作物钙营养特性、吸收利用机制的研究，首次发现荚果组织钙通过共质体运输，跨膜吸收为主动过程，提出了钙养分的非维管束吸收机理和果面营养概念，深入研究了苹果果实生理失调过程中钙信使的变化以及钙信使对果实崩解有关酶活性的调控等问题，深化了对钙的营养生理功能的认识。

凌宏清等对番茄和拟南芥铁元素吸收代谢的分子机理进行深入研究。从番茄基因组中分离出了LeFRO1基因，它编码的蛋白在酵母细胞中表现出很强的铁还原酶活性，表达谱分析展示LeFRO1在根部受低铁诱导表达，在地上部为组成型表达。番茄FER编码了一个bHLH类转录调控蛋白，是高等植物中分离出的第一个控制铁元素吸收的调控基因。在低铁条件下，提高FER的表达量能相应增加它所调控下游基因的转录水平，从而转基因植株表现出更耐低铁。另外，对拟南芥基因组中三价铁还原酶基因家族进行了生化和生物学功能分析。该研究为进一步揭示铁元素吸收代谢的分子调控机制奠定了坚实的基础。另外，近年来对其他微量元素Zn、Mo、Mn、B等的生理功能、运输、分配等也有新的认识，如胡承孝和魏文学研究表明缺钼可通过抑制硝酸还原、谷氨酸转化及含硫氨基酸合成等途径，影响冬小麦的正常氮代谢。

2. 作物产量形成生理学

主要研究农作物产量和品质形成的调节过程，各种养分在库源调节中的作用机制。一般来说，源中易于再迁移的养分都可导致对籽粒或果实最终产量的限制，这种限制的大小取决于土壤中该养分的有效性、植株源的大小等因素。何萍等研究表明，适宜的养分供应可以促进光合产物向籽粒的运输，过量供氮导致叶片叶绿素含量和光合能力降低；缺钾引起维管束细胞淀粉粒积累，“源”端光合产物装载受阻，最终导致减产。营养元素参与植物体内许多重要的生理代谢过程，对作物的营养品质有显著影响，其中钾的作用尤为突出。研究还发现氮肥可明显提高玉米子粒中蛋白质总量和不同组分的含量，施磷肥可提高玉米子粒含油率。近些年，关于钙、硫、锌与作物品质的关系也有较多报道。其中养分的施用量、施用时期以及各元素的养分配比是作物优质、高产的关键。

3. 植物逆境生理学

(1)植物营养与非生物胁迫：非生物胁迫主要包括重金属污染、盐害、寒涝灾害等，多年来,主要对钾的抗旱、抗寒、抗盐等特性进行了大量研究,并认识到钾主要通过改善植物细胞生物膜的稳定性和生理活性等,提高植物的抗性。近几年,对元素硅的抗盐、抗旱生理机制也有大量报道。

(2)植物营养与生物胁迫:生物胁迫主要指病虫害的危害。一些特定的营养元素在提高植物抗病性方面发挥重要作用。我国20世纪90年代以来,关于钾和硅抗病机制的研究较多,主要集中在植物体内的结构屏障和生理生化抗性反应机制方面。有些研究还发现,锰、锌、氯等对某些作物病害也具有明显的防治效果。但是,为何同一元素对不同病害的防治效果不同、其抗病机制不一等这些问题也还未搞清。

国内专家在利用养分防治土传病害方面取得了可喜的成绩,如金继运等对氯化钾抑制玉米茎腐病的机理方面做了系统研究;张淑香、刘立新等研制出了用于防治大豆孢囊线虫病、棉花黄萎病等的专用肥料,为植物病害的生态防治开辟了一条新的途径。

(三)植物营养生态学

主要研究根—土界面领域中养分、水分以及其他物质的转化规律和生物效应,以及植物—土壤—微生物及环境因素之间物质循环、能量转化的机理和调控措施,其中包括氮素的挥发和淋洗,磷素的流失及其在水体的富集,重金属和污染物在食物链中的富集、迁移规律、调控机制和调控措施等。

1. 植物根际营养

20世纪90年代以来,根际研究一直是植物营养研究领域的热点问题。在国内,陆续开展了环境胁迫下根系形态和生理适应机制;排根的形成、有机酸的分泌和 H^+ 的释放;植物对土壤难溶性磷的活化和吸收机制;根分泌物在连作障碍中的作用机制及根际生态调控措施等研究。张福锁等研究发现小麦的根系能够"感知"地上部铁、锌等营养元素亏缺的信号,向根际土壤中分泌大量有机酸等分泌物,以加强对土壤中难溶性元素的溶解和吸收,这些分泌物还会对根际微生物和相邻的其他植物产生微妙的影响。目前,有些根际研究成果已开始用于生产,如通过某些作物间套作,有效提高养分利用效率,增加作物产量,减少病害发生等。

另外,根际微生物是根际研究的重要组成部分,在土壤和植物之间搭建起沟通的桥梁。由于过去研究方法的限制,很多微生物并没有被认知,其功能也没有被充分认识。近年来,16sRNA和功能基因的调查分析已经揭示根际存在大量未培养微生物,分子生物学技术的应用为揭示土壤微生物群落多样性和生态功能提供了新的途径。2006年,在我国首届根际研究高级论坛上,专家们一致认为根际生物间的相互作用,特别是"根际对话,rhizosphere talk"、根际管理以及根的形态建成和根际调控将成为我国根际研究的热点和创新领域。

2. 农田面源污染防治

据联合国粮农组织(FAO)的资料,在发展中国家,施用化肥可提高粮食作物单产55%~57%。但是如果肥料施用不当,不仅会造成土壤质量下降,还会污染环境。如随着农田特别是菜田化肥投入比例的增加,伴随降雨、灌溉等过程的农田养分流失严重,导致地下水硝酸盐超标、水体富营养化等环境问题。

农田面源污染问题的出现对于传统施肥方式是一个挑战，而对于改善我国不合理的施肥体系也是一个机遇。2003 年以来，中国科学院南京土壤研究所、中国农业科学院土壤肥料研究所联合多家单位陆续开展了太湖河网地区、滇池等的面源污染治理工作，并初现成效。2004 年“农田污染防治技术体系研究”项目初步摸清了长江中下游平原稻田氮素流失数量和流失形态特征。目前的研究认为借助平衡施肥、秸秆还田、调整轮作方式等措施，可以实现培育土壤肥力和保护农田生态环境的双重施肥目标。但是，当今我国农业面源污染的控制还仅停留在“点”上，以后还需要扩大防治范围，根据不同地区的实际情况制定具体的防治对策。

3. 土壤污染的修复

据相关统计，目前我国重金属污染的土壤面积达 3 亿亩，大面积的土壤污染问题已成为制约我国农业生产力提高的重要障碍，农业生产的需求推动了我国污染土壤的化学修复、植物修复、微生物修复等技术的研究及其机理的探索，并取得重要进展。

(1)化学修复：重金属污染土壤后，在农田生态系统中的迁移和对人体的危害不仅取决于污染元素的化学性质、迁移系数，更重要的是取决于土壤的环境因素及其理化特性。国内外研究表明，可通过调节土壤 pH、有机质、CEC 等因素，改变土壤重金属活性，降低其生物有效性，减少从土壤向作物的转移。国内也研究发现，磷通过离子拮抗作用对 Cd、Zn、Pb 等污染的土壤均有良好的改良效果。另外，施用有机肥可通过螯合土壤重金属，降低其生物有效性。化学修复方法对于轻度污染土壤具有较好的修复效果，对重度污染的土壤应用价值不大。

(2)植物修复：随着 20 世纪 90 年代土壤污染修复研究不断升温。植物营养学的研究范围也进一步拓展，不仅研究必需元素和有益元素在植物中的吸收运输和转化过程，而且开始探寻作物在遭受有害元素污染时的适应机制。这方面的研究正在从一般的化学行为的观察走向生理生化水平与分子机制的探索，从多角度展开了作物根系的形态学和生理学适应机制研究，尽力隔断或减弱污染物在食物链的传递，努力寻求净化土壤、恢复生态系统、提高食品安全性的有效途径。

超富集植物的发现为重度污染土壤的修复，提供了一条新的途径。到目前为止，在美国、澳大利亚、新西兰等国家已发现超富集重金属的超积累植物 500 多种。我国近些年也发现发现了 As 超富集植物蜈蚣草(*Pteris vittata*)，Mn 超富集植物商陆(*Phytolaccaceae*)，Cd 超富集植物宝山堇菜(*Viola baoshanensis*)，Zn 超富集植物东南景天(*Sedumalfredii*)以及 Cu 超富集植物海州香薷(*Elsholtaia splendes*)和鸭跖草(*Commelina communis*)。初步发现，植物的重金属抗性机制主要包括区室化作用、螯合作用、细胞修复和生物转化等。

但是，在植物修复技术的实施过程中还存在一些问题，如超富集植物往往植株矮小，生物量较低，受外界环境影响较大；复合污染土壤普遍，但一种超富集植物通常只能忍耐或吸收一种或两种重金属。目前，有关专家正在致力于研究超富集植物的遗传机制，试图通过基因工程等分子生物学手段培育出生物量较大、富集能力更强的超富集植物，提高其修复效果。但是，修复植物的产后处置仍是一个世界性的难题，至今尚未有很好的解决办法。

(3)微生物修复:研究表明,有些微生物可以把某些重金属(如 Hg、As 等)转化成挥发性形态或通过氧化还原作用使重金属钝化。但是对于大多数重金属而言,微生物修复无法彻底除去土壤中重金属,吸收到体内的重金属可能通过代谢或死亡释放到土壤中。另外国内外还有报道,丛枝菌根(arbuscular mycorrhiza,AM)可提高宿主植物对重金属的耐性,抑制重金属向地上部的运输。李晓林等研究认为 AM 真菌主要通过改善磷素营养、抑制土壤酸化、降低土壤可溶性同浓度,从而增强宿主植物对铜污染的抗(耐)性。尽管微生物修复已经引起很多专家的兴趣,但大多数技术仍局限在实验室水平,修复的实例报道很少,这可能与微生物易受到实际田间各种复杂环境的影响,致使实际成活率或侵染率较低有关。目前这一问题是制约微生物修复技术应用的重大难题。

(四)肥料学与现代施肥技术

1.有机肥料产业化研究

发达国家十分重视发展畜禽粪便工厂化处理技术,国外在有机肥发酵工艺、技术和设备上已日趋完善,基本上达到了规模化和产业化水平。20 世纪 80 年代以来,我国经济飞速发展,农业生产形势和方式发生了很大的变化。规模化畜禽养殖发展异常迅猛,畜禽粪便污染严重,造成的环境问题亦十分突出。过去传统的有机肥积、制、保、用等技术存在效率低、产品体积大、养分浓度低、脏臭等缺点,已不能适应新形势的需要,中国的有机肥处理也开始摸索,走规模化、产业化、商品化的道路。虽然我国在有机肥的工厂化处理方面做了一些研究工作,但在发酵技术、除臭技术、关键设备等还有待完善。

2.缓/控释肥料的研制与开发

20 世纪中期以来,世界各国都在针对传统肥料利用率低、使用过程中容易造成损失而污染环境等问题,纷纷研制养分缓/控释肥料,以期使肥料养分的释放过程与作物的养分吸收基本同步。美国 1957 年便开始研究硫包衣尿素,以后日本、以色列、德国、英国、加拿大、意大利、印度等国家也相继进行了包膜型缓/控释肥料的研究。

我国对缓/控释肥料的研究起步较晚。20 世纪 70 年代中国科学院南京土壤研究所开始进行长效碳铵的研制。进入 80 年代,特别是近年来随着化肥用量大、利用率低,化肥污染农产品和环境问题的加剧,国内缓/控释肥料的研究步伐加快。90 年代以来,北京市农林科学院在国内系统开展了树脂包膜尿素的研究,中国农业科学院、中国农业大学、华南农业大学等在溶剂、包衣材料、设备等方面均有很大的改进和突破。中国科学院沈阳应用生态研究所在利用脲酶抑制剂、硝化抑制剂等添加剂研制缓释肥料方面取得了一定的成果。

值得注意的是缓/控释肥料的研制和开发不仅需要植物营养学家的努力,还要借助化工行业专家的力量,研制优良的包膜材料和包膜工艺。目前,国内研制的缓释肥料较多,真正的控释肥料还很缺乏,一般达不到与作物需肥规律同步的要求。另外,由于缓/控释肥料的高成本限制了它在粮食作物上的应用和推广,一般多用于经济作物蔬菜、花卉、草坪等植物上。虽然缓/控释肥已经历了半个多世纪的发展,但仍未得到广泛应用。因此,如何研发真正面向实用、高效的缓/控释肥料是一个值得认真思考的问题。

3.微生物肥料的研究与开发

微生物肥料可分为固氮菌类、解磷菌类、解钾菌类、菌根菌类、光合细菌类等。生物固氮有利于土壤肥力的恢复和提高。通常在低氮条件下，豆科作物与根瘤菌的共生固氮效果良好，但是随着氮肥的施入，根瘤菌固氮酶则不合成或失去活性，即出现所谓的“氮阻遏”现象。国外研究发现豌豆与大麦间作可提高固氮效率。近几年，国内的朱有勇、李隆等人的研究也发现豆科作物与禾谷科作物间作可有效解除豆科作物“氮阻遏”障碍。

不仅氮素水平影响根瘤菌的固氮效果，而且氮素的供应形态对结瘤和根瘤活性的抑制作用也不同，铵态氮比硝态氮对豆科植物侵染和根瘤发育具有更强的抑制作用。为此，我国成功构建和选育了多种耐铵的固氮菌株，并在水稻、甘蔗、蔬菜等植物上开展了田间实验。目前，我国在玉米联合固氮菌研究方面基本搞清了固氮螺菌的固氮酶基因的表达及其活性的调控分子机制，为进一步构建抗铵固氮工程菌奠定了基础。以上在根瘤菌和固氮微生物方面取得的骄人成果为固氮微生物肥料的研究与开发奠定了坚实基础。

另外，国内还陆续筛选出大量的解磷、解钾菌类，在生产中也有较多的应用，但是对其解磷、解钾的机理尚需深入的研究。到目前为止，一般菌根真菌及其他微生物肥料在灭菌土壤上的增产效果较好，但是在未灭菌的条件下田间使用获得显著增产效益的结果较少。如何将实验室中表现优良的菌株，使其在田间应用时同样获得显著效果是一个亟待解决的难题。

4.养分精准管理与平衡施肥技术

进入20世纪90年代以来，信息技术的快速兴起给土壤养分管理和施肥带来了新的发展机遇，精准农业(Precision Agriculture)研究迅速成为国际上农业科学研究的热点领域。在国内，有关单位在充分了解精准农业的原则和有关技术原理的基础上，从养分管理和施肥技术入手，结合中国国情开展了在规模经营和分散经营两种情况下的土壤养分精准管理和精准施肥技术创新研究。在规模经营情况下，初步研究形成了基于精准农业体系的网格取样技术、土壤养分空间预测及田间养分图制作技术、土壤养分管理模型及管理图制作技术，以及田间变量施肥自动控制技术等，形成了适于我国常用农业机械的规模经营情况下精准农业施肥技术体系；在小规模分散经营的情况下，应用GPS、GIS和数据库技术，研究形成适用于当地条件的土壤养分地理信息系统，对农田系统中各种养分迁移规律、土壤中各养分状况和变化特征进行图形化描述和信息化管理。

在平衡施肥技术体系方面，我国从20世纪80年代开始就采用肥料效应函数、土壤肥力测试和植株营养诊断等手段开展以高产为目标的推荐施肥研究和技术推广工作。进入20世纪90年代以来，养分资源综合管理以实现产量、品质、环境保护和资源高效多重目标被提出来。在具体技术措施上，经过反复研究形成了土壤养分系统评价、土壤养分精准管理、土壤无机氮快速测试、植株氮营养诊断等，建立了适合当前我国农业生产现状的作物推荐平衡施肥技术。这些营养诊断和推荐施肥手段虽然分析精确，但是由于我国农业大部分是以农户为单位经营，土壤养分变异较大，传统的土壤分析方法远远不能满足精准施肥的需求,急需一种快速简便易行的土壤测试和施肥指导系统。为此,1990 年,中国农业科学院土壤肥料研究所从国外引进应用联合浸提剂和系列化操作的实验室高效土壤测试方法(ASI),并结合国内情况开展了大量的研究。十几年的研究表明,ASI 系统分析法与传统的分析法有很好的相关性,为国内这种小规模经营模式下推荐施肥和养分资源的精确管理奠定了良好的基础,促进了我国肥料施用向定量化发展。

迄今,虽然我国在平衡施肥体系研究方面已经取得了长足的发展,但是由于我国幅员辽阔、种植模式多种多样、各地经济发展不平衡等,使得我国施肥体系中依然存在以下几个方面的问题:①施肥不平衡的问题仍然存在,如地区间不平衡、作物间不平衡和养分间不平衡;②很多地区存在土壤肥力不清,肥料效益不明问题,土壤肥料基础工作薄弱、信息网络不全,难以满足建立区域性地理信息系统指导精准施肥的要求;③平衡施肥尚未普及,测土施肥工作有待于进一步推广。只有有效地解决上述问题,才能实现科学施肥,作物均衡增产,农产品的品质改善,减少环境污染的目标。

(五)植物营养遗传学

我国人口的不断增长,人均耕地面积的逐渐减少,要在有限的耕地上生产出养活足够多的人口的粮食,保证我国粮食安全,一是提高单产;二是挖掘植物本身潜力,充分利用土壤本身的养分或提高植物的养分利用效率。在很早以前,科研工作者已经发现不同作物和同种作物不同品种对养分的吸收利用能力存在明显差异。20 世纪 90 年代以来,基因工程、育种技术的不断完善,功能基因组学、生物信息学、基因芯片技术等新的学科的发展,迅速促进了植物营养遗传学进一步向纵深方向发展。

在国内这方面的研究主要集中在大量元素氮、磷、钾,尤其是磷的研究。由于磷极易被土壤固定,当季利用率仅为 15%左右,其余大部分储存于土壤中,使土壤变成一个巨大的潜在磷库。挖掘高效吸收利用磷的基因资源和研究磷高效吸收利用机制一直是植物营养遗传学研究的重要领域。国内外关于不同磷效率基因型的作物生理学和生态学特性研究较多,并开展了部分基因定位和克隆的工作,如已经在拟南芥、烟草、苜蓿、水稻、小麦、大麦中克隆到许多新的编码磷转运蛋白的基因。近几年在国内,李振声院士带领的研究团队从细胞、染色体和分子水平,系统而深入地开展了植物磷高效吸收关键基因功能与调控的研究,阐明了小麦磷高效的生理学机制,克隆出 4 个高亲和力磷酸根转运蛋白基因,并培育出了磷高效小麦品种“小偃 54”。

在氮素吸收和同化基因研究方面,已经分离出高、低亲和力 NO_3^- 转运蛋白和高亲和力 NH_4^+ 转运蛋白基因。2004 年印莉萍等采用快速扩增 3′cDNA 末端(RACE)的方法克隆和鉴定了小麦根 NO_3^- 转运体全长基因 TaNRT2.1。同年,赵学强等报道了在小麦根中克隆到一个硝酸根转运蛋白基因的 cDNA,命名为 TaNRT2.3,此基因在小麦吸收低浓度硝酸根时发挥着重要作用。

迄今为止,国内外已从植物及微生物中克隆了十几个钾高亲和力运输蛋白基因,如来自拟南芥 KAT1、AKT1 和来自小麦的 HKT1。此外,还从拟南芥中分离克隆了外向性 K^+ 通道基因 KORC、SKOR 和 TRH1;从马铃薯中分离克隆了内向性 K^+ 通道基因 SKT2/3 等。2006 年,武维华等在《Cell》上报道,在拟南芥植物中过量表达 LKS1、CBL1

或 CBL9 基因可增强 AKT1 的活性，调控 K^+ 运输，显著提高植株对低钾胁迫的耐受性。该项研究在利用分子操作技术改良作物钾素营养性状方面具有潜在应用价值。施卫明等还通过农杆菌介导法、基因枪法分别将 KAT1 和 AKT1 转入烟草、水稻，并得到高效表达的植株，这也充分说明利用基因工程技术对于提高钾的吸收和利用效率，改良植物营养性状的可行性。

目前，国内大部分的植物营养遗传研究仍然处于起步阶段，主要集中在筛选典型材料及利用这些材料研究不同基因型之间生理生化特性、根系形态学、动力学等指标的不同，研究其养分吸收、利用的差异，进而揭示其遗传规律。虽然少数学者已经在养分效率基因定位、基因克隆等研究领域开始探索并取得一些实质性的进展，但是克隆出的基因功能需要进一步鉴定，如何调控使之在高等植物体内高效表达，以及转基因植物在不同环境条件下对土壤养分资源利用效率如何等都需要进一步研究。

五、学科近期发展趋势

随着社会的发展，植物营养学面临的资源和环境压力越来越大，这将给植物营养学带来新的挑战，同时也给植物营养学提供了新的发展机遇。综合考虑我国的国情和国际上植物营养学的发展规律，在今后的几年里，我国的植物营养学将紧紧围绕“保证粮食和农产品安全，促进农业可持续发展”这一中心任务，开展更为广泛和深入的研究，注重培肥地力、提高肥料利用效率，优化平衡施肥技术，建立和完善适合我国国情的土壤养分精准管理和施肥体系，改善农产品品质，减少环境污染、充分利用植物本身的遗传潜力并加以改良。这将成为今后几年甚至更长一段时间内植物营养学科发展的趋势，也是植物营养学努力追求的目标。另外，随着学科交叉和新兴技术的问世，一些边缘分支学科将会迅速发展如植物营养遗传学、植物营养与植物健康关系研究等。学科间相互渗透、优势互补，必将深化、拓宽植物营养的研究领域，取得突破性进展。鉴于以上趋势，未来的植物营养领域的研究将主要从以下几个方面展开。

(一)加强地力监测和培育

土壤肥力水平是粮食丰产的基础和首要保障。很多调查研究发现，目前，我国土壤肥力呈现下降趋势，因此，在未来的工作中要重视土壤培肥措施研究。首先应该建立土壤肥力监测信息网，长期监测、记录土壤肥力变化动向。根据土壤肥力变化规律、肥力水平及其特点，研究相应的耕作、轮作、施肥、管理等培肥措施，建立以增加土壤有机质为核心的土壤培肥技术，调控植物持续增产。

(二)深化土壤和植物中养分转化和迁移规律研究，通过合理施肥或分子生物技术实现养分资源的高效利用

今后，进一步研究土壤和植物中养分的转化和迁移规律，了解土壤有效养分形态和各种养分的吸收利用机制，通过调控施肥量、施肥时期及施肥方式等努力提高养分的吸收、利用效率。

另外,在筛选养分高效利用品种的基础上,充分利用生物技术等手段揭示不同基因型品种的遗传性规律,努力通过基因工程等技术改良和培育养分高效型作物品种,从而在一定程度上缓解粮食安全问题对肥料的过度依赖,保障农业可持续发展。这个领域将成为未来几年的研究热点。

(三)通过科学施肥,改善我国农产品品质

农产品品质是21世纪农业科学研究的热点和重点问题之一,受到世界范围的广泛关注。增施肥料,提供作物必需的营养元素,既是作物高产需要,也是改善产品品质的重要手段。但是当前有不少人把农产品品质下降统统归为施用化肥的过错,这是极其错误的观念。农产品品质的下降与化肥本身无关,而是与肥料的施用不当有关。

在未来几年内,应明确我国主要地区优势农产品品质和产量形成与调控的生物学基础;明确主要优势农作物品质和产量形成的土壤质量与环境基础;结合我国优势农产品主产区的不同经营方式和不同种植制度,研究一套优势农作物优质高效持续高产和环保的施肥理论基础与信息化施肥体系。

(四)建立和完善适合我国国情的土壤养分精准管理系统和平衡施肥体系

养分精准管理和科学施肥体系的研究是保证国家粮食安全,解决肥料养分利用效率偏低和农田生态系统环境恶化的一个基础性工作。今后的研究应主要集中在研制开发适合我国农业高度分散条件下和适度规模生产条件下的养分精准管理系统。借助信息技术,土壤养分资源管理和决策系统,实现全国范围内的土壤肥力现状的监测和变化趋势的预测预警,实现肥料资源在全国和区域范围内的合理配置。研究适合我国国情的平衡施肥技术体系,避免盲目施肥,提高作物产量和品质,保护环境。这是植物营养学的一项重要任务,也是实现农业可持续发展的一项迫在眉睫的基础性工作。

(五)继续开发更高效、更低廉、更实用的环境友好型肥料

加强高科技肥料产品的研制,向农民提供新型高效的肥料是提高肥料利用率,维护农业可持续发展的有效途径。因此,以后仍要注重新型肥料开发,包括缓/控释肥料、有机复合肥料、新型液体肥料、新型微生物菌剂等。

(六)重视植物营养与植物健康的关系

关于人类营养与健康的关系早就得到人们的广泛认同,但人们对植物营养与健康的关系认识还远远不够。随着化学农药、生物激素等对环境的威胁越来越大,严重制约农业可持续发展,因此,充分利用某些营养元素增强植物抗逆性的特点,进行合理的养分配比,预防作物的顽固性土传病害,增加作物的抗病虫害的能力,在获得粮食高产的同时,降低农药施用量,这将是植物营养学家进一步研究的问题,也是实现农业可持续发展的一个重要途径。

参考文献

[1] 蔡燕飞,廖宗文.土壤微生物生态学研究方法进展[J].土壤与环境,2002, 11(2):167-171.

[2] 陈同斌,韦朝阳,黄泽春,等.砷超富集植物蜈蚣草及其对砷的富集特征[J].科学通报,2002,47(3):207-210.

[3] 高定,陈同斌,刘斌,等.我国畜禽养殖业粪便污染风险与控制策略[J].地理研究,2006,25(2):311-319.

[4] 姜存仓,王运华,鲁剑巍,等.植物钾效率基因型差异机理的研究进展[J].华中农业大学学报,2004,23(4):483-487.

[5] 金继运,白由路.精准农业与土壤养分管理[M].北京:中国大地出版社, 2001.

[6] 金继运,李家康,李书田.化肥与粮食安全[J].植物营养于肥料学报,2006,12(5):601-609.

[7] 李春俭.土壤与植物营养研究新动态[M].北京:中国农业大学出版社, 2001.

[8] 李书田,林葆,周卫.土壤有机硫矿化动力学特征及影响因素.土壤学报,2001,38(2):185-192.

[9] 李秀英,赵秉强,李絮花.不同施肥制度对土壤微生物的影响及其与土壤肥力的关系[J].中国农业科学,2005,38(8):1591-1599.

[10] 李振声,朱兆良,章申,等.挖掘生物高效利用土壤养分潜力保持土壤环境良性循环[M].北京:中国农业大学出版社,2004.

[11] 刘晓燕,何萍,金继运.钾在植物抗病性中的作用及机理的研究进展.植物营养与肥料学报,2006,12(3):445-450.

[12] 陆景陵.植物营养学[M].北京:北京农业大学出版社,1994.

[13] 彭红云,杨肖娥.香薷植物修复铜污染土壤的研究进展[J],水土保持学报,2005,19 (5):195-199.

[14] 全国农业技术推广服务中心.中国农业技术推广指南[EB/OL]. http://www.cqagri.gov.cn/, 2000-06-15.

[15] 施卫明,何锶洁.外源钾通道基因在水稻中的表达及其钾吸收特征研究[J].作物学报,2002,28 (3):375-378.

[16] 施卫明,严蔚东,黄骏麒,等.钾高效利用型转基因棉花的培育[J].江苏农业学报,2001,17 (3):188-189.

[17] 孙瑞娟,王德建,林静慧.太湖流域土壤肥力演变及原因分析[J].土壤,2006,38(1):106-109.

[18] 孙羲.植物营养原理[M].北京:中国农业出版社,1997.

[19] 童依平,蔡超,刘全友,等.植物吸收硝态氮的分子生物学进展[J].植物营养与肥料学报,2004,10 (4):433-440.

[20] 王萍,陈爱群,余玲,等.植物磷转运蛋白基因及其表达调控的研究进展[J].植物营养与肥料学报,2006,12(4):584-591.

[21] 韦朝阳,陈同斌,黄泽春,等.大叶井口边草——一种新发现的富集砷的植物[J].生态学报,2002,22 (5):777-778.

[22] 许秀成.缓释/控释——肥料工业的发展方向[J].化工文摘,2002,2:51.

[23] 奚振邦.缓释化肥再认识[J].植物营养与肥料学报,2006,12(4):578-583.

[24] 薛生国,陈英旭.中国首次发现的锰超积累植物——商陆[J].生态学报.2003,23(5):935-937.

[25] 杨肖娥,龙新宪.东南景天(Sedum alfredii) 一种新的锌超积累植物[J].科学通报,2003,47(13):

1003-1006.

[26] 印莉萍,黄勤妮,黄海明,等.小麦根高亲和 NO_3^- 转运体全长基因(TaNRT2.1)的克隆和鉴定[J].中国农业科学,2004,37(6):795-800.

[27] 俞海,黄季焜,Scott Rozelle 等.中国东部地区耕地土壤肥力变化趋势研究[J].地理研究,2003,22(3):380-388.

[28] 张福锁,樊小林,李晓林.土壤与植物营养研究新动态[M].北京:中国农业出版社,1995.

[29] 张玲,王焕校.镉胁迫下小麦根系分泌物的变化[J].生态学报,2002,22 (4):496-502.

[30] 张维理,徐爱国,冀宏杰.中国农业面源污染形势估计及控制对策Ⅲ.中国农业面源污染控制中存在问题分析[J].中国农业科学,2004,37(7):1026-1033.

[31] 张亚丽,沈其荣,姜洋.有机肥料对镉污染土壤的改良效应[J].土壤学报,2001,38(2):212-218.

[32] 郑绍建,胡霭堂.淹水对污染土壤镉形态转化的影响[J].环境科学学报.1995,15(2):142-147.

[33] 中国农业科学院土壤肥料研究所.中国化肥区划[M].北京:中国农业科技出版社,1986.

[34] 朱兆良,孙波,杨林,等.我国农业面源污染的控制政策和措施[J].科技导报,2005,23(4):47-51.

[35] Marschner. H 著(李春俭,等译).高等植物的矿质营养[M].北京:中国农业大学出版社,2001.

[36] He P,Zhou W. Jin J Y. Effect of N application on redistribution and transformation of photosynthesized ^{14}C during grain formation in two maize cultivars with different senescent appearance. Journal of Plant Nutrition,2002,25:2443-2456.

[37] Jin J Y,Yan X. Changes of Fertilizer Use Efficiency in China [A]. In Li C J,Zhang F S,Dobermann A. ,et al. Plant Nutrition for Food Security,Human Health and Environmental Protection[C]. Beijing:Tsinghua university press. 2005,892-893.

[38] Li L,Cheng X,Ling H Q. Isolation and characterization of Fe(Ⅲ)-chelate reductase gene LeFRO1 in tomato. Plant Mol. Biol. ,2004,54:125-136.

[39] Li L,Tang C,Rengel Z and Zhang F S Calcium,microelement uptake as affected by phosphorus sources and interspecific root interactions between wheat and chickpea [J]. Plant and Soil. 2004,261:29-37.

[40] Li S T,Lin B and Zhou W. Effects of previous elemental sulfur applications on oxidation of additional applied elemental sulfur in soils [J]. Biology and Fertility of Soils. 2005,42(2):146-152.

[41] Liang Y C,Sun W C. Si J. Effects of foliar- and root-applied silicon on the enhancement of induced resistance to powdery mildew in *Cucumis sativus* [J]. Plant Pathology,2005,54,678-685.

[42] Pei Z,Baizabal-Aguirre V M,Allen G J,et al. A transient outward-rectifying K^+ channel current down-regulated by cytosolic Ca^{2+} in Arabidopsis thaliana guard cells [J]. Proc. Nat. Acad. Sci. USA,1998,95(11):6548-6583.

[43] Reuveni R and Reuveni M. Foliar fertilizer therapy-a concept in integrated pest management [J]. Crop Protection,1998. 17:111-118.

[44] Reuveni R,Dor G and Reuveni M. Local and systemic control of powdery mildew (Levillula taurica) on pepper plants by foliar spray of mono-potassium phosphate [J]. Crop Protection,1998,17:703-709.

[45] Reuveni R,Dor Y,Raviv M,et al. Systemic protection against Sphaerotheca fuliginea in cucumber plants exposed to phosphate through hydroponic systems and its control by foliar spray of mono-potassium phosphate fertilizer [J]. Crop Protection,2000,19:355-361.

[46] Rigas S,Debrosses G,Haralampidis K,et al. TRH1 encodes a potassium transporter required for tip growth in Arabidopsis root hairs[J]. Plant Cell,2001,13:166-170.

[47] Schachtman D P, Schroeder J I. Structure and transport mechanism of a high-affinity potassium uptake transporter from higher plants [J]. Nature, 1994, 370: 655-658.

[48] Shen J B, Rengel Z, Tang C X, et al. Role of phosphorus nutrition in development of cluster roots and release of carboxylates in soil-grown Lupinus albus[J]. Plant and Soil. 2003, 248: 199-206.

[49] Shi W M, Su Y H, Fujiwara T, et al. Transfer of potassium channel genes into tobacco [A]. In: Andoetal T ed. Plant nutrition for sustainable food production and environment [C]. Tokyo: Kluwer Academic Publishers, 1997, 195-196.

[50] Xu J, Li H D, Chen L Q, et al. A protein kinase, interacting with two calcineurin B-like proteins, regulates K^+ transporter AKT1 in Arabidopsis [J]. Cell, 2006, 125(7): 1347-1360.

[51] Zhao X Q, Li Y J, Liu J Z, et al. Isolation and expression analysis of a high-affinity nitrate transporter TaNRT2.3 from roots of wheat [J]. Acta Botanica Sinica, 2004, 46(3): 347-354.

[52] Zhou W, Wan M and He P. Oxidation of elemental sulfur in paddy soils as influenced by flooded condition and plant growth in pot experiment [J]. Biology and fertility of soils, 2002, 36(5): 352-358.

撰稿人:金继运　刘晓燕　何萍

昆虫病理学学科发展

一、引言

农业昆虫学和植物病理学是农业学学科的重要分支学科，在农业领域主要研究农业害虫及其天敌和植物病害。农业病虫害是影响农业生产可持续发展的重要制约因素之一。

近几年农业昆虫和植物病虫害研究取得了重大突破。利用遥感、雷达和地理信息技术对重大植物病虫害进行时空动态监测，研制成功了扫描昆虫雷达数据采集、分析系统，为我国重大迁飞性害虫的实时监测和及时预警提供了可靠的技术手段支持；建立了东亚飞蝗生长发育期环境指标、样方统计、地面光谱测试与遥感影像提取参数之间的相关分析，为实现蝗灾预测预警提供了三阶段监测的新模式。利用地理信息系统软件研制了有害生物疫情地理信息系统。害虫生物防治重点解决了一批重要天敌的人工低成本繁殖和释放技术难点；筛选出3个优良松毛虫赤眼蜂品系；中国林科院森保所首次研究成功了利用白蛾周氏啮小蜂和HcNPV病毒控制我国外来入侵害虫一美国白蛾的新技术，并用于大面积防治玉米螟。害虫对化学农业和抗病虫转基因作物的抗性监测与治理方面，突破了一些重要病虫抗药性监测的技术瓶颈，利用分子生物学技术建立了小菜蛾、棉蚜、褐飞虱等重大害虫对常用化学农药的抗性分子检测技术，提出了相应的抗药性治理技术；提出了延缓棉铃虫对转基因抗虫棉抗性发展的技术。外来入侵生物研究，采用行为生态学、分子生态学、生物化学等技术与方法，明确了我国烟粉虱生物型种类及其分布现状，首次发现了起源于南欧的Q型烟粉虱入侵我国；入侵我国的B型烟粉虱具有多个来源。明确了新近传入我国，在局部地区发生的桔小实蝇、西花蓟马、红火蚁、少花蒺藜草等的生态适生区，为有关部门提供了预防预警的决策依据。在植物病理学方面，通过对植物病原物致病基因及信号传导的研究，明确了部分病害的致病机理；研制并建立了多种植物病害快速分子诊断技术；初步完成了小麦矮腥黑穗菌、梨火疫病菌等潜在危险入侵植物病原物的快速分子检测的特异性引物设计，研制出基于SCAR标记、ITS特异序列等小麦矮腥黑穗病菌、梨火疫病菌、大豆疫霉菌、香蕉穿孔线虫、马铃薯腐烂茎线虫等的快速分子检测技术；筛选了大豆疫霉菌与寄主识别和侵染相关的基因，分离了疫霉菌决定寄主识别的蛋白因子；对我国重大检疫对象小麦矮腥黑穗病(TCK)在我国适生性和定殖风险进行了分析研究，为我国制定安全的植物检疫措施和保障中国的小麦生产安全提供了科学依据。

农业昆虫学和植物病理学今后需要加强的重点研究领域：①重大害虫与病害致害成灾机制和生态学机理研究；②植物对害虫与病害的防卫反应机制及其利用研究；③农业抗病虫转基因作物安全性研究；④外来生物入侵机制和控制基础研究。

二、概述

昆虫病理学根据国家“学科分类与代码”标准，在农学学科应该包括农业昆虫学(Agricultural Entomology)和植物病理学(Plant Pathology)两个分支学科。在农业种植领域统称为农作物病虫害，是影响农业生产可持续发展的重要制约因素之一。

农业昆虫学是研究农业害虫(包括螨类)和益虫的发生、发展规律及其防治策略和方法的科学。它是一门应用学科，有其独特的理论基础，它的目的是为了经济简便、安全有效地控制虫害，避免农作物遭受损失。防治害虫的基本途径是：管理田间的生物群落，即减少害虫的种类和数量，增加有益生物(特别是害虫天敌)的种类的数量；控制主要害虫的数量，使其被抑制在防治指标之下；调控农作物易受虫害的危险生育期、品种的选择与布局及其环境等与害虫发生期、发生量的关系，使作物避免或减轻受害。害虫主要防治基础的研究包括：种类鉴别、分布规律、为害习性和规律、种群消长规律、预测预报及综合治理等。

植物病理学是研究引起植物病害发生的各种生物和非生物因子、病原物和寄主之间的相互作用及其导致病害发生的机制和控制病害发生、减轻病害损失的一门科学。植物病理学的研究领域主要包括植物病害诊断学、植物病原生物学(包括：真菌、线虫、细菌、病毒、植原体等)、侵染过程及病害循环、植物免疫学、生态植物病理学、植物病害流行学、植物病理生理学、分子植物病理学以及植物病害防治学等。它是生命科学和农业科学的重要分支学科，与生命科学的多个分支学科 (如物理学、化学、数学、植物学、微生物学、生态学、遗传学、分子生物学等)以及农业科学的多个分支学科(如植物生理学、作物栽培学、育种学、农业昆虫学、农业化学、遗传工程学等)密切相关。

三、回顾

(一)农业昆虫学发展阶段

我国农业昆虫学的发展历史可以划分为以下四个阶段。

1.初创时期(1900～1949)

在1900年前，中国农业昆虫学尚处于翻译和介绍国外昆虫学研究的阶段，中国还没有自己的昆虫学家，更谈不上试验研究，从1911年后我国昆虫学才有了较快的发展，主要表现在：最早一批留学国外专攻昆虫学的人员回国，如邹树文、秉志、张巨伯、胡经甫、费耕雨、刘崇乐等，截至30年代共有33人；并开始发表研究论文，1911～1941年共发表论文1 400余篇，专著约30余部，其中教科书8部，研究专集约20部，译著3部。这一时期科学治虫工作开始兴起，从1911～1932年，在浙江由于稻螟虫大发生，成立了治虫局和治虫研究所；在江苏由于螟害和蝗虫的猖獗为害，先后成立昆虫局和防治试验区，开始了螟虫、蝗虫及棉虫的防治和试验研究，但这些昆虫学防治和研究机构存在时间较短。期间一些昆虫学家自发地组织了昆虫学组织，如六足学会、中山大学昆虫学会、杭州植物病虫学会、昆虫趣味会、清华昆虫学会等。1933～1936 年,随着《中国植物病虫害防治计划草案》的实施和中央农业试验所虫害系的成立,治虫工作一改过去各自为政、临时组建的局面,逐步走上了全国统一规划、协同互助的轨道,试验研究与防治指导并举,对一些重大害虫进行了防治研究并取得了较大进展。1937 年开始,由于日寇的入侵,使农业昆虫学研究和防治又陷入停滞阶段。

2. 迅速发展时期(1949～1965)

新中国成立后,党和政府对植保工作十分重视,如,在《关于农业合作化问题》(1955)中提出:要增加农作物产量就必须同病虫害作斗争;在《全国农业发展纲要》中规定:在一切可能的地方,要基本上消灭严重危害农作物的虫害和病害等一系列有关的政策性文件和指导性方针。此外,国内大批年轻昆虫学者自发成立了一些学术团体,加强合作与交流,如,中国昆虫学会和中国植物保护学会,创办了《中国昆虫学报》,第二期改名为《昆虫学报》、《昆虫知识》、《植物保护学报》、《植物保护》等刊物。在 1963 年出版了水稻、小麦、棉花、蔬菜和果树害虫等 8 种书籍,标志着我国昆虫学和植物保护事业走上了正轨,成为我国农业昆虫学研究和利用的转折,对我国昆虫学事业的发展起到了极大的推动作用。另外,在农业害虫的研究和防治上也提出了一些具体的策略和方针,在 1955 年提出了"依靠互助合作,采用主要农业技术和化学药剂相结合的综合防治方法,加强预测并研究制造效率高的农械,以便做到及时、彻底、全面防治,重点开展植物检疫工作,防止危险病虫害的蔓延,并加强有益生物的研究和利用"的植保方针;1958 年又根据形势发展和要求,制定了"全面防治,土洋结合,全面消灭,重点肃清"的植保方针,1960 年又提出了"以防为主,防治结合"的植保方针。在这些方针的指导下,对一些重要农作物害虫的发生、发展规律及其防治进行了系统的研究,如,东亚飞蝗、黏虫、小麦吸浆虫、水稻螟虫、仓库害虫以及一些蚊、蝇等卫生害虫的研究与防治,均取得了重大进展和成果。

3. 停滞发展时期(1966～1977)

"文革"期间,中国昆虫学会、中国植物保护学会等学术组织停止了一切活动,所办的期刊也停办。在此时期主要对重要农作物害虫开展了发生、发展规律和防治研究,多属于简单的习性观察和群众性的防治试验,而且多为油印资料内部散发而已,与国外的学术交流也完全被禁止了,使整个农业昆虫学的发展处于停滞阶段。

这一阶段国外农业昆虫学有了飞速发展,联合国粮农组织 1967 年提出有害生物综合防治策略,1972 年发展为有害生物综合治理(IPM)策略。我国昆虫学工作者在极其困难的条件下仍坚持工作,为 1975 年农林部制定"预防为主,综合防治"植保工作方针做出了贡献。

4. 兴旺发展时期(1978 年至今)

经过 10 年动乱后,1978 年全国科协恢复了工作,所属的昆虫学会、植物保护学会等也恢复了组织和各项学术活动,学会创办的期刊也相继复刊,各项工作迅速展开,尤其加强了同国际同行的学术交流。在害虫综合治理理论的指导下,人们开始以一种农作物、一个果园、一个林场等为对象,开展多病虫的防治研究,不仅考虑主治目标,而且还要兼治其他病虫,在准确掌握作物发育的关键时期和害虫发生的关键时期,进行有效防治。同时强调以农业防治为主,配合化学防治、生物防治及物理防治等措施。从20世纪80年代中后期,我国对农业害虫的研究有了更高的认识,把农业生态系统作为一个总体,充分发挥自然控制因素的作用,因地制宜地协调各种必要的防治措施,把防治对象的为害控制在经济损失阈值以下,以获得有害生物和环境的相互关系为基础的最佳经济学、生态学和社会学效益。在这一时期获得了许多重大农业害虫研究成果,涌现出了一大批农业昆虫学家,出版了大量有关昆虫学研究和治理方面的教科书、专著、译著、论文等。特别是近几年农业昆虫学科发展日新月异,达到了兴旺发达时期。

(二)植物病理学发展阶段

我国植物病理学的发展历史可以划分为以下四个阶段。

1.初创时期(1900～1949)

我国植物病理学作为农业科学的一个分支学科是从20世纪初开始的。1910年京师大学堂农科聘请日本学者三宅市朗(M. Miyake)讲授植物病理学课程;1916年金陵大学农科聘请从美国学习植物病理学归国的邹秉文为植物病理学教授;1918年南京东南大学农科开设植物病理学课程,1923年成立植物病虫害系;从此以后,植物病理学科开始发展。中国植物病理学研究工作始于1913年,当时农商部中央农事试验场成立植物病虫科,由章祖纯主持。至1916年,许多省份设立了农事试验场,有的试验场设有病虫害科。1931年成立中央农业实验所,1933年该所建立病虫害系,负责全国植物病虫害的研究与防治工作,病害部分由朱风美主持。植物病害中真菌病害研究最早,植物病理学与真菌学的发展密不可分。戴芳澜在1932～1939年先后发表了中国真菌杂录、中国真菌名录。1939年中央研究院动植物研究所出版邓叔群的《中国高等真菌志》。1945年8月抗日战争胜利后,中央农业实验所迁回南京,并在北京和吉林公主岭分别建立了北平农业试验场和东北农事试验场,都设有病虫害研究室。

2.复兴期(1949～1966)

新中国刚刚成立就面临着农作物病害严重成灾的形势,党和政府对植物病理工作十分重视,于1949年农业部成立时就设置了病虫害防治局,下设病害防治科。1950年经政务院批准,在全国各地建立了28个病虫防治站,到1952年发展到120个。各大区农林部及河北、河南、山东等省也都先后成立了病虫防治机构。又以北平农业试验场为基础,成立了华北农业科学研究所。1957年在该所的基础上扩大成立了中国农业科学院,同年成立了植物保护研究所,设有植病系。由于小麦条锈病等多种病害暴发成灾,给农业生产和人民生活构成了很大的威胁,1950年在周恩来总理和陈云同志的关怀下,批示召开全国小麦锈病座谈会,成立了全国小麦锈病防治研究委员会,以加强领导。当时科研、教学与生产紧密结合,通过协作研究,我国植物病理学取得举世瞩目的成就,有效地控制了历史上遗留下来的麦类黑穗病和线虫病、甘薯黑斑病、马铃薯晚疫病、棉炭疽病、立枯病和苹果腐烂病等多种病害的危害。部分研究单位和高等院校开展了有关植物病理学的基础理论研究,将真菌、细菌和病毒病害等作为研究重点,并取得较大进展。

3. 消沉期(1967～1977)

“文革”期间，科研和推广工作基本处于停顿状态，以致植物病害发生频繁，危害日益加重。如华北、西北地区的多种小麦病毒病、玉米大、小斑病和丝黑穗病，由次要病害上升为主要病害，部分地区造成毁种和绝产。长江流域 1973 年麦类赤霉病和 1974 年水稻白叶枯病大流行，检疫性病害如棉花枯、黄萎病和马铃薯环腐病等也随人为调种传播，危害猖獗。“文革”后期，在中央领导同志关怀下，农业生产形势有所好转，农林部于 1973 年在农业局内设植保处，各省市也相继恢复植保机构，加强了病虫防治工作。1975 年 5 月，农林部在河南新乡召开了全国植保工作会议，制定了病害防治研究规划，对小麦锈病、赤霉病、病毒病和全蚀病，水稻白叶枯病、病毒病和稻瘟病，玉米大、小斑病和丝黑穗病，棉花枯、黄萎病和马铃薯环腐病等 10 项课题组织科研协作组，并提出了 3～5 年内的重点研究任务与防治要求，加强了十大类病害的研究与防治。

4. 全面振兴期(1978 年至今)

1978 年后，随着植保组织机构的恢复、建立和健全，大专院校和科研机构的发展与加强，中国植物病理学会和中国植物保护学会活动恢复，植物病理学科进入全面大发展的新时期。我国先后派出大批访问学者和出国留学生，参加各种国际学术会议和进修，并频繁接待各国植病学家来华参加会议、考察访问等。中国植物病理学会于 2000 年在北京召开了“第一届亚洲植物病理学大会”。中国植物保护学会于 2005 年在北京召开了“第十五届国际植物保护大会”，促进了国际间的学术交流与合作，推动了我国植物病理学科的发展。同时通过国家组织协作研究，在主要农作物病害的基础理论和关键防治技术研究方面，取得了几百项研究成果，在推进我国科技进步和农业发展中发挥了重要作用。近年来，随着分子生物学和信息学的广泛应用，植物病理学研究取得了一系列新的研究进展，极大地提高了植物病理学科的科技水平和减灾防灾能力。

四、研究现状

农业昆虫和植物病理学近几年在不断引进和吸收现代科学技术发展成果的基础上，通过实施国家重大基础研究项目(攀登计划)、国家重点基础研究发展规划“973”以及“863”和国家自然科学基金等农业生物灾害研究项目，在基础研究和关键防治技术研究方面均获得较大的提高。在重大植物流行性病害和农作物迁飞性害虫的成灾规律、成灾机理、病虫种群遗传变异，作物抗病虫机理等研究方面取得较大突破。例如，研究证实小麦条锈菌产生新小种的主要途径是突变和异核作用，创建了小麦抗条锈病、抗白叶枯病、抗稻瘟病近等基因系，为病虫基因检测、基因定位、克隆和致病机制研究奠定了基础；探明了棉铃虫、黏虫和麦蚜地理型及其生态区划、滞育及兼性迁飞和远距离迁飞的生物学特性和生态机制及猖獗危害的原因；在抗病虫育种研究中，转基因作物品种异军突起，特别是转基因抗虫棉品种，2006 年我国 Bt 棉花的种植面积已达 400 万 hm^2，占棉花种植总面积的 70%。农业害虫和植物病害关键防治技术研究也有进一步发展，组建了主要农林重大病虫害测报系统，建立了一些病原特异的检测方法，制定出主要作物多病虫复合种群的科学防治指标,筛选培育出一批对主要病虫害稳定单抗或多抗的优良作物品种;在掌握一些主要害虫天敌的自然发生规律和自然控制作用的基础上,提出保护利用天敌控制害虫的措施;制定出通过调整作物布局、耕作制度、种植方式等减轻病虫发生危害的农田生态调控技术和化学信息素招引天敌,诱杀、驱避害虫的化学生态调控技术;筛选出一批对病虫高效、对天敌选择性较好、对人、畜低毒和在环境中低残留的生防制剂和化学农药新药剂、新剂型;摸清了主要病虫对常用杀虫/杀菌剂抗药性的发展变化,提出了避免和延缓病虫产生抗药性的科学管理和合理使用农药的配套技术。以作物病虫群体为对象,按特定生态区围绕特定作物组建了综合防治体系,并在全国主要粮棉产区开展有害生物综合防治示范,在控害减灾中发挥了重要作用。

五、主要研究进展

(一)农业昆虫学研究进展

1.害虫监测预警

研制成功扫描昆虫雷达数据采集、分析系统。为了利用昆虫雷达对我国主要迁飞性昆虫的远距离迁飞习性和规律进行系统分析研究及监测,中国农科院植保所在国际上首次研究成功扫描昆虫雷达数据采集、分析系统。该系统能不失真地采集到雷达回波数据,并能对雷达的设置参数自动识别,正确区分出每个回波点(空中的运动目标:昆虫),然后计算出每个回波点所处的方位和离雷达天线的回波传送距离、地面直线距离,回波点离地面高度,以及每一高度层的回波点密度。同时,经过分析计算出迁飞昆虫运动速度和运动方向。该系统稳定可靠、使用方便、监测的结果准确、分析的数据可靠。为我国重大迁飞性害虫的实时监测和及时预警提供了可靠的技术手段支持。该系统的研制成功,彻底解决了扫描昆虫雷达“观测资料的处理非常费时费力,无法应用于长期监测”这一国际难题,对于建立昆虫雷达监测网,开展重大迁飞性害虫的实时自动化监测、及时预报和有效治理,均具有非常重要的意义。

中国农科院植保所和全国农业技术推广服务中心使用 Mapinfo、Arcinfo 等地理信息系统软件研制了有害生物疫情地理信息系统。该系统使用全国 1∶25 万地形数据和高程数据,数据包括全国县级的行政区划,乡镇以上的居民地、水系、地貌等信息;全国 720 多个观测站点 1950～2000 年每日的气温、相对湿度,5 cm、10 cm、20 cm 地温,高空资料包括气压、风速风向等,对气象数据进行加工整理,形成易于查询分析使用的数据库文件格式;并将从全国收集到的病虫害发生分布情况等信息,经汇总、整理导入地理信息系统,并以图形化及多媒体的形式表现出来。在以上基础上研究利用地理信息软件的空间插值方法分析气温、湿度,虫害发生危害的空间分布,并制成直观显示的各种专题图,开发害虫发生危害图的制作、覆盖图的制作,特殊行政地图的加工。中国科学院在对环渤海湾地区东亚飞蝗进行遥感监测机理和方法研究的基础上,通过大量的野外实验,提出了根据东亚飞蝗生育周期即孵化期、发育期、成虫期三个阶段遥感监测的论点;建立了东亚飞蝗生长发育期环境指标、样方统计、地面光谱测试与遥感影像提取参数之间的相关分析,为实现蝗灾预测预警提供了三阶段监测的新模式。

2. 害虫生物防治

生物防治对持续控制害虫暴发和保护生态环境有重要价值,低成本的天敌大量繁殖和应用技术是影响天敌昆虫商业化应用的制约因素。"十五"期间,重点解决了一批重要天敌的人工低成本繁殖和释放技术难点。中国农科院蔬菜花卉研究所与北京市农林科学院植保环保所等在深入研究丽蚜小蜂生物学和生态学特性的基础上,突破了蜂种退化、保藏及大量繁殖的技术瓶颈,实现了丽蚜小蜂的优质、高效、批量繁殖,已用于防治温室粉虱、烟粉虱等农业害虫。

吉林省农科院植保所通过对松毛虫赤眼蜂不同品系的发育历期、繁殖力、杂交亲和性、滞育特性、低温贮存、抗高温能力和对亚洲玉米螟的控制效果等方面的研究,结果表明:不同品系间在发育历期(h)、发育起点温度、单卵蜂数、单雌产仔数、可育率、蜂体大小上也存在显著差异;不同品系在相同诱导温度下滞育率差别很大,在 1～3℃的冷库内低温贮存,不同品系间的羽化出蜂率和单卵蜂数有较大差异;不同品系在高温条件下寄生和发育则差异较大;不同品系在田间对目标害虫亚洲玉米螟卵的寄生效果存在较大的差异;但不同品系之间不存在生殖隔离现象。通过对目前我国赤眼蜂工厂化现状的分析,结合主要赤眼蜂生产厂家的生产和产品质量调研,制定出以柞蚕卵为中间寄主的"生物防治用赤眼蜂工厂化生产技术规程"。筛选出 3 个优良松毛虫赤眼蜂品系,并用于大面积防治玉米螟。

中国林科院森保所首次研究成功了利用白蛾周氏啮小蜂和 HcNPV 病毒控制我国外来入侵害虫一美国白蛾的新技术,防治区有虫株率降到了 0.1%以下,小蜂和多种天敌的总寄生率最高达 96.28%,平均 92%,有效控制了美国白蛾的种群数量和危害,取得了显著的控制效果。经过连续 5 年的跟踪调查,防治区美国白蛾得到了持续有效的控制。为了解决人工大量繁蜂的技术难关筛选出了理想的繁蜂替代寄主柞蚕蛹,使繁蜂量提高了 84 倍,并做到了常年繁蜂和规模化繁蜂,保证了生物防治的需要。

吉林省农科院植保所等研究提高了天敌昆虫释放技术。如原来用于防治玉米螟用的蜂卡是将寄生卵直接沾到纸片上,或直接放到小尼龙袋中,然后别在玉米叶片中或挂在玉米植株上,释放比较麻烦,遇到雨水被冲掉和霉变,后来又设计出更适合用于方便田间释放赤眼蜂用的新型赤眼蜂放蜂器和蜂卡,明显提高了释放效率,同时也提高了防水和耐雨水冲刷能力,提高了赤眼蜂的田间的存活率和放蜂质量。放蜂器已经申报国家实用新型专利,蜂卡获得外观设计专利 。

3. 害虫抗性监测与治理

中国农业大学等单位利用分子生物学技术,突破了一些重要病虫抗药性监测的技术瓶颈,如利用 RAPD-PCR 分子标记法和等位基因扩增法分别建立了小菜蛾对阿维菌素抗性及棉蚜对有机磷抗性的分子检测技术;利用突变位点设计建立了棉蚜对有机磷抗性基因和褐飞虱对吡虫啉靶标抗性的 PASA 分子检测技术。此技术与传统的区分剂量法和生化检测法相比,检测棉蚜对有机磷抗性的准确率达到 95%以上;对抗性褐飞虱的检测准确率也达 90%以上。通过序列对位排列,建立了烟粉虱噻虫嗪抗性品系的 RAPD 分子标记技术并已经用于田间抗性监测。首次克隆了有机磷抗性及敏感棉蚜品系的羧酸酯酶基因，发现了抗性品系中存在 His104Arg 的突变，利用该突变极大地提高了抗药性检测准确率；建立了室内外多指标测定对棉铃虫等害虫抗性程度的方法、分级标准与综合量化评估技术；以作物生态系统为对象，对棉花、水稻及保护地等不同生态系统中的棉铃虫、稻飞虱、烟粉虱、二化螟和甜菜夜蛾等的抗药性进行了动态监测，并提出了相应的抗药性治理技术。

棉铃虫对转基因抗虫棉的抗性治理。中国农科院植保所等通过遗传分析表明，棉铃虫对转 Bt 基因棉的抗性是常染色体单基因控制的不完全隐性遗传。系统研究了我国各个棉花种植区棉铃虫对 Bt 棉花敏感性变化动态。针对华北地区棉花生态系统特点，系统评价了 Bt 棉花种植区棉铃虫天然庇护所的作用。结果表明在华北地区农作物种植模式下，早播和晚播夏玉米的穗期可分别提供第 3 代和第 4 代棉铃虫的庇护所，但不能对第 2 代棉铃虫提供庇护作用。花生和大豆可分别对 2～3 代棉铃虫提供庇护作用，但对第 4 代棉铃虫的庇护作用较差。提出了在华北地区采用抗虫棉花和普通玉米、花生（或大豆）混合种植模式延缓棉铃虫抗性发展的技术。

4. 外来入侵害虫研究

烟粉虱入侵机制与控制基础研究。中国农科院蔬菜花卉研究所等围绕烟粉虱遗传分化、生态适应与控制技术等关键科学问题，采用行为生态学、分子生态学、生物化学等技术与方法，重点研究了生物型产生、寄主谱扩张、高温适应与抗药性等方面的机制，明确了我国烟粉虱生物型种类及其分布现状，首次发现了起源于南欧的 Q 型烟粉虱入侵我国。建立了烟粉虱遗传多态性分析的 AFLP、SSR 和 mtDNA COI 分子标记体系，证实我国烟粉虱种群遗传多样性十分丰富，不同地理种群间具有明显的遗传分化。等位基因个数观察值、有效等位基因个数、Shannon 信息指数、Nei 期望杂合度、多态信息含量（PIC），以及等位基因型连锁平衡分析结果表明，入侵我国的 B 型烟粉虱具有多个来源，而入侵的 Q 型烟粉虱则相对单一；B 型和 Q 型烟粉虱在入侵过程中均没有出现明显的瓶颈效应；B 型烟粉虱与 Q 型烟粉虱之间生殖上完全隔离，不存在基因交流现象。而不同地理种群的 B 型烟粉虱，则存在显著的基因交流。克隆了与药剂抗性有关的乙酰胆碱酯酶 cDNA 的全长序列和对热胁迫反应的热激蛋白 Hsp70 和 Hsp90 基因全长序列，明确了烟粉虱对寄主的适应性与体内酯酶和海藻糖酶的活力变化的关系。发现烟粉虱 B 型与浙江非 B 型间存在生殖不亲和性、生殖干涉和竞争取代关系。进一步的生殖竞争行为机制证实，生殖干涉、雌性比例降低和较强的寄主植物适应性可能是导致 B 型取代非 B 型的主要原因。并初步推论对 B 型烟粉虱具有引诱活性的化合物在甘蓝中是苎烯、番茄中是桉树脑，而 α-蒎烯是辣椒中的驱避作用化合物。开展了寄生性天敌昆虫对 B 型烟粉虱的控害作用，初步明确了寄主定位的行为机制；阐明了棉田烟粉虱捕食性天敌种群的控害作用及其主要影响因子，并在本土捕食性天敌控害作用定性定量评价的实时分子检测方面取得突破。

浙江大学围绕稻水象甲的种群扩张机制，重点开展了栖境转换、种群维持、寄主选择等方面的研究。明确了稻水象甲越夏和越冬栖境转换过程、迁移规律及环境影响因素；入侵至一个新的生态系统并建立其种群需要能维持其周年生活史的栖境。稻水象甲对替代寄主稗草的利用能力高于对水稻的利用能力，这种利用机制主要受稗草的挥发性物质

α-caryophyllene(α-石竹烯)的影响。稻水象甲对寄主植物和自身密度的拥挤效应以推迟产卵来分散繁殖潜能。如一代成虫羽化时密度高、取食合适的寄主植物是其长距离扩散入侵成功的因素之一。高温和饥饿胁迫可提高其发育成为二代虫源的潜力,从而对其种群的数量扩张有利。稻水象甲越冬代和一代成虫对不同水稻品种、杂草存在显著的选择性差异,存在"营养—生殖过程的链式关系"。

中国农科院植保所等围绕危险入侵物种的扩散风险及评估问题,采用 CLIMEX 与 GIS 相结合的技术与方法,在分析生物气候相关性、种系系统发生关系以及生物生态学特性的基础上,通过构建模拟参数,重点研究了对新近传入、局部发生的桔小实蝇、西花蓟马、红火蚁、少花蒺藜草的生态适生区。明确了桔小实蝇最适分布区为华南地区以及广西壮族自治区;花蓟马主要适生区为云贵高原、渭河流域、淮河流域及广东、广西、浙江等地;红火蚁的适生区为华南、华东、华中和西南省份以及华北的局部地区;少花蒺藜草的适生区为辽宁、内蒙古、吉林以及宁夏与西藏的少部分地区。这些研究结果为有关部门提供了预防预警的决策依据。

(二)植物病理学研究进展

1. 植物病原物的分类与鉴定

当前对一些重要植物病原物的分类鉴定是植物病理学的研究热点。通过研究,在烟草与西葫芦上鉴定出了属于联体病毒科(Geminiviridae)菜豆金色花叶病毒属的新病毒,同时在多种该属的单组分病毒中发现了与其相伴随的卫星 DNAβ;在白草(Pennisetum centrasiatium)、浙贝母(Fritillaria thunbergii)上鉴定出了属于马铃薯 Y 病毒属(Potyvirus)的新病毒。另外,据报道在我国首次发现的植物病毒及类病毒有数十种;并测定、分析了数十种病毒的核苷酸全序列,确定了一些病毒的分类地位。对一些重要植物线虫属,如根结线虫属、属伞滑刃线虫属(Meloidogyne)、茎线虫属(Ditylenchus)、剑线虫属(Xiphinema)、长针线虫属(Longidorus)和环线虫科(Criconematoidea)等进行鉴定,发现了 10 多个新种。目前在我国重要口岸广东南海、广州、上海、厦门、深圳等截获许多重要检疫线虫,如多次从进口花卉苗木中检出香蕉穿孔线虫(Radopholus similis),涉及的寄主很广。由于我国的对外农产品贸易日益频繁,因而危险性线虫对我国农业构成了很大威胁,引起有关部门高度重视,对一些生产上出现的新的线虫病害问题及其致病性进行了研究。江苏省有关单位组织专家研究证实水稻上出现的小粒穗病害现象是由水稻干尖线虫(Aphelenchoides besseyi)引起。在人们继续关注松材线虫(B. xylophilus)危害的同时,南京农业大学测定了来源于中国、日本、韩国、加拿大、挪威和法国的 20 个拟松材线虫(B. mucronatus)种群对 2 年生黑松苗的致病力,发现法国的 1 个种群和中国的 3 个种群有很强的致病力。有关管理部门已开始认识到植物寄生线虫在我国农林业生产中的极其重要性和防治工作的艰巨性。

2. 植物病原物与寄主植物相互作用

植物激素脱落酸(ABA)、茉莉酸(JA)和乙烯(ET)等参与植物生长发育的许多过程,包括植物对生物和非生物胁迫的应答。前人研究认为,ABA 能增加植物的感病性,但对其机理研究甚少。Anderson 等(2004)用多种拟南芥的突变体研究表明,ABA 和 JA/ET

信号传导途径间存在拮抗调节基因表达和抗病的关系。ABA 处理能够抑制 JA/ET 诱导的基因表达和一些基因的本底表达，相反，在 ABA 缺失的突变体中，JA/ET 应答基因的表达和本底提高。JA 不敏感的突变体(jinl/myc2)和 ABA 缺失突变体(aba2-1)对坏死型真菌镰刀菌(Fusarium oxysporium)的抗性提高。Li 等(2004)研究表明拟南芥转录因子 AtWRKY70 是水杨酸和 JA 参与植物防卫反应信号传导的集聚点，水杨酸诱导该基因的表达，但 JA 抑制其表达。超表达 AtWRKY70 基因使转基因植株的抗病性提高，而用反义基因抑制其表达则使转基因植株中茉莉酸应答基因激活。

Zimmerli 等(2004)研究了寄主和非寄主病原菌对拟南芥的作用，发现两者诱导不同的 JA/ET 应答反应。大麦白粉病菌(Blumeria graminis f. sp. hordei Bgh)不能在拟南芥上生长，原因是绝大多数菌丝不能穿透外表皮细胞壁。非寄主大麦白粉病菌和毒性寄主白粉病菌(Erysiphe cichoracearum)分别接种拟南芥所诱导的基因表达差异很大，并且差异表达的基因多为与光合作用和一般代谢相关的基因。拟南芥接种大麦白粉病菌后呈现出生长受到抑制，表明资源从生长流向了防卫。两种处理都能诱导一些相同的防卫相关基因的表达，说明它们可能是植物基本防卫因子，显然这些因子不能有效地阻止寄主白粉病菌的侵染。非寄主病原菌诱导 JA/ET 信号传导相关的基因。激活 JA/ET 的信号传导能保护拟南芥对两种活体寄生的寄主病原菌的侵染。因此，推断活体寄主病原菌可能通过抑制或者不激活 JA/ET 的信号传导途径来达到侵染的目的。

3. 植物病原物生长调控和致病相关基因

水稻稻瘟病是我国水稻生产上的重要病害之一，中国农业大学(2006)通过筛选野生菌株 P131 的插入突变体文库，获得了控制菌丝生长和致病力的重要基因 MG03703、Mg-MBP1、MgCON1、MgCON2、MgCON3，MgCON1 可能是一个负调控转录因子，克隆鉴定了梨孢菌侵染钉形成所需的新甘露糖转移酶基因 MgPPF5。

中国科学院微生物研究所通过转座子插入突变的方法鉴定了 1 个水稻白叶枯病菌(Xoo)Ⅱ型分泌系统原件 xpsE 基因，发现该基因影响白叶枯病菌的毒性及降解植物细胞壁的木聚糖酶及纤维素酶的分泌。中国农科院植保所明确了青枯菌Ⅱ型分泌系统在青枯菌致病过程中的重要作用，克隆了编码Ⅱ型分泌系统的全部 12 个 gsp 基因，构建完成了这些基因的诱饵及捕获载体，为利用酵母双杂交系统研究 gsp 基因簇中各基因的互作及调控奠定了基础。在致病基因表达及调控研究中，克隆了青枯菌与群体感应有关的 aac 基因，完成了原核表达载体的构建及产物功能分析，构建完成了 aac 基因自杀型质粒载体，为研究该基因对青枯菌群体的猝灭作用及对毒性蛋白分泌的影响奠定了基础。

小麦条锈菌引起的小麦条锈病是我国小麦生产最重要的病害之一，西北农林科技大学构建了小麦条锈菌夏孢子萌发特异性的 cDNA 文库，通过大规模 EST 测序和分析，结合半定量 RT-PCR、荧光定量 PCR 和生物信息学方法，研究了小麦条锈菌夏孢子萌发特定时期的基因表达特征、分子功能表达谱、生物过程表达谱和细胞组成表达谱。

近年来国外对重要植物寄生线虫如孢囊线虫和根结线虫的致病基因的克隆和功能分析研究取得了飞速进展。自 Smant 等(1998)第一次成功从大豆孢囊线虫中克隆出 β-1,4 内切葡聚糖酶(β-1,4-endoglucanase)基因以来，此后又从孢囊线虫和根结线虫食道腺细胞中克隆获得 50 个具有抵御寄主防御、植物细胞壁降解和推定的寄生基因(Putative parasitism genes)。南京农业大学(2006)从花生根结线虫中分离到分支酸变位酶基因 Ma-cm-2,其主要功能可能是软化植物组织使线虫便于在其内移动。

4. 植物病原物基因组学研究

我国科学家在植物病原细菌基因组学研究方面取得重大突破,由中国科学院微生物研究所、上海人类基因组中心、广西大学、复旦大学等 8 家单位共同合作,完成了甘蓝黑腐病菌(X. campestris pv. campestris ,Xcc)8004 菌株 5.1Mb 的基因组序列测定及注释,与 2002 年巴西科学家发表在 Nature 上的 Xcc ATCC 33913 菌株全基因组序列进行了比较基因组学研究,发现两个菌株在基因组大小上是高度保守的,位于 2 个 Xcc 菌株的基因组复制中心部位存在大范围的基因重新排位现象,甚至比 Xac 306 与 Xcc ATCC 33913 种间的重排范围还要大。在感病的甘蓝寄主植物上高通量筛选 Xcc 8004 菌株突变文库中的致病性变异突变体,鉴定出了与致病性相关的具有不同功能的 75 个基因,绘制出了 Xcc 致病分子遗传模式草图。广西大学通过构建突变体的方法鉴定出 Xcc 8004 与大肠杆菌 Zur 家族同源的 XC1430 蛋白,它与细菌锌的平衡、胞外多糖的产生及毒性密切相关,同时还发现了 wxcA 基因与脂多糖和胞外多糖的产生有关。

在微生物的激活蛋白研究方面,已从水稻黄单胞细菌(Xanthomonas oryzae)2 个致病变种(X. oryzae pv oryze 和 pv. oryzicola)、交链胞菌(Alternaria sp.)和稻瘟菌(Magnaporthe grisea)中共鉴定克隆激活蛋白基因 7 个、重组基因 6 个、优化序列 4 个。研究还发现水稻黄单胞菌 Harpin 蛋白的编码基因 hrfA 具有遗传多样性,水稻及其他单子叶作物中也存在其同源序列,从而为有关基因的深入研究和利用提出了新的思路。

5. 植物病害快速分子诊断

以 PCR 为基础的分子生物学技术在植物病理学中的各个研究领域得到广泛应用,极大地推进了植物病害快速分子诊断的研究 。直接测定植物病原物的遗传物质(DNA)成为植物病害分子诊断最有力的工具,在分子诊断和鉴定中最有价值的基因组区域之一是核糖体 DNA (ribosomal DNA,rDNA) 重复单元,rDNA—ITS 分析已成为一种稳定的鉴定和分析植物病害病原物遗传变异的工具。目前国内外 rDNA—ITS 分析技术已经在真菌、细菌、线虫以及蚜虫等种和种间分子特征及分子诊断研究中得到广泛的应用。

如我国一些教学和科研单位先后研制并建立了多种植物病毒单克隆杂交瘤细胞株,相继获得成功的有烟草花叶病毒、马铃薯 Y 病毒及 X 病毒、番木瓜环斑病毒、甜菜坏死黄脉病毒、葡萄扇叶病毒等。在植物细菌病害方面,水稻白叶枯病、马铃薯青枯病单克隆抗体的研制和应用也已填补了植物细菌病害在科研和生产上应用的空白。20 世纪 80 年代末至 90 年代初,国际上出现了核酸杂交技术检测植物病原物的报道,近年来已成功地应用在诸如镰刀菌、禾谷类锈菌、白粉菌、叶枯菌、马铃薯晚疫菌等多种植物病原物的种、亚种、专化型、生理小种或致病类型的鉴定和诊断中。中国农科院植保所、浙江大学、华南农业大学、福建农林科技大学等已经开展了小麦孢囊线虫、大豆孢囊线虫、松材线虫和甘薯茎线虫的核糖体 DNA 中 ITS 研究,构建了基于 rDNA—ITS 和 SCAR—PCR 标记的大豆孢囊线虫、马铃薯腐烂茎线虫和松材线虫的特异性分子检测引物。南京农业大学研究了爪哇根结线虫 Mi-毒性和无毒近等基因系。

6. 重大植物病害流行学研究

中国农业大学的曾士迈院士采用小麦条锈病大区流行模型 PANCRIN 对品种布局防治小麦条锈病进行了模拟研究。结果表明，对抗病品种的合理布局能有效地延缓和减轻抗病品种的丧失，但其效果易受品种的面积、流行速率和越夏区面积浮动的影响。布局策略上首先要按照小麦条锈病菌越夏途径中不同成熟期的麦田进行细致的布局，也就是布局要和"打越夏"结合，效果才能更显著。其次要控制每个抗病品种的面积而增加抗病品种的数目，在所用模型规定的条件下，每一抗病品种的种植面积百分比不可超过 15%，抗病品种总数争取≥6 个，此外要压缩感病品种面积、减少大区流行菌量，感病品种面积最好不超过 10%。此研究的结果对于品种的合理布局有重要的参考价值。

7. 利用遥感和地理信息技术监测重大病害时空动态

中国农科院植保所、中国农业大学、国家农业信息化工程技术研究中心等单位分别开展了小麦条锈病和小麦白粉病等病害的光谱学研究，并已取得了令人可喜的结果。小麦受白粉病危害后寄主冠层光谱变化显著，特别是近红外波段（650～780）发生剧烈变化，且随病情加重其值逐步下降。小麦冠层植被指数（y）和不同病指（x）关系密切，其关系式为：$y=-1.8229x^2+1.2107x+0.00391, R^2=0.9565$。对比 3 个生育期的条锈病与正常生长冬小麦的 PHI 图像光谱及光谱特征发现：560～670 nm 黄边、红谷波段，条锈病病害冬小麦的冠层反射率高于正常生长的冬小麦光谱反射率，近红外波段条锈病病害的冠层反射率低于正常生长的冬小麦光谱反射率；条锈病冬小麦冠层光谱红谷吸收深度和绿峰的反射峰高度都会减小。

中国农业大学和中国农科院植保所采用 GIS 和地理统计学对我国小麦锈病和小麦白粉病的大尺度空间分布进行了研究，明确小麦条锈病的越夏和越冬区范围，为该病害的越夏区治理提供了依据。筛选出基于大气环流特征量的影响小麦白粉病发生流行的关键因子及其时段，研制出小麦白粉病长期预测模型，实现了月、季尺度的动态预测预报，外延预报准确率在 85%以上。揭示了小麦白粉病等病害暴发成灾与气象环境的关系。

8. 外来入侵植物病害研究

近年来中国农科院植保所、南京农业大学、中国农业大学、浙江大学、中国林科院森保所、北京林业大学、国家质量监督检验检疫总局等众多单位，利用分子标记技术，开展了松材线虫、大豆疫霉病菌、小麦矮腥黑穗病菌、梨火疫病菌等的遗传多样性、种群遗传分化与分子生态适应机制研究，初步完成了小麦矮腥黑穗菌、梨火疫病菌等潜在危险入侵植物病原物的快速检测的特异性引物设计和序列分析，制备出小麦矮腥黑穗病菌种的特异性 SCAR 标记，完成了大豆疫霉菌的快速分子检测技术；筛选了大豆疫霉菌与寄主识别和侵染相关的基因，分离了疫霉菌决定寄主识别的蛋白因子。

中国农科院植保所、国家质量监督检验检疫总局和中国农业大学采用 GIS 与植病模型或气候相似距相结合的方法，对我国重大检疫对象小麦矮腥黑穗病（TCK）在我国适生性和定殖风险进行了分析研究，为我国制定安全的植物检疫措施和保障中国的小麦生产安全提供了科学依据。

六、发展趋势

20 世纪 90 年代以来,随着生命科学、生物技术、信息技术、系统工程技术等高新技术在农业昆虫和植物病害研究中的拓展应用,以及农作物有害生物可持续控制策略的发展,国内外加强了对农业病虫害的基础理论和基础科学研究,这是推动农业害虫和植物病害高新技术创新的重要源泉。

(一)加强研究重大农业病虫害暴发成灾的内在机制和灾变规律

加强重大农业病虫害暴发成灾的内在机制和灾变规律研究,揭示重大病虫害暴发成灾的生理生态和行为机制;研究害虫群体结构变化与生态条件及生物多样性之间的关系,阐明病虫害灾变的环境作用及生态学机制,探索可持续控制的理论基础。

(二)加强研究植物害虫迁飞与滞育、种型分化的调控机理

研究害虫对环境条件的适应与调节机制、广食性害虫的营养代谢机制、不同取食方式的致害机理;研究害虫抗药性形成的分子机制,解析害虫种群内稳定机理及其再猖獗的诱导因子。

(三)加强研究转基因抗病虫植物的抗性表达及风险评价

将转基因产品与有害生物综合防治方案和作物管理规划结合在一起,延缓或阻止害虫对转基因植物的抗性发展,探索诱导与调控植物增强抗虫能力的新途径。

(四)开展有益生物控害机理及其应用基础研究

主要包括:有益生防资源筛选模型与鉴别评价;寄主植物、有害生物、天敌三者之间的化学信息联系、信息化合物的提取和利用;天敌昆虫品质改良、有益微生物和基因重组微生物的遗传改良;环境因子、生物因子及化学农药对有益生物控害效果的影响作用。

(五)植物病原菌生理小种变异的分子机理及快速分子诊断和侦测技术

病原物的生理小种是由病菌所含无毒基因或寄主特异毒素产生基因所决定的。了解病原物群体中小种的组成与频率及其时空分布是抗病品种的培育、利用与布局以及病害发生和流行的预测的关键。深入解析病原物不同无毒基因(或寄主特异性毒素产生基因)的结构与性质,并在此基础上掌握毒性小种在这些基因位点上的遗传多样性,建立病原物小种的快速鉴定方法。以植物免疫技术和 DNA 为基础的分子检测和监测技术也将成为植物病害检测和侦测的重要手段。

(六)加强植物抗病的分子机制研究

作物抗病性利用是我国控制农作物病害的主要手段,对植物抗病的分子机制的研究是我国植物病理学研究的新兴和热门领域,预计未来抗病基因产物空间结构与病原物识

别机制、寄主特异抗病过程中的信号传递途径与信号网络、防卫反应的分子组成与防卫基因的功能、寄主非特异抗病过程中的信号分子与受体性质、寄主非特异抗病性反应的分子组成等方面的研究必将得到很大发展。

(七)植物病原物侵染诱导性植物基因启动子的分离、调控元件解析与改良

一般来讲,植物抗病的策略是首先通过抗病基因识别对应病原物小种,然后启动总体抗病机制,并通过牺牲局部组织、器官甚至是个体来保护整体的健康。因此,组成性或系统性表达某一或某些抗病关键基因对植物是有害的。为此,要通过基因工程途径培育抗病作物品种,分离病原菌侵染或化学物质诱导型基因启动子是必不可少的。

我国在基因启动子方面的研究起步较晚,从获取知识产权的启动子发明专利看,国外在我国申请的启动子专利较多,与此相比,我国在国外获得发明专利就很少。针对水稻、小麦、玉米、大豆、棉花和油菜等作物,分离其主要病原(真菌、线虫、细菌、病毒)侵染部位诱导性表达的基因启动子,解析其中病原响应元件,并进行标记以期为抗病基因工程提供关键部件是我国植物病理学研究发展的重要趋势。

(八)利用生物技术培育植物抗病虫品种

在作物抗病虫育种中,应用生物技术,创造群体新的遗传变异,并通过选择、培养获得新的抗病虫材料或新抗源是完全可行的。利用与抗病虫基因紧密连锁的分子标记进行抗病虫育种的辅助选择,可大大提高育种选择效率,缩短育种周期。特别是在多个抗病基因的聚合选育及转移利用远缘抗病基因和数量抗病基因方面具有很大的应用前景。目前,在10多种作物数十种病害系统中,均发现了与抗病基因共分离或紧密连锁的分子标记,在水稻抗稻瘟病育种中得以成功地应用。植物基因工程是近几年发展起来的一项分子生物学技术。利用基因工程技术可将不同来源的抗病基因通过各种方法转移到植物中,并使其表达,获得转基因抗病工程植物。目前有关研究已取得了可喜的进展。如将病毒的外壳蛋白基因转移到烟草、番茄乃至小麦等多种作物上,成功地获得了转基因抗病毒病植株;将水稻抗菌肽基因导入水稻品种中获得了抗白叶枯病和细菌性条斑病的水稻植株;将海岛棉DNA导入陆地棉,获得了既抗枯萎病又抗黄萎病的棉花品种3118号,并已在生产上推广应用。

(九)生防微生物的遗传改良

利用有益微生物来防治植物病害已有很长的历史。由于微生物种类多、繁衍快,遗传背景相对比较简单,这为利用生物技术进行遗传改良提供了便利的条件和巨大的潜力。人们可利用遗传工程技术对生防微生物进行遗传改良和改造,以提高其防病效果。近年来,国际上有关研究十分活跃,并先于抗病基因工程植物进入了实用化阶段。如1992年澳大利亚对防治桃树冠瘿病的生防细菌K4进行缺失处理,构建了工程菌K1026,不但显著地提高了防病效果,而且药效稳定、持效期长,成为第一个商品化的遗传工程微生物杀菌剂,在澳、美、日等国销售。我国通过转座子诱变技

术对荧光假单胞菌进行遗传改造,获得了对小麦全蚀病有较好防效的工程菌杀菌剂"荧光93"。

通过对国内外农业昆虫学和植物病理学发展趋势以及国内存在问题的分析,作者认为今后需对以下重点领域加强研究:重要病虫害致害成灾机制和生态学机理研究;植物对病虫害的防卫反应机制及其利用研究;农业抗病虫转基因作物安全性研究;外来生物入侵机制和控制基础研究。

参考文献

[1] 中国植物保护学会.作物卫士.山东:山东画报出版社,2001.

[2] 胡跃高主编.20世纪中国农业科学进展.山东:山东教育出版社,2004.

[3] 马建文.东亚飞蝗灾害遥感监测机理与方法.北京:科学出版社,2004.

[4] 程登发,封洪强,吴孔明.扫描昆虫雷达与昆虫迁飞监测.北京:科学出版社,2005.

[5] 中国植物病理学会.2004年植物病原物生物与病害流行学研究进展.学科发展蓝皮书2005卷284-289.北京:中国农业科技出版社,2004.

[6] Smant, G., Stokkermans, J. P., Yan, Y., de Boer, J. M., Baum, T. J., Wang, X., Hussey, R. S., Gommers, F. J., Henrissat, B., Davis, E. L., Helder, J., Schots, A., and Bakker, J. Endogenous cellulases in animals: isolation of β-1,4-endoglucanase genes from two species of plant-parasitic cyst nematodes. Proc. Natl. Acad. Sci. U. S. A. 1998, 95: 4906-4911.

[7] Huang, G., Gao, B., Maier, T., Allen, R., Davis, E. L., Baum, T. J., Hussey, R., A profile of putative parasitism genes expressed in the esophageal gland cells of the root-knot nematode Meloidogyne incognita. Mol. Plant-Microb. Interact. 2003, 16, 376-381.

[8] 曾士迈.品种布局防治小麦条锈病的模拟研究.植物病理学报,2004 34(3):261-271.

[9] 彭友良主编.中国植物病理学会2006年学术年会论文集.北京:中国农业科技出版社,2006,74-81.

[10] 彭德良,郑经武,廖金铃,万方浩.重要植物线虫致病相关基因研究进展.中国植物病理学会2006年学术年会论文集.北京:中国农业科技出版社,2006,221-230.

[11] 张永红,郑文明,康振生,等.小麦条锈菌cDNA文库构建和表达序列标签(ESTs)分析.中国植物病理学会2006年学术年会论文集.北京:中国农业科技出版社,2006,69.

[12] Long, H., Wang, X., Xu, J. H., and Y. J. Hu. 2006. Isolation and characterization of another cDNA encoding a chorismate mutase from the phytoparasitic nematode Meloidogyne arenaria. Experimental Parasitology 113 (2006) 106-111.

撰稿人:倪汉祥　雷仲仁　彭德良

农业微生物学学科发展

一、引言

21世纪我国面临着人口、资源和环境等一系列问题的严峻挑战。大力加强农业微生物学研究及产业化，是实现我国农业和环境可持续发展的有力保障。

农业微生物资源不仅是农业技术创新的源泉，也是解决农业生态环境恶化、资源和能源短缺等重大问题的战略资源。当前，围绕农业微生物基因资源和新型微生物制剂开发的国际竞争日趋激烈。进入21世纪，借助免培养和生态基因组技术，从极端环境和特殊生境分离特殊功能的新基因实现了大规模和高通量的技术革命，获得了一系列与杀虫、抗病、抗逆、农药降解等特性具有显著优势的新菌株和新基因。随着多种重要农业微生物基因组测序完成，一系列农业重大科学研究命题如生物防治、生物固氮和生物降解等进入在基因组平台上开展功能基因表达和网络调节研究的新阶段，孕育着一系列重大的理论和技术突破。

预计未来10～15年，生物技术药物和疫苗、转基因农作物和农业重组微生物等领域的成果将会形成一定的产业规模，孕育出新的经济增长点。饲料用酶市场发展迅速、前景广阔，相关研究吸引了众多研究机构和公司涉足。2005年饲料用酶的市场值达到了4.5亿美元，预计2010年将达到8亿～10亿美元。以Bt制剂、农用抗生素和病毒杀虫剂为龙头产品的生物农药虽已在农业生产中广泛应用，但市场份额仅占化学农药的1/7，应用面积不足病虫防治总面积的15%，发展空间很大。我国农药残留问题比较突出，农药残留及其他污染治理用微生物制剂的产业化发展对于保证食品安全、减少环境污染、提高我国农产品的国际竞争能力极为重要，市场潜力巨大。

农业微生物学研究和应用在进入WTO后迎来前所未有的历史机遇和技术挑战，产业发展前景十分广阔。目前，中国是世界上农业重组微生物环境释放面积最大、种类最多、研究范围最广的国家，备受世界关注。但是，我国农业整体科技水平和生产力水平远远落后于发达国家。我国人均资源量少，土地沙化、水土流失和环境污染等问题相当突出。同时，相关基础研究薄弱，源头创新的产品少，新兴产业规模仍较小，产业化工艺水平低，缺乏与世界农业微生物高科技跨国公司抗衡的能力。产业结构和政策还需进一步调整。在我国加入WTO后，这些问题将更为突出和尖锐，我们必须采取措施加以应对，迎接挑战。

二、概述

微生物主要包括病毒、细菌、古菌、真菌、原生动物和单细胞藻类，与动植物相比，起源更早、分布广、生长快、易突变、物种更丰富和适应性更强，蕴含极其丰富的资源。微生物与人类的关系密切,在我们日常生活中的许多重要产品的生产中,微生物所起的作用不可替代,如面包、啤酒、白酒、酸奶、抗生素、维生素和疫苗等。微生物还是地球的清洁工,参与多种废弃物的降解,在地球上的物质循环中作用举足轻重。微生物还是一把锋利的双刃剑,在给人类带来巨大利益的同时,也带来残酷的破坏,人类、动植物的多种病害都是由微生物引起的。因此,微生物研究关系到人类的生活和生存。

微生物学(Microbiology)是研究微生物及其生命活动规律和应用的科学。研究内容涉及微生物的形态结构、分类鉴定、生理生化、生长繁殖、遗传变异、生态,以及微生物之间、微生物与生物之间的相互关系,微生物在农业、工业、环境保护、医药等方面的应用。农业微生物学(Agricultural Microbiology)是微生物学的一个分支学科,它主要是研究微生物在农业上的应用和与之相关的理论探索。与农业微生物学相关的应用微生物学分支学科包括土壤微生物学、食品微生物学、植物病理学、兽医微生物学、发酵微生物学以及基础微生物学科中的微生物分类学、微生物生理学、微生物遗传学、微生物生态学及分子微生物学等学科。农业微生物学的主要应用领域是微生物饲料、微生物农药、微生物肥料、微生物食品、微生物能源和微生物生态环境保护等方面,近几年来,国内外在这些领域的研究和应用都取得了一定的进展。

三、农业微生物学发展历史回顾

直到1676年荷兰人列文虎克(Anthony van Leeuwenhock)首次用显微镜观察到细菌之前,人们虽然在漫长的岁月中不自觉地与微生物频繁地打交道,并凭经验在实践中开展了多种利用有益微生物和防治有害微生物的活动,但是并不知道有微生物的存在。从列文虎克观察到细菌细胞起,直到19世纪中叶近200年中,人们对微生物的研究仅停留在形态描述的低水平上,而对它们的生理活动及其对人类健康和生产实践的重要关系却没有认识。

从1861年到19世纪90年代,是微生物学的创建时期。在此期间,以巴斯德和科赫(Robert Koch)为代表的微生物学家们建立了分离接种和纯培养等一系列独特的微生物学研究方法和技术,并由此开创了寻找病原微生物的黄金时期,把微生物学的研究从形态描述推进到生理学研究的新水平,并开始有组织、有目的、较系统的研究各种微生物学问题,尤其是与人类和家畜健康、植物病害防治和食品酿造有关的应用性课题。在这个时期,微生物的许多分支学科逐步形成,例如细菌学、免疫学、土壤微生物学、病毒学、植物病理学、真菌学、酿造学、外科消毒术和化学治疗法等。

从1897年德国化学家布希纳(E. Buchner)用无细胞酵母菌榨汁中“酒化酶”对葡萄糖进行酒精发酵成功起,开创了微生物生化研究的新时代。在此期间,应用微生物学领域中出现了工业微生物学等分支学科。同时,综合性的、以研究微生物生命活动规律为基本体系和主要内容的普通微生物学处于孕育阶段,各相关学科的理论和研究技术的相互渗透与相互促进,也加速了微生物学的发展。

20世纪40年代初,真菌学、细菌学、病毒学、工业微生物学、土壤微生物学、植物病理学、医学微生物学及免疫学等分支学科开始后迅速发展。几乎与此同时,微生物的一系列生命活动规律的综合研究也积累了较丰富的资料。大量遗传学研究表明,微生物尤其是细菌在遗传变异本质上与高等动植物有着高度的一致性,科学家开始利用微生物做材料研究生命现象的普遍规律。50年代有关DNA结构双螺旋模型的提出,使微生物学和整个生命科学都跨入了分子生物学研究的新时期。微生物学一跃成为生命科学领域内一门发展最快、影响最大、体现生命科学发展主流的前沿基础学科,它与生物化学和遗传学相融合后,产生了当代生物学的前沿——分子生物学。微生物作为研究生命现象最简单的模式,成了现代分子生物学研究中最频繁选用的实验材料。在应用研究方面,逐步朝着人为有效控制的方面深入发展。以基因工程为核心的生物技术能够迅速实现遗传物质在不同生物种属甚至物种之间的转移,因而成为农业微生物遗传改良的主要手段。

自从1995年采用全基因组随机测序法将流感嗜血杆菌(Haemophilus influenzae)的全基因组序列完成以来,截至2006年底,已有430种微生物的全基因组测序完成。微生物基因组学、蛋白组学、代谢组学和系统生物学等新兴学科迅速发展起来,微生物学的发展进入了一个崭新的阶段。成为人类解决人口剧增、耕地锐减、资源枯竭和环境恶化等重大社会、经济问题,实现社会可持续发展的重要手段。

我国认识和利用微生物历史最为悠久。酒、酱油、醋等微生物饮料和调味品的制作,豆科植物与非豆科植物的轮作间作,种痘预防天花等方面都有卓越的实践与记载。但微生物作为一门科学进行研究,我国起步较晚,20世纪初开始从事微生物学研究,在新中国成立之前,我国微生物学的力量较弱且分散。新中国成立以后,微生物学在我国有了划时代的发展。现代化的发酵工业、抗生素工业、生物农药和菌肥工作已经形成一定的规模,特别是改革开放以来,我国微生物学无论在应用和基础理论研究方面都取得了重要成果。近年来,我国学者瞄准世界微生物学科发展前沿,进行微生物基因组学的研究,目前取得可喜进展。我国微生物学进入了一个全面发展的新时期。但从总体来说,我国的微生物学发展水平除个别领域或研究课题达到国际先进水平,为国外同行承认外,绝大多数领域与国外先进水平相比,尚有相当大的差距。因此,如何发挥我国传统应用微生物技术的优势,紧跟国际发展前沿,赶超世界先进水平,还需做出艰苦的努力。

四、农业微生物学研究现状与进展

(一)农业微生物学研究正孕育着一系列重大的理论和技术突破

当前,围绕农业微生物基因资源和新型微生物制剂开发的国际竞争已处于白热化阶段,当今世界各国纷纷把发展生物技术特别是微生物技术及其产业作为提高本国科技和经济竞争力的重要手段,以期在未来的激烈竞争中抢占先机。不仅像美国、日本和欧洲等发达国家和一些跨国公司,甚至连印度、巴西等发展中国家也斥巨资组建研究机构或实验室,不遗余力地在新基因挖掘、新型微生物能源或材料等方面寻求技术突破。日本农林渔业部2003年与生物技术相关的预算经费为229亿日元,其中22日亿元投入在生物安全和生态循环研究上。美国国家科学基金在分子和细胞生物学领域于2002～2003年投入了2亿美元,基于基因组的复杂微生物体系的研究是其三个主要研究计划之一,并斥资

4 000万美元在美国各地建立 10 个微生物生态观察站。作为发展中国家的印度,近 5 年内对生物农药和生物肥料的投入分别将增加 8 亿和 2 亿卢比,着重发展生物防治制剂和根瘤菌剂。10 年的时间内构建一种超级固氮细菌,能减少水稻 50%的氮肥用量。

由于石油、天然气等不可再生的天然资源逐年减少并将最终枯竭,各国政府均投巨资开发生物新能源和新材料。日本通产省已启动一项名为"新阳光工程"的新能源研究计划,主要研究植物生物量的高效转化利用。美国能源部 2001 年启动了"生物量研究和开发—生物量转化成燃料和化合物的创新或跨学科技术"计划,主要研究内容包括生物量预处理基础研究、生物量转化成糖的技术和糖发酵微生物菌株的开发等。近年来,美国能源部每年投入再生能源的研究和开发的预算经费高达 12 亿美元,2004 年投入近 3 亿美元用于再生氢能源的研究与开发。

海洋是生命的起源地,不仅占地球表面积的 71%,而且包含着地球上 80%的生物资源。海洋环境的多样性和特殊性,如存在的高盐、高压、低温、低营养或无光照等特殊极端生态环境,共同造就了海洋生物种类的多样性和特殊性,其中海洋微生物种类就多达 100 万种以上,而目前所研究和鉴别过的海洋微生物还占不到海洋微生物总量的 5%,其中日本近年来的大量研究发现约 27%的海洋微生物具有抗菌活性。因此,海洋微生物普遍具备耐盐、液化琼脂能力的同时还具有独特的代谢途径和遗传背景,产生出不同结构和功能的天然活性物质,所以海洋成为寻找特定目的海洋微生物及其活性物质的丰富资源,也为微生物工业化生产开辟了一条崭新道路。海洋微生物作为产物资源的研究不仅比陆生微生物晚 50 年左右,而且晚于大多数海洋大生物。但有些海洋微生物已表现出很强、很特别的生物合成能力。正因为如此,近几年来本领域的研究热度迅速上升,势头和潜力不可低估,已列入 21 世纪世界各国的发展战略。海洋微生物资源也正受到空前的关注。

进入 21 世纪后,借助免培养和生态基因组技术,从极端环境和特殊生物环境分离特殊功能的新基因实现了大规模和高通量的技术革命,已获得了一系列与杀虫、抗病、抗逆、抗辐射、农药降解等相关特性具有显著优势的新菌株和新基因。随着十字花科植物重要病原微生物黄单胞菌野油菜致病变种、共生固氮微生物模式菌中华苜蓿根瘤菌、生物降解微生物模式菌恶臭假单胞菌和燃料酒精细菌运动发酵单胞菌等重要微生物基因组的完成,一系列与农业生产和环境保护密切相关的重大科学研究命题如生物防治、生物固氮和生物降解等进入一个在基因组平台上开展功能基因表达和网络调节研究的新阶段,正孕育着一系列重大的理论和技术突破。

(二)进入 21 世纪后的农业微生物产业蕴藏着巨大的市场潜力

2001 年 1 月达沃斯世界经济论坛将生物技术革命、经济全球化、电子贸易和环境保护列为 21 世纪初人类面临的四大机遇和挑战。预计在未来 10～15 年内,生物技术药物和疫苗、转基因农作物和农业重组微生物等领域的成果将会形成一定的产业规模,孕育出新的经济增长点。

饲料用酶市场迅速扩大的趋势和广阔前景,吸引了世界上主要从事工业酶研究和生产的丹麦 Novozymes 公司、德国 BASF 公司、美国 Genecor 公司,以及一些国际巨型农业化学公司如瑞士 Novartis 公司和美国 Du Pont 公司等。目前饲料用酶已成为世界工业酶产业中增长速度最快、势头最强劲的一部分，2005年饲料用酶的市场值达到了4.5亿美元，近5年的年增长率达到11%，远远高于别的酶种，预计到2010年，饲料用酶的市场值将达到8亿～10亿美元。

我国现有耕地的78%属中低产田，我国目前荒漠化土地面积已达262.2万km^2，遭受“三废”污染的农田面积达10万km^2。在中低产耕地改良和土壤退化治理中，微生物肥料大有用武之地，是其他任何技术所无法替代的；我国各类蔬菜种植面积已达1.65亿亩，科技含量高的设施蔬菜已发展到1 500万亩，年产量超过3亿t。在我国蔬菜生产从传统方式向绿色产业过渡中，微生物肥料必须替代化学肥料，以降低生产成本，提高产量和品质，改善和保护农业生态环境。

以Bt制剂、农用抗生素和病毒杀虫剂为龙头产品的生物农药已广泛应用在农业生产中。苏云金杆菌商品制剂目前已达100多种，是世界上产量最大，应用最广的微生物杀虫剂。我国Bt制剂的生产厂家达60多家，年产量达2万～3万t，在20多个省市用于防治粮、棉、果、蔬、林等作物上的20多种害虫，使用面积达300万hm^2以上，已进入市场的微生物农药总产量(以成药计)约10万t，相当于化学农药的1/7，应用面积仅占病虫防治总面积的10%～15%，若2010年达到50%，则可创造数十亿元的年产值。

西方各国政府为了缓解21世纪人口、资源与环境之间日益突出的矛盾，在20世纪末纷纷制定了各自的海洋生物开发计划，凭借其技术和资金的优势，投入了大量的经费，为大规模开发利用海洋生物资源做了充分的人才和技术储备。日本是一个资源贫乏的国家，因而尤其注重海洋资源的开发和利用，政府每年投入1亿美元左右，企业投资更多，每年2.8亿～4.0亿美元，并在1992年提出了从海洋微生物中寻找具有特殊性质蛋白质的基因并将其产业化的计划，比如“深海之星”(Deep-Star)计划实施以来，利用深海潜水器获得了丰富多样的海洋极端微生物，在海洋极端酶和新药方面取得了非凡的成就。耗资50亿日元进行为期5年深海极端微生物的研究，现在每年仍维持300万美元的资助，从深海中获得了1000多株嗜压、嗜冷、嗜热、嗜碱及耐有机溶剂的多类型的极端微生物，最引人注目的则是耐有机溶剂菌，可耐受的溶剂浓度达50%。这些极端微生物在新酶、新药开发及环境整治等方面的应用潜力极大。美国国家科学基金委员会1998年优先资助海洋极端微生物的研究，经费达3500万美元。欧洲是开展极端微生物研究较早的地区，英国、德国、西班牙等国家工作突出。他们主要研究极端微生物生命机理的分子基础及新酶、新产物的开发。1999年欧盟在第四框架计划中启动一个耗资1200万美元的计划——“极端细胞工厂”(Extremophiles as Cell Factory)，探索海洋极端微生物在不同工业中的可能用途。

据联合国环境规划署报道，世界上种植的各种谷物每年可提供秸秆17亿t，其中被利用的秸秆等农林废弃物不足2%。我国具有极为丰富的生物质资源，如现在每年的各类农作物秸秆量达7亿多t(其中稻草2.3亿t，玉米秆2.2亿t，豆类和秋杂粮作物秸秆1.0亿t)，相当于2亿多t标准煤，还有林产加工废料约为3000万t，甘蔗渣约有1000万t。然而在我国对秸秆的处理大部分是直接燃烧、还田，极少部分用于饲料、沼气和工业生产原料，这不仅造成巨大资源浪费，同时也带来严重的环境污染。因此，把数量巨大的农业废弃物特别是农作物秸秆加以充分开发利用，无疑是解决人类面临粮食短缺，能源紧张和环境污染世界三大难题的一种有效途径,并蕴藏着巨大的市场潜力。

我国农药残留问题比较突出,农药的利用率只有 10%~20%,我国陆地近 1/4 的表层土壤受到多种有毒污染物的污染。全国大约 10%的粮食、24%的农畜产品和 48%的蔬菜存在质量安全问题。近两年来,欧盟对茶叶农药残留限量的规定项目不断增多,限值大幅降低,严重阻碍了我国茶叶对欧洲的出口。农药残留及其他污染治理用生物制剂产业化的发展对于带动该产业链群的研发,保证食品安全、减少环境污染、提高我国农产品的国际竞争能力,建立良好的生态环境均具有重要的意义。

(三)我国农业微生物学研究及其产业迎来前所未有的历史机遇和技术挑战

改革开放 20 多年来,我国农业取得了举世瞩目的成就。农产品实现了从长期短缺到供求基本平衡、丰年有余的历史性转变,全国农村总体上进入由温饱向小康迈进、从传统农业向现代农业跨越的新阶段。特别是进入 WTO 以后我国农业还面对日趋激烈的国际竞争,农业微生物学研究和应用在新世纪之初迎来一个前所未有的历史机遇和技术挑战,产业发展前景十分广阔。目前,中国是世界上农业重组微生物环境释放面积最大、种类最多和研究范围最广的国家,所取得的成就已受到各国科学家的广泛关注和高度重视。在我国境内申报并通过农业生物基因工程安全委员会批准的农业重组微生物在 50 例以上,其中,由中国农业科学院原子能利用研究所研制的转 ntrC-nifA 基因斯氏假单胞菌 AC1541、中国农业科学院饲料研究所研制的高效表达植酸酶的重组毕赤酵母、中国农业科学院的家蚕杆状病毒生物反应器生产基因工程植酸酶、中国科学院武汉病毒所研制的重组棉铃虫核型多角体病毒杀虫剂和华中农业大学研制的延缓害虫对苏云金芽孢杆菌产生抗性的高产广谱工程菌 BMB820Bt,均已通过农业部农业生物基因工程安全委员会审批进入安全性评价的商品化生产阶段。

但另一方面,我国农业整体科技水平和生产力水平与发达国家之间还有相当大的差距,面临着日益严峻的技术挑战。我国人均资源量少,生态环境脆弱,尤其是土地沙化、水土流失和环境污染等问题相当突出。我国农产品质量差、生产成本高,国际竞争力弱。我国从事农业微生物学研究和开发的企业规模小,力量分散,缺乏与世界农业生物高科技跨国公司抗衡的能力。源头创新的产品和候选产品少,对相关基础研究重视不够,新兴产业规模仍较小,产业化工艺水平低,产业结构和政策还需进一步调整。在我国加入 WTO 后,这些问题和困难将更为突出和尖锐,我们必须采取措施加以应对。如不及时认清形势,集合力量,迎头赶上,我们与发达国家之间的差距还会进一步拉大,更无法实现传统农业向现代农业的跨越。

五、农业微生物学科发展重点方向

(一)生物防治用微生物

20 世纪下半叶后生物技术的兴起和发展不断给传统的植物保护学科注入新的活力,其中引人注目的成就之一是一大批杀虫防病基因的克隆以及新型工程菌剂、新型农用抗生素或蛋白质分子新农药的研制应用。由于生防微生物的遗传背景、基因表达调控比高等生物简单，其分子克隆、遗传操作相对而言比较容易，加上微生物在种类、产物、特性和功能方面的多样性，这一切都为运用遗传工程技术进行生物防治用微生物及其基因资源开发和遗传改良创造了有利条件，原来自然菌株在毒力、寄主范围与持效性方面的种种不足有可能得到克服，或活性产物的毒力及产量得以大幅度提高。随着微生物功能基因组学的进一步发展，将会建立高通量、大规模、自动化研究微生物功能基因的技术平台，并从整个水平上揭示杀虫防病的分子机制。

近10年来国外先后有苏云金芽孢杆菌(Bt)、荧光假单胞菌、放射土壤杆菌等10余种微生物工程菌剂获准生产和销售，这些产品分别在产品持效期、毒力、杀虫谱等菌株特性方面获得了极大提高。因此，进一步开展生防微生物功能基因组的研究将会有力推动新一代高效基因工程微生物农药和其他新型微生物农药的开发，使生物防治在保证农作物优质高产，保护生态环境中发挥更大的效益。

(二)环保微生物

中国是世界上微生物资源最为丰富的国家之一，将这一资源优势与飞速发展的现代分子生物学的技术优势相结合，传统微生物与现代分子生物学的研究方法与技术手段相结合，是当前环保微生物研究的新动向与新趋势，也是本研究方向的一大特色。环保微生物种类繁多，生物多样性丰富，其研究既涉及如生物固氮、纤维素生物降解和农药降解等这样的重大基础科学问题的探索，同时也包括如燃料酒精、生物氢这样具有重大应用潜力的新技术和新产品研发。特别是近年来，由于生物芯片、基因组学和蛋白组学等现代分子生物学的广泛应用，极大地推动了环保微生物分子生物学和基因工程研究的深入发展，并成为微生物学领域最为活跃、发展最快的一个研究方向，如某些具有特殊用途、特殊功能的新基因的分离鉴定，是目前全球生物技术产业知识产权竞争的焦点，同时也是抢占环保产业发展制高点的技术关键。保护生态环境和农业可持续发展，已成为21世纪人类面临的两大中心问题，开展固氮微生物、牛瘤胃生物降解微生物及农药降解微生物等重要功能基因的分离鉴定和表达调控研究，建立和完善相关新技术、新工艺，并应用于农业生态环境保护、农业资源可持续利用以及传统发酵工艺特别是农产品加工工艺的改造之中，将为解决人类社会所面临的诸如人口和食物、能源和资源、环境与健康等重大问题发挥越来越重要的技术支撑作用。

(三)食品和饲料微生物

应用基因工程现代分子生物学等技术，挖掘食品和饲料微生物及基因资源，开发新型、优良的食品和饲料微生物及产品，建立食品和饲料重组微生物发酵生产的新工艺体系，迅速实现产业化生产，创造良好的社会、生态效益和经济效益。主要研究内容为：①食品和饲料用微生物相关基因资源的前期开发研究。②生物活性饲料添加剂的分子生物学和基因工程研究开发。③食品和饲料微生物、重组微生物及产品的发酵工程及应有技术研究。涉及多种微生物重组生物反应器的构建以及利用重组微生物发酵生产多种酶制剂和添加剂，如植酸酶、乳糖酶、木聚糖酶、生物素及肉毒碱等。

基因工程等高新技术在食品和饲料工业上的应用目前国内外都还刚刚起步,但却具有极其广阔的前景,能创造巨大的经济效益和社会效益,国外数十家生物技术研究机构和公司在 20 世纪 90 年代后期陆续开展这一领域的研究。在国内,利用生物技术研究食品和饲料添加剂是近几年才开始,虽然研究并没有完全展开,但在个别生物活性添加剂的研究上取得了较大突破,如“863”在“九五”计划中首次资助了饲料用酶——植酸酶的研究,目前植酸酶的研究和生产已达到了国际领先水平。我国食品和饲料微生物制剂的研究开发还未能全面展开,总体水平与国外比较还有一定的差距,但由于它在国内外都还是一个新兴领域,因此只要我们现在抓住机遇、迎接挑战,就有望在短时间内步入国际水平,并得到一批有我国自主知识产权的新技术、新成果。

六、农业微生物学科的发展趋势

21 世纪我国面临着人口、资源和环境等一系列问题的严峻挑战。大力加强农业微生物学研究及产业化,是保持我国农业和环境可持续发展,促进传统产业改造和产业提升的重要技术手段。

(一)从传统培养和生态学方法转向采用免培养结合分子生态学方法,从单一的和纯化的菌株转向在群落水平或生态基因组层面进行系统性和大规模的新基因开发,是当前农业微生物资源利用发展的一大趋势

环境微生物是自然界中群体数目最庞大、种属类群最繁多、基因资源最丰富和应用范围最广泛的一类生物,在极端环境包括极端污染环境中,能发现唯一的生命形式是微生物。但长期以来对环境微生物的研究仅局限在占其总量约 1%的可培养微生物上,而对其余 99%的难培养微生物包括具有特殊研究和应用意义的特殊环境如极端胁迫环境和极端污辱环境微生物仍知之甚少,这是目前地球上生物基因资源中唯一一块尚未开垦的处女地。近年来,随着免培养技术、PCR 技术、基因组技术和 DNA 芯片技术渗透与进步,可以不经过培养直接从土壤中分离群落水平的 DNA 样品并建立一系列典型极端环境微生物的生态基因组库,通过高通量筛选平台(国外同类研究中的筛选效率已经达到 108—9 克隆/d)进行系统性和大规模的新基因开发。

微生物基因组研究是目前生物基因组研究最前列、最活跃的领域。截至 2006 年底,我国已经公开发表 430 种重要微生物基因组全序列,还有 740 种部分完成和正在研究之中,与农业密切相关的重要微生物特别是作物病原微生物基因组研究成为下一步研究的重点。古细菌甲烷球菌基因组全序列的完成,不仅证明生物进化的三原界学说,而且其基因组中所包含的 56%功能未知的编码区对于开发新的基因资源有重要意义。随着共生固氮菌中华苜蓿根瘤菌和农业重要病原菌甘蓝黄单胞菌全基因组序列的完成,为根瘤菌—豆科植物共生固氮作用的广泛应用和病原微生物制病机理的揭示及治理提供新的科学依据。

农业微生物具有许多优良性状如抗虫、抗病、抗除草剂或耐盐、耐酸碱或耐高低温等

抗逆特性等。当前,欧美等发达国家投巨资开展微生物功能基因组研究,为的就是争夺新基因的专利拥有权。抗虫、抗病、抗除草剂和抗逆等新基因资源的开发利用已成为全球性基因所有权争夺的焦点。以抗除草剂基因为例,美国孟山都公司为追求最大经济利润,在投巨资开展抗草甘膦 EPSP 合成酶编码基因研究和开发同时,申请并获得了数十项基因保护的国际专利,企图完全垄断全球抗草甘膦作物市场。在国家转基因植物研究与产业化专项的支持下,我国科学家采用免培养等分子生物学技术,从草甘膦极端污染的土壤中分离克隆了 6 个结构新颖、功能明确的新型高抗草甘膦 EPSP 合成酶编码基因,并获得高抗草甘膦转基因烟草、棉花、玉米和油菜等,新型高抗草甘膦基因的获得打破了跨国公司的技术垄断,突破了我国抗草甘膦转基因作物产业化的技术瓶颈。新型杀虫防病功能基因的发掘一直是生物农药研究领域重点,目前国内外从苏云金芽孢杆菌中分离出鳞翅目、双翅目、鞘翅目等类害虫具有杀虫活性的基因已达 350 余种。我国从 1997 年起已自主分离和克隆了 67 种杀虫晶体蛋白基因,占国际同期发现和命名的 Bt 基因总数的 1/4。

(二)从单基因或几个基因的功能研究转向借助模式微生物基因组和功能基因组平台开展微生物代谢网络和基因调控网络的系统研究,是当前农业微生物重要功能基因研究发展中的另一大趋势

农业微生物上述许多重要性状常由一系列基因或基因簇控制,如控制生物固氮作用、由 20 多个基因连锁组成的固氮(nif)基因簇、与纤维素分解有关的基因簇或巨大多烯抗真菌抗生素合成基因簇等,其结构、功能和调控机制十分复杂。因此,对这类重要基因簇的研究必须建立在系统地将其整个 DNA 大片段克隆、定位和核苷酸序列分析的基础之上,采用现代分子生物学和分子生态学的理论和方法,借助模式微生物基因组和功能基因组平台系统研究和揭示基因簇中调节基因与结构基因间、不同代谢途径间及细菌与宿主或环境间的相互关系和相互作用的分子机制。

(三)学科交叉和技术集成应用推动现代农业微生物产业群的形成和壮大,是当前农业微生物产业发展的又一个新趋势

近年来,农业微生物已越来越广泛地应用到农业、环保和食品等产业中,并发挥了越来越重要的技术支持作用。但另一方面,农业微生物学在研究和生产应用中面对越来越复杂的新问题,任何技术上的突破需要多学科的交叉融合,上中下游技术的有机集成。应用微生物学在与现代分子生物学、分子生态学、环境科学、食品科学等学科相互渗透,交叉融合中产生了一系列新的理论和方法。农业微生物技术的理论进步和技术创新,为传统产业特别是传统农业的改造和转型提供不可替代的技术支持,孕育和促进了新的生物技术产业特别是农业高新技术产业的形成和壮大。特殊微生物技术的发展推动了极端酶在新药开发、石油开采、轻化工制品及环境整治等方面应用,利用微生物发酵将淀粉和纤维素等原料转化为燃料酒精成为解决能源及环境压力的最有效的技术途径等,诸如此类的成果使传统工业、农业、能源和材料领域的生产工艺产生了重大变革。可以预料,21 世纪的农业微生物产业将成为我国国民经济中最重要的支柱产业之一,并与动物产业和植物产业形成三足鼎立之势。

微生物农药和肥料等制剂在农业生产中的应用十分广泛,以苏云金杆菌商品制剂为例,目前已达100多种,是世界上产量最大,应用最广的微生物杀虫剂。此外,某些兼具杀虫防病及保持土壤肥力的生态农药已成为当前研究的热点,转基因工程菌剂药效稳定,防治面较广,部分产品已进入市场。欧美等国所研制的微生物农药已在世界各国注册并大面积使用。近年来,我国一批拥有自主知识产权的重组微生物农药、肥料和饲料用酶产品的产业规模在逐步扩大,并将逐步带动一个以保持我国农业和环境可持续发展为共同目标、以新型微生物农药、肥料和饲料为拳头产品的现代农业微生物产业群的形成。可再生微生物材料和能源技术还处于中试研发阶段,将成为重要的后续产品,并最终推动现代农业微生物产业群的发展和壮大。

参考文献

[1] 王贺祥主编.农业微生物学.北京:中国农业大学出版社,2003.

[2] 国家自然科学基金委员会.自然科学学科发展战略调研报告:微生物学.北京:科学出版社,1996.

[3] 梁如玉主编.农业微生物学.中国农业科技出版社,1997.

[4] 中国微生物学会.微生物学在国民经济发展中的地位及其在我国的发展.学科发展与科技进步.北京:中国科学技术出版社,1994,113-123.

[5] 中国微生物学会.处于世纪转承中的微生物学.学科发展蓝皮书(2002卷).北京:中国科学技术出版社,2002,49-53.

[6] 黄大昉主编.农业微生物基因工程.科学出版社,2001.

[7] Kathleen Park Talaro, Foundations in Microbiology, Fifth Edition, The McGraw-Hill companies, Inc. ,2005.

撰稿人:林敏 伍宁丰 李敏

农业分子生物学与生物技术学科发展

一、引言

基因组学、功能基因组学、蛋白组学和生物信息学等生命科学基础研究已成为农业科技创新的源头动力。农业生物学研究形成了以功能基因组学和蛋白组学研究为方向，以多学科交叉为基础，微观与宏观相结合研究体系，探讨农作物的遗传、发育和进化的分子机理将是农业分子生物学基础研究的大趋势。农业基础科学研究进入“分子农业时代”，围绕重要农作物农艺、生产、品质等重要性状表达的遗传、生长发育分子调控机理的研究已全面展开。随着水稻基因组图谱研究取得突破，以植物基因组图谱为基础的农作物重要性状基因的分离和克隆研究正在蓬勃兴起。基因转化已经在水稻、玉米、棉花、马铃薯、油菜、大豆和烟草等主要作物中获得了成功。许多重要生产性状，如抗病、抗虫、抗逆、产量、品质及采后保鲜等都得到了明显改善，大大提高了现代农业的技术含量和技术附加值；我国已拥有基因组学、蛋白组学、生物信息学等研究的关键技术。我国已开展小麦族内的物种之间、禾本科作物之间的比较基因组学研究、等位基因多样性研究和分子设计育种已取得阶段性成果；在水稻、小麦等主要农作物重要性状分子标记及其在育种实践中的应用取得突破性进展，建立了较为完善的分子标记辅助选择育种技术体系；水稻等重要农作物基因组研究进展顺利，继独立完成籼稻全基因组测序和粳稻第 4 号染色体测序后，克隆出抗病、耐盐、抗旱、氮磷高效利用、分蘖、脆秆、茎秆伸长、不定根生长等有潜在应用价值的重要农艺性状基因，为水稻高产、优质、增强抗病、抗逆性提供了重要的数据基础。

基因组学的研究方面，今后的研究重点将关注基因组学中重要的理论和方法学等的基础研究；重点开展主要农作物重要经济性状形成的分子机理和性状分子改良的基础研究；探索外源基因在转基因后代中的表达特征和调控机理；开展分子标记辅助育种相关的基础研究。作物分子设计育种可以大幅度提高育种效率，应该注重重要农艺性状基因/QTL 的高效发掘，开展品种分子设计的基础理论研究和技术平台建设，积极建立核心种质和骨干亲本的遗传信息链接和主要育种性状的 GP 模型。蛋白组学对植物表型的测定有着很强的影响，开展不同作物的器官、组织或细胞器在植物不同生长发育时期、逆境响应、激素应答、植物与微生物互作等过程的蛋白质组学研究，有利于剖析差异蛋白质的功能；开展对不同条件下植物蛋白表达谱的研究，挖掘植物生长发育、逆境应答相关的新蛋白。利用生物化学、细胞生物学和生物信息学手段进行信号网络新组分的鉴定和功能分析，研究组分间的相互作用及其调节机制、通路间的对话机制及生物学意义，开展信息的整合机制和应答方式的系统生物学分析以及环境胁迫条件下信号传递异同的比较研究等。农业生物优异基因资源是作物品种改良的重要战略资源。我国拥有丰富的农业生物种质资源和优异基因资源，是农业可持续发展的基础和潜在优势。加强对这些种质资源的收集、整理和对主要农作物重要经济性状形成的分子遗传机制的研究，对我国栽培品种的改良具有很重要的价值。

二、概述

自20世纪50年代DNA双螺旋结构揭示以来,分子生物学取得了迅速的发展。70年代初,DNA体外重组新技术和淋巴细胞杂交瘤两大新技术的诞生,宣告了现代生物技术的来临。以现代生物技术为基础发展创立的生物技术工程包括基因工程、细胞工程、酶工程、蛋白质工程等,其核心是基因工程。

人类在上千年的发展历程中,一直依赖农业提供食物、衣物和生产原料。随着世界人口的不断增加,有限的土地资源与日益增长的农产品需求之间的矛盾将越来越尖锐。1900年的世界人口为16亿,现在为60亿,预计到2030年将达到100亿,世界粮农组织估计,在现有的土地资源条件下,世界粮食生产必须翻一倍才能满足世界人口增长的需求。生物技术是建立在生物学、遗传学、生理学、生物化学等传统学科基础之上的一门新兴技术,为我们提供了操作动物、植物和微生物的新方法,有利于提高农业生产率。农业生物技术是服务于农业生产,满足人类生活需求的生物技术,根据直接操作的对象,从微观到宏观可分为三个层次:一是分子水平,包括基因工程和蛋白质工程技术;二是细胞和组织水平的基因转化技术、细胞培养工程和组织培养工程技术;三是生物个体水平的植物育种、动物育种和微生物工程等技术。其中,分子水平的基因工程技术和细胞水平的克隆技术是目前最新、发展最快的农业生物技术。

三、回顾

长期以来,基因组学、功能基因组学、蛋白组学和生物信息学是国际竞争的焦点,且生命科学基础研究已成为农业科技创新的源头动力。利用生物技术对生物遗传信息进行操作,在动物、植物、微生物等所有的物种间进行基因的转移和重组,可以创造出新品种,由此动植物育种进入了一个崭新的时期。农业基础科学研究在某些方面进入"分子农业时代",围绕重要农作物农艺、生产、品质等重要性状表达的遗传、生长发育分子调控机理的研究已全面展开。

基因是生物体遗传信息的关键载体,决定着生物体的遗传特征和主要个体差异。基因组学的目标旨在阐明各种生物基因组DNA中碱基对的序列信息,破译相关的遗传信息。2003年完成的人类基因组计划使科学家拥有一张接近完整的人类基因组图谱,之后其他模式生物的基因组作图和测序也陆续完成。对基因和基因组的结构和功能研究,在此基础上形成了的结构基因组学、功能基因组学、比较基因组学、环境基因组学和进化基因组学等分支领域以及更深层次的转录本组学、蛋白质组学、代谢组学和表型组学等新兴领域成为生物学基础研究的发展趋势。随着多种生物基因组序列测定工作的完成,基因组研究的战略重点不可避免地从大规模测序转向重要功能基因的分离、克隆、调控等功能基因组研究,围绕基因功能知识产权的国际竞争日趋激烈。因此,绘制特定细胞和特定组织的基因表达谱,进行cDNA大规模测序和全长克隆,成为获取基因组中功能信息、深入研究基因组表达调控的重要途径。

核酸与蛋白质是构成生物体的主要大分子。蛋白质组学是在特定的时间和空间研究一个完整的生物体(或细胞)所表达的全体蛋白质的特征,包括蛋白质的表达水平,翻译后的修饰,蛋白质与蛋白质相互作用等。

目前基因组学进入功能研究阶段,随着转录体组学、蛋白质组学和其他大规模、高通量、自动化实验方法的相继涌现,对生物信息学提出了更高的要求,使之得到了迅速的发展。目前,生物信息学研究已经成为现代生命科学研究中不可分割的一部分,在生命科学研究的众多领域,包括基因组的组装、基因组注释、比较基因组学、单核苷酸多态性、基因表达分析、蛋白质的结构与功能、药物靶标的发现与功能分析、药物的发现与设计等都发挥着越来越重要的作用。生物信息学是基于人类基因组信息分析的需要而出现的一门与信息科学、数学、计算机科学等交叉的新兴领域。生物信息学和其他学科进一步交叉、融合,发展形成了整合生物学,其主要特征是从分子、细胞、器官到机体和从个体、群体到生态系统的不同层次上生物信息的整合和量化。

由于生物信息学的重要作用和巨大的市场需求,对于生物信息学的重视和大量投入,已经成为各国政府和企业的共识。国际上自 20 世纪 80 年代起相继成立了三大公共生物信息中心并各负责管理一个大型数据库,即美国的 GenBank、欧洲的 EMBL 和日本的 DDBJ。据 Nucleic Acids Research《核酸研究》杂志统计,全世界已有 353 个相关的生物数据库。其中,核酸数据库中序列数总数已近 1 360 万,约含 144 亿碱基;蛋白质序列数据库 SwissProt 中的序列数已达 10 万多个;三维结构数据库 PDB 中已有 17 082 套原子坐标等等。另外,从 20 世纪 90 年代初开始美国排行前 20 名的大型制药厂均对生物信息学加大投入,以期在基因组和后基因组研究方面获得丰厚回报。据《Nature-Biotechnology》杂志预测,到 2005 年生物信息的全球市场价值将达到 400 亿美元。近年来中国生物信息学的蓬勃发展与中国基因组学的发展密不可分。我国在国际水稻基因组计划和其他物种基因组测序等工作中所产生的大量数据对生物信息学的研究提出了迫切的要求,国家南、北方基因组研究中心、华大基因组研究中心、中科院基因组研究中心开发了大量针对基因组数据进行组装、分析、功能注释和数据管理的软件,建立了卓有成效的生物信息学技术支撑体系,对完成千万碱基对的 1% 人类基因组测序、4.6 亿对碱基的水稻基因组以及其他基因组测序任务和相应的功能分析起到了关键的作用。基因组测序中最常用的是全基因组鸟枪法,北京华大基因研究中心进行中国水稻(籼稻)基因组测序与组装即采用这一方法,其中生物信息学起着关键的作用,包括序列数据的存贮、管理、组装都是生物信息学的结晶。

小分子 RNA 是近 10 年来分子生物学领域最突出的发现之一。小分子 RNA 存在的广泛性和多样性,提示小分子 RNA 可能有非常广泛的生物功能,在高级真核生物体内对基因表达的调控作用可能和转录因子一样重要,可能代表新的层次上基因表达的调控方式。目前对具有调节功能的非编码 RNA 分子的结构特征、调控方式以及生物学功能还知之甚少,对它们参与生物学过程的方式和分子机理的认识也刚开始。因此在后基因组时代,利用实验生物学和生物信息学相结合的方法,系统地对各种模型和模式生物中的具有调节功能的非编码 RNA 分子基因进行鉴定和功能研究,将对阐明生命调控的机理具有重要的意义。

四、现状和进展

农业生物技术是以作物为研究对象,采用的主要研究技术为植物转基因技术和分子标记辅助育种技术。植物转基因技术是指通过一定的方法将从动物、植物或微生物中分离到的目的基因转移到植物的基因组中,使之能稳定表达和遗传,从而赋予植物新性状的技术。传统的育种与转基因育种的区别不是目的和过程的不同,而是速度、精确度、可靠性和范围的不同。分子标记辅助育种技术有利于植物的育种,可以加速育种进程,提高育种效率,选育抗病、优质、高产的品种。由于分子标记辅助选择可以实现多种基因的累加,培育出多抗或广谱的种质或品种,因此在分子标记的利用上多个基因的导入或多个性状的同步改良已成为分子标记辅助育种的发展方向。

随着水稻和拟南芥基因组图谱等研究取得重大突破,以植物基因组图谱为基础的农作物重要性状基因的分离和克隆研究正在蓬勃兴起。基因转化已经在水稻、玉米、棉花、马铃薯、油菜、大豆和烟草等主要作物中获得了成功。许多重要生产性状,如抗病、抗虫、抗逆、产量、品质及采后保鲜等都得到了明显改善,大大提高了现代农业的技术含量和技术附加值。特别是转基因植物技术和分子标记辅助育种技术将会对 21 世纪农作物常规育种带来革命性的突破。目前,农业生物技术领域主要取得以下研究进展。

(一)分子设计育种已取得阶段性成果

模式植物拟南芥和水稻的全基因组序列测定的完成,基因组学和蛋白组学借助生物信息学的力量让人们从分子水平上了解植物亚细胞生理活动及真核生物的多细胞是如何组成并实现其复杂的功能,各种"组学"把传统生物学迅速带入了系统生物学的新时代,这一革命性的改变催生了分子设计(molecular design)的概念。美国农业部已投资在十几个研究单位建立各种作物的数据库,这些数据库的整合将成为未来分子设计育种的重要基础。中国水稻所 2004 年提出水稻基因设计育种的概念,就是在主要农艺性状基因功能明确的基础上,通过有利基因的剪切、聚合,培育在产量、质量和抗性等多方面有突破的超级稻新品种。

目前我国开展分子设计育种的时机已经成熟,①我国是水稻全基因组测序国家之一,而且从基因组序列、EST 信息和全长 cDNA 序列中发掘新标记和新基因的工作等方面拥有生物信息学的研究力量和技术。②我国利用分子数量遗传学和计算机技术研究 QTL 作图、QTL 与环境之间的关系,在回交育种、聚合育种、杂种优势预测和亲本选配的计算机模拟研究等方面已开展虚拟分子育种。③我国的国家作物种质资源信息系统中储存的数据已达数千万项,而且在大型数据库的建立、完善和维护方面积累了丰富的经验。④已拥有基因作图、比较基因组学与等位基因多样性研究等关键技术。此外,我国已开展小麦族内的物种之间、禾本科作物之间的比较基因组学研究,正在开展的等位基因多样性研究也已取得阶段性成果。

与国外同类研究相比,还存在多方面的差距,首先主要农艺性状基因发掘和功能研究存在不足。我国在水稻、小麦、玉米等主要作物中已经开展了大量的基因定位研究。但对不同遗传背景和环境条件下 QTL 效应、QTL 的复等位性以及不同 QTL 之间的互作研究不够系统全面，不利于 QTL 定位的成果转化为实际的育种效益；重要农艺性状的遗传基础、形成机制和代谢网络等分子设计育种的信息基础还很欠缺，而且已明确功能和表达调控机制的基因信息比较匮乏；在转录组学、蛋白组学、代谢组学以及表型组学等方面的研究非常有限，作物种质资源信息系统中，能被分子设计育种直接应用的信息还很少；分子设计育种理论研究相对滞后，目前国内还没有开展分子设计育种的理论建模和软件开发工作。

（二）转基因植物研究产业化

1. 在水稻、小麦等主要农作物重要性状分子标记及其在育种实践中的应用取得突破性进展，建立了较为完善的分子标记辅助选择育种技术体系

（1）水稻：对野生稻产量、耐冷、早熟等复杂性状的优异基因进行了系统发掘，已经获得与产量、芽期耐冷相关候选基因以及分子标记。利用分子标记技术有效转移了抗白叶枯病基因 Xa21，育成 R218、R8006、华恢 2 号等抗病恢复系；通过分子标记辅助选择，首次将稻瘟病抗性基因 Pi-1、Pi-2 和持久抗性基因 Pi-GD-1(t) 与 Pi-GD-3(t)，抗白叶枯病显性基因Xa-23、Xa-21，分别聚合到两系光温敏核不育系和恢复系中，育成抗稻瘟病、白叶枯病双抗的材料，抗性水平提高 3～5 个等级。

（2）小麦：对小麦体细胞杂种优质基因进行分子标记辅助育种研究，获得了类似小麦的优质高分子量麦谷蛋白新亚基 1Bx13 基因的分子标记，并已用于对体细胞杂种株系及杂交和回交后代的标记辅助育种，获得了优质、高产、抗病的新品系。获得了小麦优质亚基和糯基因的分子标记，构建了中国小麦品质性状数据库，并将分子标记用于亲本分类；运用 RAPD、ISSR、AFLP 和 SSR 等分子标记技术构建了小麦品种间和种间（亚种间）杂种优势群，建立了小麦杂种优势利用新模式。

（3）玉米：完成了对我国 90 份核心玉米种质和 250 个国内常用自交系的分子标记指纹图谱分析，建立了干旱胁迫下抗旱、耐瘠群体改良技术体系；创建了利用控制双亲的混合选择法改良优质蛋白玉米群体的方法。

（4）油菜：采用分子标记辅助选择技术对油菜抗菌核病、大粒、高含油量等重要性状进行 DNA 分子标记，并利用与上述性状紧密连锁的 DNA 分子标记进行抗病、高产、高含油量等性状的辅助选择，获得了双低特高含油量、高蛋白含量的高效油菜新材料，选育出抗（耐）菌核病恢复系 7－5、RSH5900 等以及显性细胞核雄性不育系 1481AB 等。

（5）棉花：育成第一个具有自主知识产权的国产双价转基因抗虫棉—中棉所 41，集优质、高产、抗病、抗虫性于一体，是我国棉花育种的重大突破。比美国抗虫棉 33B 增产 24.3%，纤维品质优良。早熟双价（Bt＋CpTI）转基因抗虫棉－中棉所 45，除较美国 33B 增产 16.4%，还表现较强的抗枯黄萎病，稳定的抗虫性以及早熟不早衰特性。通过抗早衰基因的克隆、转化和早熟性相关数量性状的分子标记及 QTLs 定位，选育出早熟不早衰、青枝绿叶吐白絮的短季转基因棉花系列品种中棉所 24、27 和 36，从根本上解决了棉

花的早熟早衰问题。国产抗虫新品种的培育和推广,在国内市场的份额从 1998 年的 5% 上升到 2005 年的 75%以上,在与美国抗虫棉的市场竞争中取得了决定性的胜利,并使农民每年增收 150 亿元。

2. 在果菜类和一些重要杂粮类作物中,构建了一批具有应用价值的分离群体,获得了一批重要经济性状的分子标记

建立了番茄、甜椒、茄子耐冷性、耐弱光的分子标记或生理指标鉴定技术;开展了黄瓜、辣椒、茄子、番茄、甜瓜抗病、黄瓜性别分化、辣椒 CMS 不育与恢复基因、番茄高番茄红素、雄性不育 ps-2 基因、甜瓜雌雄异花同株、甜椒胞质雄性不育恢复基因的等重要性状的分子标记技术研究;在国际上首次对黄瓜性别决定基因进行定位,构建了黄瓜欧亚生态型间的饱和永久分子图谱和大白菜分子连锁图谱;利用黄瓜白粉病分子标记技术对育种材料进行抗性鉴定和筛选,选出抗白粉病单株 40 余个。

3. 建立了花生抗黄曲霉侵染的 AFLP 分子标记,两个 AFLP 标记与抗病基因间的遗传距离分别为 3.5 cM 和 9.4 cM,并用于育种材料的抗性鉴定

建立了主要麻类作物(苎麻、红麻、亚麻)RAPD、SSR 等分子标记技术,首次应用于麻类育种中。构建了谷子抗旱性、抗线虫病、抗黑穗病、抗锈病等重要农艺性状分子标记的分离群体和谷子标记图谱构建的 RI 群体;开发了谷子的一些 SSR 标记,并利用 AFLP、ISSR 和 RAPD 等对这些重要农艺性状进行分子标记。发现了两个在抗病品系中稳定出现,可作为高粱抗丝黑穗病菌 3 号生理小种标记应用的 SSR 标记:Xtxp13 和 Xtxp145。首次建立马铃薯青枯病抗性双侧翼标记辅助选择技术,使抗病性鉴定与田间评价结果一致性达到 95%以上。

4. 克隆了一批具有自主知识产权的新基因

采用多种分子生物学技术,从斑茅中扩增出甜菜碱醛脱氢酶 BADH 基因;从甘蔗中克隆 pepc 光合基因;从辽棉 9 号衰老叶片中克隆了编码半胱氨酸蛋白酶的 cDNA,这些新基因已申请国家发明专利。克隆了光合作用卡尔文循环关键调节酶 SBP、PRK 的基因;甘蔗花叶病病毒全长基因;苎麻植物中的咖啡酰 CoA 甲基转移酶;毛白杨木质素合成关键酶4-CL基因;棉花叶绿体 Cu/Zn-SOD 基因等。这些新基因在改良作物耐盐、抗衰老、提高光合效率、抗病及抵抗外界不良环境等方面具有广阔的应用前景。

5. 建立和完善了一些经济作物和杂粮作物的转基因技术体系

先后建立了高效甘薯遗传转化体系;建立了亚麻、红麻、苎麻农杆菌介导的基因转化体系,并获得了转基因再生植株;建立了苹果、柑橘等转基因技术平台;进一步优化、完善了谷子转基因技术体系;建立了甘蔗无抗生素标记选择系统;初步完成了马铃薯多基因转化和重组系统的建立;建立了以甘蓝型油菜游离小孢子为受体的遗传转化体系和农杆菌介导的油菜高效转化体系,为转基因新品种的培育和产业化提供了技术储备。

6. 主要农作物分子标记辅助育种技术成功用于种质创新和新品种培育

建立了滚动回交与标记辅助选择相结合的水稻、小麦、玉米等主要农作物聚合育种技术体系,成功选育出一批育种新材料和新品种。有效转移抗白叶枯病基因 Xa21,创制出

含目的基因 Xa21 的恢复系中恢 218 和中恢 8006，选育出优质高产水稻新品种国稻 1 号、Ⅱ优6 号等。首次选育出优质耐贮藏水稻新品系 W017，富含 γ-氨基丁酸的水稻新品种 W025，以及低水溶性蛋白水稻新品种 W3660。育成 1 个聚合优质和抗条锈病基因的小麦品系，培育新品种科农 213。

利用转基因技术，结合分子育种及常规育种，培育出早熟抗衰老的棉花新品种。通过转基因技术、远缘杂交技术和生化辅助育种技术的突破和有机结合建立了棉花高效转基因技术平台，实现了大规模外源基因的高效导入和新品种的选育。构建了陆陆杂交分子标记图谱，标记出与抗棉花黄萎病紧密连锁的 QTLs；找到与纤维长度、比强度和马克隆值紧密连锁的 QTLs；与棉花早熟性紧密连锁的 QTLs 为 12 个，3 个对早熟性的贡献率达到 30%以上，为棉花优质、多抗棉花新品种的聚合育种奠定了基础。

7. 利用转基因技术，创造育种新材料，为新品种的选育和产业化提供材料储备

通过植物遗传转化技术，分别将高光合酶基因、抗病基因、抗虫基因及抗旱基因转入不同作物，获得一批转基因植物育种新材料。将玉米 PEPC 基因导入水稻光温敏核不育系、恢复系等优异亲本中，经多年多世代研究得到了 3 个较稳定的含玉米 PEPC 基因的高光效水稻株系，其饱和光合速率提高 50%，且玉米 PEPC 基因在新遗传背景下仍能高水平表达并能稳定遗传。将几丁质酶和 t1,3-葡聚糖酶双价基因转化甘蓝型双低杂交油菜亲本恢复系和保持系，获得了转基因抗菌核病的恢复系和保持系植株。以高感甘薯茎线虫病的甘薯品种栗子香及徐薯 18 为材料，对水稻巯基蛋白酶抑制剂(OCI)基因的遗传转化进行了研究，已获得 2000 余株转基因植株。对部分转基因株系进行田间茎线虫病抗性试验，结果表明部分转基因株系的茎线虫病抗性有一定的提高。

(三)农作物基因组学的研究取得了重要进展

水稻等重要农作物基因组研究进展顺利，继独立完成籼稻全基因组测序和粳稻第 4 号染色体测序，结果在《科学》和《自然》上发表后，抗病、耐盐、抗旱、氮磷高效利用、分蘖、脆杆、茎秆伸长、不定根生长等一批有潜在应用价值的重要农艺性状基因的克隆取得了突破，获得 107 个功能明确的基因，18 个在优质、高产和抗逆品种改良方面具有应用前景的功能基因。

研制成功国际上第一套水稻全基因组芯片，包含了 55791 独特基因的信息。利用该基因组芯片研究了水稻幼苗、分蘖期的苗和根、抽穗期和灌浆期的穗子等器官的基因表达谱，详细分析了不同种类基因在不同器官中的表达特征；并比较了水稻和拟南芥基因组彼此有同源性和特异的基因在相关器官中的表达特性。同时，已获得总数为 18 万株独立 T-DNA 插入水稻再生株，拥有株型、育性、生育期、分蘖、株高、抗病虫、抗逆等类型的突变株；初步建成水稻突变体的数据库；大规模筛选 T1 代突变体家系，获得了一批形态变异的突变体以及抗旱、抗病相关的突变体；完成 1 万条插入 T-DNA 的侧翼序列测序工作。突变体库、水稻全基因组芯片等研究平台的建立和完善，为我国水稻等作物功能基因研究和水稻分子设计奠定了良好的基础。这些重大成果与进展进一步确立了我国在世界水稻科技方面的领先地位。

从棉花中分离得到了与表皮毛分化和伸长相关的转录因子，通过转基因植物验证这

两个基因分别能启动植物种子上表皮毛的启动以及与伸长相关，并申请了这两个基因以及表皮毛特异启动子的专利。该项工作使中国的棉花分子生物学的研究工作走在了世界的前列。这两个基因有望在“十五”期间获得棉纤维产量和品质得到提高的转基因棉花品系。

分离到了参与水稻分蘖的基因MOC1和脆性基因BC1，建立了含有近15 000个水稻EST序列cDNA芯片，完成了多种生长发育时期和环境应答等方面的基因表达谱，克隆了一系列水稻重要功能的候选基因，特别是抗白叶枯病毒基因、抗稻瘟病基因、广亲和基因等一批抗逆基因。完整地测定了水稻染色体着丝粒的序列，为研究着丝粒的功能、染色体的稳定性和染色体的复制提供了必要的结构基础，也为开发可转化的“人工水稻或植物染色体”提供了基础。发现并鉴定了一些重复序列在染色体上的特异分布规律及与基因的位置关系；鉴定了水稻染色体上基因簇的分布及预测了基因与基因之间潜在的协同关系。

(四)农作物蛋白组学的研究取得了重要进展

蛋白质组学的研究对象是基因表达的产物，是介于基因型和表型之间的特性，因而蛋白质组学标记是联系基因多样性和表型多样性的纽带，具有独特的意义。随着高通量蛋白质组技术如双向电泳、质谱技术和蛋白质芯片技术的建立，目前植物蛋白质组学研究已由植物群体、组织和器官水平深入至亚细胞水平，叶绿体、线粒体等细胞器的蛋白质组已被鉴定，并发现新的叶绿体和线粒体蛋白质。

1. 突变体的蛋白质组学研究

突变体研究是植物遗传学的重要研究手段之一，应用蛋白质组学的方法对基因突变引起的蛋白质表达变化进行研究可以揭示一些植物生理生态过程的机制。von Wiren等运用蛋白组学技术分析野生型和铁摄取缺陷型突变体玉米的蛋白质，确定了4个与铁离子跨膜运输有关的多肽。Komatsu等比较了水稻绿苗和白化苗的蛋白质组，发现了在绿苗中参与光合作用的蛋白质。Damerval和Le Guillonx通过比较野生型与O2基因突变体的蛋白组，发现O2基因是玉米代谢中联系多种代谢途径的调节基因。

2. 植物环境信号应答和适应机制蛋白质组学

在植物的生存环境中，生物胁迫和非生物胁迫对植物的生长发育和生存产生严重影响。当植物受到不同胁迫时，将改变体内蛋白质的种类、含量和酶类的活性等来进行这些信号的感应、传递以及生物学效应的实现。因此，通过对蛋白质的研究有助我们更好地了解不同胁迫的应答与适应机制。Salekdeh等研究两个水稻品种干旱胁迫下以及恢复后的蛋白质组，发现有42个蛋白点的丰度在干旱胁迫状态下变化明显。Ramani和APte研究水稻幼苗盐胁迫下多基因的瞬时表达表明，至少有35个蛋白质被盐胁迫诱导和17个蛋白质被抑制。Agrawal等研究发现臭氧造成叶片光合蛋白的剧烈减少和各种防御、胁迫相关蛋白的表达。Shen等应用蛋白质组学方法研究了水稻叶鞘伤害信号应答过程中蛋白质的变化，发现伤害后有多种蛋白被诱导上调或下降。Chang等对玉米进行缺氧和低氧胁迫研究，发现低氧处理的效应不仅仅是缺氧胁迫诱导的糖酵解酶的增加。通过质谱法共鉴定了 46 个蛋白质，均为在植物中首次得到鉴定。Saalbach 等用蛋白质组分析的方法，鉴定了类菌体周膜与类菌体周隙中的蛋白。Wienkoop 和 Saalbach 用蛋白质组学技术鉴定了日本百脉根类菌体周膜中参与特定生理过程的蛋白。

3. 植物激素蛋白质组学研究

激素在植物一生中起着重要的调控作用，研究植物激素的信号传导和作用机理是蛋白质组学的重要组成部分之一。Moons 等鉴定了水稻根中 3 个受 ABA 诱导的蛋白质。Rey 等在马铃薯的叶绿体中发现了一个受干旱诱导的硫氧还蛋白。Shen 和 Komatsu 研究表明赤霉素处理水稻叶鞘起码有 30 多个基因的产物与之相关，其中的钙网蛋白是赤霉素信号传递调节叶鞘伸长中的一个重要组分。Rakwal 和 Komatsu 用外源茉莉酸处理水稻的幼苗组织，发现茎中蛋白酶抑制剂(BBPIN)和病程相关蛋白 PR-1，表明茉莉酸处理可以引起与植物自我防御机制有关的基因在茎、叶组织中的特异性表达。

4. 植物组织器官蛋白质组学

在植物的发育过程中，不同组织和器官在功能上的分化，也表现在不同器官蛋白质的组成和数量的差异上，蛋白质组学的研究有助于我们对植物发育过程机制的理解。Tsugita 等分离了水稻根、茎、叶、种子、芽、种皮及愈伤组织等部位的蛋白质；对水稻胚、胚乳、叶鞘和悬浮细胞蛋白质组学的研究也取得了进展，并且水稻的蛋白质数据库已经建立。

植物的蛋白质组学研究目前已经深入到亚细胞水平，研究比较多的细胞器是叶绿体和线粒体。Peltier 等系统地分析了豌豆叶绿体中类囊体的蛋白质，鉴定了 61 个蛋白质。Heazlewood 等对从水稻线粒体蛋白中鉴定了 149 个蛋白点，确定了 85 个蛋白的功能。Werhahn 和 Braun 鉴定了线粒体蛋白质组分中的 ATP 合酶复合体、细胞色素 C 还原酶复合体和线粒体外膜移位酶前体蛋白等。

(五)我国航天育种关键技术取得突破

从粒子生物学、物理场生物学和重力生物学等不同角度研究了航天环境各因素的诱变特性，初步建立了“多代混系连续选择与定向跟踪筛选”的空间诱变育种技术。进一步优化了高能粒子辐照、物理场处理等地面模拟航天诱变靶室设计与样品处理程序，使得样品批处理效率大大提高；比较分析了高能粒子诱变与 γ 射线诱变的差异，探讨了高能粒子诱变小麦的分子生物学机制，完善了地面模拟航天育种技术方法，开创了地面模拟航天环境诱变作物进行遗传改良的新途径。

空间诱变育种除了能较快速有效地选育优良品种外，更重要的是能创造出一大批特异的种质资源，以缓解或解决我国稻麦育种种质资源贫乏的瓶颈问题。已选育出一批特大穗高产型种质、特优质种质、抗病种质、优异新矮源种质以及极早熟优质种质材料，包括恢复谱广、恢复力强、配合力高、抗瘟性好、米质较优的水稻恢复系、水稻新矮、特优质型、特大穗型、稻瘟病和白叶枯病水稻材料；极早熟、抗病、强筋小麦、大穗矮秆小麦材料等，为创造丰富的育种变异材料，拓宽基因资源提供一条有效而可行的途径。通过航天诱变的机理研究，建立了水稻、小麦、棉花等作物的航天诱变育种技术体系，获得了一批新品种(系)，育成优质高产稻、麦、甜椒新品种 12 个。

(六)水稻栽培稻籼粳两个亚种的比较基因组学进展顺利

比较基因组学是基于基因组图谱和测序基础上,对已知的基因和基因组结构进行比较,来了解基因的功能、表达机理和物种进化的学科。籼稻和粳稻两个亚种代表了世界上绝大多数的水稻作物品种,籼粳栽培稻是现有主要杂交稻的亲本来源,籼粳杂种优势的利用是今后水稻杂交育种的主要发展方向。通过系统地对籼、粳稻 4 号染色体基因结构、组成和顺序的异同和包括对单核苷酸的多态性、插入或缺失的比较分析,获得了籼粳基因组差异的重要遗传信息;鉴定了两个主要栽培稻亚种间的亲缘和进化关系;完成了水稻 4 号染色体特异 DNA 芯片的研制及部分表达谱分析,并结合精确的 4 号染色体序列信息,鉴定和验证了预测的基因表达信息,获得了一个完整系统的单条染色体所含基因的表达分析,其结果为阐明籼粳杂种优势的遗传基础和更有效利用籼粳杂交育种材料提供了分子遗传依据,为水稻高产、优质、增强抗病、抗逆性提供了重要的数据基础。

五、农业生物技术的发展趋势

由于分子生物学、生物化学和细胞生物学等将继续为解析生命活动的本质做出不可代替的贡献,特别是随着新技术和新学科的兴起,农业生物学研究变得更为量化、更为系统,形成了以功能基因组和蛋白组学研究为方向,以多学科交叉为基础,分析与综合并重,微观与宏观相结合研究体系,探讨农作物的遗传、发育和进化的分子机理将是农业分子生物学基础研究的大趋势。

(一)农作物基因组学

随着基因组学研究的不断深入,形成了结构基因组学、功能基因组学、比较基因组学、环境基因组学和进化基因组学等分支学科,而且还衍生出转录本组学、蛋白质组学、代谢组学和表型组学等新兴学科。今后的研究重点将关注基因组学中重要的理论和方法学等的基础研究;重点开展主要农作物重要经济性状形成的分子机理和性状分子改良的基础研究,包括重要经济性状功能基因的定位、克隆、表达调控及功能研究,重要性状相关基因分子标记的筛选和设计等;探索外源基因在转基因后代中的表达特征和调控机理;开展分子标记辅助育种相关的基础研究,包括利用分子标记进行农业生物遗传多样性及群体遗传学研究等。由于性状表现与基因表达之间的关系极为复杂,每一基因的表达一方面有其自身的控制系统,不同基因之间又存在复杂的互作关系。阐明它们之间的相互联系是对农作物有效地进行分子改良的基础。

(二)作物分子设计育种

植物育种的主要任务是寻找控制目标性状的基因,研究这些基因在不同目标环境群体下的表达形式,聚合存在于不同材料中的有利基因,从而为农业生产提供适宜的品种。随着分子生物学和基因组学的飞速发展,生物信息数据库积累的数据量极其庞大,作物分子设计育种将在庞大的生物信息和育种家的需求之间搭起一座桥梁,对育种程序中的各种因素进行模拟筛选和优化,提出最佳的亲本选配和后代选择策略,从而大幅度提高育种效率。

实现分子设计育种的目标,将会大幅度提高作物育种的理论和技术水平,带动传统育种向高效、定向化发展。

我国作物分子育种应该注重重要农艺性状基因/QTL的高效发掘,充分利用植物基因组学和生物信息学等前沿学科的重大成就,及时开展品种分子设计的基础理论研究和技术平台建设;积极建立核心种质和骨干亲本的遗传信息链接,为分子设计育种模型精确预测不同亲本杂交后代在不同生态环境下的表现提供信息支撑;建立主要育种性状的GP(Genotype to phenotype)模型是分子设计育种的关键组成部分。可以对育种过程中各项指标进行模拟优化,预测不同亲本杂交后代产生理想基因型和育成优良品种的概率,大幅度提高育种效率。

(三)农作物蛋白组学研究

基因功能的实现最终是以蛋白质的形式体现的,而蛋白质有其自身特有的活动规律。蛋白质组学是后基因组学的一个重要组分,蛋白组学把基因和转录数据直接联系起来,对植物表型的测定有着很强的影响,或者是直接通过蛋白含量或功能,或者是间接通过蛋白和代谢组之间的联系。蛋白质组学应与转录组和代谢组学的研究进行有机结合,确定次生代谢物的合成调节途径,鉴定代谢物合成途径相关的蛋白质或酶,并用基因工程手段获得高产的次生代谢物。

开展不同作物的器官、组织或细胞器在植物不同生长发育时期、逆境响应、激素应答、植物与微生物互作等过程的蛋白质组学研究,有利于剖析差异蛋白质的功能,开展对不同条件下植物蛋白表达谱的研究,挖掘植物生长发育、逆境应答相关的新蛋白,尤其是那些在作物胁迫耐性获得中起瞬时调节作用的蛋白。此外蛋白磷酸化、泛素化、糖基化和乙酰化等参与细胞信号转导过程,今后鉴定与植物生长发育与逆境响应等相关修饰蛋白质,有助于阐明与上述过程相关的信号传导机制。因此,运用功能基因组学、生化等方法研究新蛋白质功能将是今后植物蛋白质组学研究的方向。

(四)植物信息传递的网络机制和系统生物学的研究

生命离不开信息的交流。细胞通过一个复杂的信号网络实现增殖、分化、运动、凋亡及其他生理活动并对其进行精细的调节,以应对复杂的环境。利用生物化学、细胞生物学和生物信息学手段进行信号网络新组分的鉴定和功能分析,研究组分间的相互作用及其调节机制、通路间的对话机制及生物学意义,开展信息的整合机制和应答方式的系统生物学分析以及环境胁迫条件下信号传递异同的比较研究等。系统生物学研究的主要策略由三方面组成,即计算机建模的整合、大规模数据分析和生物学实验,应积极创造条件促进这一重要学科的发展。

近年来,生物技术的革新产生了大量的各种各样的生物数据,这些大量数据催生了生物信息学学科的产生和发展。生物信息学学科一方面加速了基因组和后基因组数据的分析;另一方面促进了转录组学、蛋白组学、代谢组学和表型组学等相关领域的信息的整合。

这种信息的整合可以用来鉴定基因及其产物,可以用来阐明基因型和观测到的表型之间的功能联系,进行从基因组到表型组的系统分析。随着植物生物技术发展质和量的不断提高,需要生物信息学来整合利用“组学”扩展了的技术所产生的各种各样的数据。

(五)农业生物优异基因资源挖掘和重要性状的功能研究

农业生物优异基因资源是作物品种改良的重要战略资源。我国拥有丰富的农业生物种质资源,蕴涵着大量的优异基因资源,是农业可持续发展的基础和潜在优势。例如,我国已利用的作物种质资源数仅占保存总数的3%～5%。1986～1995年,我国对约30万份作物种质进行了表型形状鉴定,初步筛选出单项或几项性状优异的种质约3.5万份,但提供育种和生产利用的仅为鉴定评价资源总数的1%。又如,栽培植物的野生种、在不同生态地区经长期栽培形成的地方品种以及品种繁多的小杂粮和园艺植物资源中蕴藏着大量的具有特殊利用价值的基因资源;加强对这些种质资源的收集、整理和对主要农作物重要经济性状形成的分子遗传机制的研究,对我国栽培品种的改良具有很重要的价值。

(六)农作物表观遗传学与小分子RNA的研究

表观遗传学(epigenetics)是指以不涉及核苷酸序列的改变、但可以通过有丝分裂和减数分裂进行遗传的生物现象为内容的生命学科。表观遗传网络的建立和维持涉及三个方面的机制:DNA甲基化,RNA相关的基因表达沉默及组蛋白修饰。表观遗传网络在高等生物的正常生长发育过程中起着与遗传学机制同等重要的作用。

小分子RNA可能有非常广泛的生物功能,目前对具有调节功能的非编码RNA分子的结构特征、调控方式以及生物学功能还知之甚少。因此利用实验生物学和生物信息学相结合的方法,系统地对各种模型和模式生物中的具有调节功能的非编码RNA分子基因进行鉴定和功能研究,将对阐明生命调控的机理具有重要的意义。

参考文献

[1] 万建民.作物分子设计育种.作物学报,2006,32;3:455-462.

[2] 唐梅.转基因水稻研究进展.乐山师范学院学报,2004,19(5):82-85.

[3] 蔡伦.植物生物信息学:从基因组到表型组.生物技术世界,2005.

[4] 阮松林,马华升,王世恒,等.植物蛋白质组学研究进展Ⅱ.蛋白质组技术在植物生物学研究中的应用.遗传,2006,28(12):1633-1648.

[5] 范云六,等.我国农作物生物技术的成就与展望.世界科技研究与发展.1999,21(1):11-15.

[6] 阮成江,何祯祥,钦佩.我国农作物QTL定位研究的现状和进展.植物学通报,2003,20(1):10-22.

[7] 柳展基,杨小红,毕玉平.蛋白质组学在农业中的应用.分子植物育种,2006,4(3):106-110.

[8] 我国水稻等重要农作物基因组研究进展顺利.食品科学,2006,27(8):250.

[9] 朱爱国.从植物基因组学到育种实践.中国麻业,2006,28(1):48-51.

[10] 何团结.我国棉花转基因目标性状研究进展及其利用.中国农业科技导报,2005,7(6):20-25.

[11] Wang YH,Xue YB,Li JY,Towards molecular breeding and improvement of rice in China. Trends in

Plant Science,2005,10(12):610-614.

[12] Xu YB,McCouch SR. Zhang QF,How can we use genomics to improve cereals with rice as a reference genome? Plant Mol. Biol. 2005,59:7-26.

[13] Ganesh KA,Nam-Soo J,Yumiko I,et al. Rejuvenating rice proteomics:Facts,challenges,and visions. Proteomics,2006,6(20):5549-5576.

[14] Ganesh KA,Randeep R. Rice proteomics:A cornerstone for cereal food crop proteomes. Mass Spectrometry. 2006,25,1:1-53.

[15] Komatsu S,Yano H. Update and challenges on proteomics in rice. Proteomics,2006,6(14):4057-4068.

[16] Sreenivasulua N,Soporyb SK,Kavi KPB. 2006. Deciphering the regulatory mechanisms of abiotic stress tolerance in plants by genomic approaches. doi:10. 1016/j. gene. 10. 009.

[17] Jwa,NS,Agrawal G. K. ,Tamogami,S. ,et al. ,2006. Role of defense/stress-related marker genes,proteins and secondary metabolites in defining rice self-defense mechanisms. Plant Physiology and Biochemistry 44,261-273.

[18] Paterson AH,Freeling M,Sasaki,Grains of knowledge:Genomics of model cereals. Genome Research,2005,15:1643-1650.

[19] Bonnetl E,Peer YV,Rouzé P,The small RNA world of plants. New Phytologist,2006,171:451-468.

撰稿人:黄荣峰　张海文

农业数学学科发展

一、引言

农业数学是探讨数学理论和方法在农业相关学科研究和实践中应用的学科，在性质上属于数学与农业相关学科的交叉学科。

随着现代科学技术的发展，农业科学研究与应用中涉及的问题越来越复杂，需要通过对大量实验数据或统计数据做处理来揭示农事现象背后的规律，然后用这种认识指导科研活动和社会经济实践活动。与此相适应，农业相关学科研究涉及的数学知识面越来越广，使用的数学分析方法也越来越艰深。由于数学理论和应用数学方法研究的进展及计算机软、硬件技术的进步，农业学科研究和管理决策中可以使用的应用性分析工具越来越多，功能越来越强，操作越来越简便，从而大大降低了使用数学分析技术的门槛，使数学得以对农业相关学科发展和管理决策起到日益重要的支持作用。

数学在农业相关学科发展中主要起三个方面的作用，即模式识别、模拟仿真和目标优化。模式识别是通过对原始数据做分析揭示背后的规律性。在农业相关学科研究中，模式识别成果的典型形式是用数学语言表述的生物生长过程及与农业有关的社会经济行为模式，这些模式再现原型的数量性状和量变规律，据其可以深入探讨现象产生的因果机理。模拟仿真是利用经过验证的模式对未知情况做推断，包括对未来变化趋势的预测。模拟仿真模型可以用作“虚拟”实验室，检验不同技术方案或政策方案对农业系统的潜在影响，为决策提供参考依据，这一方法对于有可能产生不可逆不利后果的方案评估尤为重要。目标优化体现为利用已有知识对自然过程或社会经济系统的演变进行优化调控，这是农业相关学科研究的最终社会价值之所在。由于农业大系统具有特殊的复杂性，这使得利用数学模型准确反映现实面临很多困难，对这类模型求最优解的可能也受到多方面的技术限制。

从发展情况看，发达国家在应用多种数学方法研究农业科学问题和管理问题方面远远走在前面，其应用分析工具的开发能力更是突出。随着改革开放以来我国与国际学术界交流的不断加强，中国农业科学家从引进消化国外的先进理论和分析手段起步，在应用先进数学分析工具方面不断进行探索。经过 20 多年的努力，我国与发达国家在农业数学领域的知识差距已经明显缩小，包括人工智能技术在内的多种先进的数学分析手段已经相当广泛地在各个学科得到应用，使研究活动的系统性、严谨性和实用性得到很大提高。另一方面，我国在这一领域尚缺乏具有创新性的成果。此外，数学分析方法在农业相关学科中的应用主要表现为农业相关学科研究人员根据自己研究任务的需要和能力主动获取适用的数学理论和分析工具，而不是农业数学作为一个学科产生的研究成果用于农业相关学科研究。从这一角度看，农业数学尚难以被看做是一个独立的学科。

从今后发展趋势看，农业相关学科不仅需要将本学科的知识数量化，而且需要构建跨越多个学科的知识平台，以适应我国农业向可持续农业和精准农业模式转变的需要，并且为解决实际问题提供更为科学和有效的指导。在这一方面，农业相关学科还有很多需要借助于更有效的数学分析方法才能解决的问题，例如大农业系统的模式识别和优化分析。因而，我国农业高等院校需要进一步加强数学理论和应用分析方法的教育，更好地培养出适合未来需要的农业科学家。

二、概述

农业数学涉及的主要工作是如何将数学理论和各种应用数学分析方法用于支持农业相关学科研究和管理决策。从这个角度看，农业数学可以定义为探讨数学理论和方法在农业相关学科研究和实践中应用的学科，因而从性质上说是数学与农业相关学科的交叉学科。

数学是探讨科学规律的重要工具，这同样适用于农业相关学科。随着现代科学技术的发展，农业科学研究与应用中涉及的问题越来越复杂，需要通过对大量实验数据或统计数据做处理来揭示所研究的各种现象的变化规律，并用这种认识指导科研活动和社会经济实践活动。相应的，农业相关学科研究和管理决策已经从基于传统经验逐步转变到基于定量化的科学分析之上，科学研究、技术开发和应用过程中涉及的数学知识面越来越广，使用的数学分析方法也越来越艰深。与此同时，数学理论和应用数学方法研究的进展及计算机软、硬件技术进步为农业相关学科研究和管理决策提供了多种应用性分析工具，使数学得以起到重要的支持作用。

然而，文献资料表明，数学对农业相关学科发展所起的支持作用并非体现在农业数学作为一个学科产生的研究成果应用在农业相关学科，而是农业相关学科研究人员根据自己研究任务的需要和能力主动获取适用的数学理论和分析方法，将其用于本学科的研究工作。因而，尽管应用数学分析方法已经成为农业相关学科的基本特征，但农业数学尚难以被看做是一个独立的学科，表现在缺乏自身独特的研究内容和方法体系，很少有持续性的专题研究，相关进展主要为在农业相关学科研究中引入和应用一般数学理论和方法等方面。

三、发展历程回顾

将数学工具应用于农业相关学科研究和指导农业经营活动是社会发展和人类不断进步的产物。随着现代工业社会的建立，对农事活动的研究逐步从实践经验总结积累转变到以科学实验为基本手段的轨道上来。在现代农业科学发展初期，研究者主要利用统计方法对实地调查和实验获得的农事现象观察结果做特征描述，探查现象间的相关关系，概括总结背后的“规律”。在这一阶段，农学研究呈现典型的经验科学特征，研究者借助于实验设计和统计抽样方案设计有目的地对影响所研究现象的部分因素进行控制，使问题得到简化，进而用如方差分析、相关分析等简单分析技术确定所关注因素的作用。随着农学研究的不断深入，研究者关注的对象从个别农事现象扩展到农业大系统，研究目的从描述现象深入到对生产过程的调控和优化，需要考虑的因素越来越多，涉及的关系越来越复杂，并且很多现象具有模糊性质而难以准确测量，传统统计技术在揭示科学问题的规律性方面表现出日益明显的局限性。为了应付这一挑战，农业科学家持续不懈地做出努力，尝试利用复杂的数学模型来表述本学科的知识，在此基础上识别现象间的数量关系，检验研究发现的可靠性，利用已有的知识推断未知情况，以便更有效地推进研究和更好地指导生产实践。农业数学模型是20世纪农业科学发展的一项重要的成就，在国际上已经被公认为是农业科学研究的新方法,并得到广泛应用。

同样的情况也出现在与农业相关的社会经济研究及实践活动中。在早期的研究中,学者主要通过典型调查或统计抽样调查获取有关社会经济现象的资料,然后借助于归纳法从中抽象出一般"规律"。在微观层次,农场主和企业家需要对自身的经营状况做监测分析,并参考市场信息制定经营决策,从而形成如生产经济学这样的基于数学分析技术的应用经济学学科。在宏观层次,随着现代国家治理模式的形成,各国政府都建立了收集社会经济统计数据的专门机构和政策研究机构,为决策提供支持。从事社会经济研究的学者努力尝试把自然科学研究的范式和方法应用到人文科学研究之中,通过对大量统计数据的处理揭示微观和宏观行为模式,检验理论假说与现实的一致性。在这一背景下,数学模型推导成为经济学分析的基本范式,学者们将各种数学方法引入到社会经济研究之中,由此演化出多种多样的应用数学模型。与自然科学相比,社会经济行为更为复杂,更缺乏可控性,并且很多社会经济活动具有不可试验的特性(试验代价高和不具有可重复性,错误的政策选择可能造成不可逆的社会经济后果),因而利用数学模型对社会经济行为做分析解释和预测,从中探讨符合社会标准的政策和发展战略,已经成为政府和企业制定决策的重要辅助工具。可以说,实证主义方法在社会经济研究领域占据主流也是一个重大的学术突破。

另一方面,数学理论的发展为农业相关学科不断提供新的应用分析方法。这一因素与计算机技术进步和应用软件开发结合在一起,使农业相关学科研究中可以使用的数学分析工具种类越来越多,功能越来越强,操作越来越简便,大大降低了研究人员使用数学分析技术的门槛。在很多情况下,研究者并不需要掌握这些数学工具依据的高深数学理论知识,也不需要了解计算过程的细节,而是只需要知道有哪些适用的数学分析技术及如何操作相应的应用软件,在提供必需的数据后即可获得结果。这种情况带来的好处是数学分析工具得以在农业相关学科研究中广泛应用,提高了研究和决策的科学水平。然而这同时也产生了一个问题,即很多研究者能够使用数学分析工具解决面临的问题,但却缺乏应用数学知识进行创新性开发的能力,这对农业数学学科发展构成了限制。迄今农业相关学科研究中应用的大多数数学分析方法和软件是从其他学科引进的,很少有农业数学学科独立开发的成果。

鉴于数学已经成为农业相关学科的基础,我国各高等农业院校均开设了数学类课程,从层次上可以分为基础必修课和选修课两大部分。基础必修课包括微积分、微分方程、线性代数、概率论和数理统计等内容,选修课开设应用数学概论、数学建模、数学软件使用、多元统计分析、最优化方法、模糊数学、灰色系统等课程。在此之外,一些学科还根据自己研究工作的特殊需要开设了专门的应用数学分析技术类课程,包括研究生层次的课程,例如农机专业的工程数学、农业气象和土壤专业的作物系统模拟、经济专业的计量经济学等。然而,农科院校基础数学课程内容基本上是工科的翻版,未能很好地体现农科数学的特点;数学教师多数只承担公共课,从事本领域学术研究的人不多。从总体上看,农科院校基础数学教育水准明显低于工科院校。

四、研究和应用现状

数学在农业相关学科发展中具有三个主要作用,即模式识别、模拟仿真和优化。

科学研究和社会实践活动不断产生出大量的数据,通过对原始数据做分析揭示背后的规律性是科学研究活动的主要任务,这涉及模式识别及可靠性检验。在农业相关学科研究中,模式识别既包括对农业生物性状和生长过程的阐明和表述,也包括对相关社会经济行为的阐明和表述。模式识别可以分为两个层次,初级层次是识别现象的变化模式;高级层次是识别现象变化模式背后的作用机制或因果关系,在此基础上测量所研究现象与影响因素之间的数量关系。在农业相关学科研究中,模式识别成果的典型形式是用数学语言表述的生物生长过程或人类行为模式,即能够再现原型的数量性状和量变规律的数学模型。

经过验证的可靠模式成为知识的载体,利用这样的模式不仅可以对已知情况做出数量化的分析解释,而且可以对未知情况做出推断,这涉及利用已识别的模式进行模拟仿真。模拟仿真模型可以用作"虚拟"实验室,由其获得不同条件下的可能结果。在人文科学中,数学模型模拟方法常用于对未来情况做预测和对不同政策方案做评估,成为重要的决策支持工具。从数学角度看,模拟仿真表现为求解各种形式的数学方程(组)这一基本工作。

科学知识的社会价值最终体现在对实践的指导和合理调控上,这产生了如何基于已有的知识对生物生长过程或社会经济系统的运行进行优化的问题。在现实中,农业经营决策常常涉及多种不同的目标,限制条件也多种多样,然而这种类型的决策都可以用数学形式表达为有约束的最优化问题。在这一方面,数学的应用主要涉及如何对不同形式的数学模型求最优解。由于目标优化必须以正确识别的模式为前提,并且同样也表现为对数学模型模拟求解,因而这一工作与前两个方面有密切的内在联系。

图 1 按上述三个方面列出了农业相关学科应用到的主要数学方法。需要注意的是,有些数学方法可以用于多个方面,因而图 1 不应被看做是严格的分类。此外,该图可能未反映一些迄今应用很少的探索性方法。下面按照图 1 划分的三个方面分别讨论农业相关学科应用的主要数学方法。

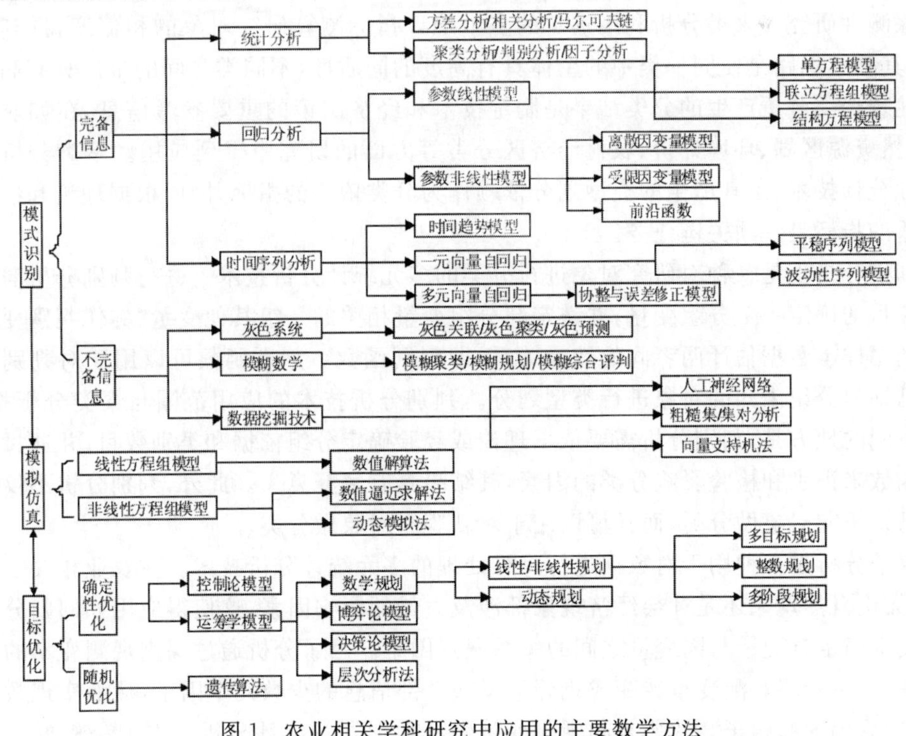

图 1 农业相关学科研究中应用的主要数学方法

(一)模式识别方法

从现代农学建立之初,研究者就不断生成和积累各种各样的实验资料或调查资料,农业经营活动中也不断产生出大量的统计数据。这些原始数据从不同侧面显示了农业技术过程或社会经济行为产生的结果,而任何一个结果都是在多种因素共同作用下产生的,模式识别就是通过对观察数据的处理来揭示表面现象背后的规律性,并检验其可靠性。从统计学角度看,模式识别都可以归纳为由样本资料对总体性质做推断,这涉及有关总体特征统计分布的假设,也涉及样本对总体代表性的假设。由此可以区分出信息相对完备和不完备两种情况,分别有不同的适用方法。

1.完备信息情况下的模式识别技术

农业相关学科作为以实验为主要研究手段的科学,模式识别传统上基于统计抽样理论和方法,即假定样本数据是真实可信的,并且能够很好地代表总体,这是图1中划分为"完备信息"的情况。

(1)统计分析:在早期研究中,对观察现象做分类、用方差分析检验影响因素的作用大小和统计显著性、利用相关分析识别现象间关联的性质,是农业相关学科研究中使用最为普遍的方法。随着统计理论和应用软件的进步,近年来有很多研究使用了如聚类分析(Custer analysis)、判别分析(Discriminant analysis)、因子分析(Factor analysis)、典型相关(Canonical correlation analysis)等一些较为复杂的统计技术处理数据,以获取更为丰富和可信的信息。

聚类分析是一种根据研究对象的数量特征对其进行分类的多元统计分析技术,主要用于探测性研究。聚类分析利用选定的多个统计指标测算研究对象的相似度,据其进行分类,其基本思路是使同一类中的个体具有高度的同质性,不同类之间的个体具有高度的异质性。聚类分析产生的分类结果是制定技术和经济决策的重要参考信息,在如农业区划、自然资源区划、环境评价、农村经济区分类等方面的研究中得到应用。聚类分析属于描述性统计技术,由其产生的类型划分依赖作为分类依据的指标,因而根据理论和经验选择合适的指标是一项关键任务。

判别分析也是一种对研究对象进行分类的多元统计分析技术。进行判别分析需要根据研究目的确定一个分组变量,并选定与分组变量相关的一组其他变量(称作判别变量),然后利用样本数据估计两者间的数量关系,即判别函数。判别函数可以用于对判别变量信息已知但分组未知的对象进行类型划分。判别分析技术的应用范围与聚类分析相似。两者不同的地方是,判别分析需要依据理论或经验确定分组依据和类别数目,并通过建立判别函数来识别和检验影响分类的因素,其结果具有解释意义。此外,判别分析不仅可用于对已知研究对象做分类,而且可以用于对新观察对象做分类。

因子分析是一种用于对数据进行降维处理的多元统计分析技术。在农业相关学科研究中,无论自然现象还是社会经济现象都涉及大量的影响因素,这使得应用如回归分析等统计技术确定自变量与因变量之间的关系遇到困难。因子分析通过探查观测变量的内部依存关系,将众多观测变量转变成仍能够反映全部信息的少数几个因子,从而实现数据的化简,然后用这些因子替代原来的观测变量做其他形式的统计分析。因子分析方法起源很早，但这种方法的广泛应用则是随着统计软件日益完善而实现的。在我国，近年来在农业相关学科研究中应用最多的是主成分分析法。

当考察受随机因素影响的动态系统时，马尔可夫链是一种有价值的分析工具。马尔可夫链针对的是时间、状态均为离散情况的随机转移过程，系统在每个时期所处的状态是随机的，从当前时期到下个时期的状态按照一定的概率进行转移，并且下个时期的状态只取决于当期的状态和转移概率，与以前各时期的状态无关，这种性质称为无后效性。马尔可夫链模型在经济、社会、生态、遗传等许多领域中有着广泛的应用。

(2)回归分析：回归分析是模式识别的主要技术，其数学理论基础是概率论和数理统计。回归分析的基本任务是建立自变量与因变量之间的数量关系，这种数量关系表现为包含扰动项的随机函数关系。回归分析基于自变量和因变量之间的作用机制假设和误差分布形式假设，按照一定的规则利用样本数据得到回归方程参数的最优估计。回归方程可以用于对已有理论的可靠性做统计检验，对所关注现象做机理上的解释，并以此为基础对未知情况做统计推断。利用估计的回归方程或其参数可以构造更为复杂的模拟仿真模型。由于回归模型是一种基于样本资料的统计分析技术，样本数据的代表性和准确性对模型估计结果有重要的影响。

回归模型根据自变量数量的多少分为一元和多元回归模型，根据方程能否线性化分为参数线性回归模型和参数非线性回归模型，根据单向还是双向因果关系分单方程模型和联立方程组模型。近年来，不断有针对特殊情况的新模型估计方法和相应软件被开发出来，使回归分析成为一种简便易行的数据处理工具，在很多领域得到广泛应用。从20世纪80年代开始，我国农业相关学科研究中也开始普遍使用回归分析技术。随着国际交流的加强，一些国外新开发出来的特殊模型和相应的估计技术在国内也很快地得到应用，例如离散或受限因变量模型、前沿函数、广义矩估计方法、贝叶斯估计方法等，国内外的技术差距趋于缩小。

由于自然科学研究与社会经济科学研究具有不同的特点，因而在使用多元回归技术上存在某些重要差别。在自然科学研究中，回归技术通常用于对实验结果或调查数据进行描述和分析，有时涉及大量不确定的解释变量，如逐步回归、主成分分析等估计技术应用较为普遍，主要应用涉及生物生长、农业气象、生态环境等方面的模型。在社会经济研究中，回归分析已经演变成计量经济学这样一门有独特内容和方法体系的学科，在方法论上强调正确设定模型和对理论假说与实践的一致性进行检验。在国际上，计量经济模型方法已经成为人文学科占据主流地位的实证研究工具。近年来，国内学者利用计量经济学方法对我国农业问题做了大量研究，涉及从微观个体到整个农业部门等不同层次的生产、供给、需求、贸易行为，产生了很多有价值的研究成果。

结构方程模型(Structural equation modeling)是回归分析技术的一个新发展，从20世纪90年代初才开始在国外得到广泛应用。结构方程模型比传统多元回归模型更进一步，把自变量相互间的影响也纳入到考虑之中，进而将自变量对因变量的影响分解为直接作用和间接作用，从而有助于更深入地了解整个模型系统中变量之间的复杂因果关系。结构方程模型适用于处理方程组中包含一些无法直接观测的解释变量(称作隐变量，Latent variables)的情况，例如劳动力素质、经营者的管理能力等，其方法是先找到对隐变量具有影响的可观察变量作为其标识,然后利用这种信息估计结构方程模型。由于隐变量的观察标识存在测量误差,此时采用常规多元回归方法将得到有偏的模型参数估计,而结构方程模型可以处理这种情况。在我国的农业相关学科研究中,这是一个有良好应用前景的新方法。

(3)时间序列分析:时间序列分析是一种利用所研究现象动态数据揭示其变化模式的统计方法,主要用于对自然或社会经济现象做预测。时间序列分析方法认为,时间序列数据是对所关注现象历史变化的客观记录,包含有系统动态变化特征的信息,这些信息体现为不同时期观察值之间的依存关系,这种依存关系具有一定程度的稳定性。时间序列分析方法利用所研究现象自身的样本观察值估计这种动态依存关系的函数表达形式和参数,从而揭示时间序列的动态变化特征,然后据其对该现象的未来变化做预测。时间序列分析方法不以因果关系为基础,这是不同于回归分析的主要地方。

常用的时间序列分析方法主要有简单的时间趋势模型、一元向量自回归模型和多元向量自回归模型。时间趋势模型假定时间序列的变化为时间的函数,以此为基础建立模型和进行预测。一元向量自回归模型估计单个时间序列自身动态变化的特征参数,据此进行预测。多元向量自回归模型考察多个关联时间序列的动态行为,这些时间序列互为因果,并且可能受某些共同的外生变量的影响。在社会经济领域,基于协整(Cointegration)的多元向量自回归模型常常用于对社会经济现象间是否存在长期均衡关系及因果方向进行统计检验,在此基础上建立的误差修正模型可以揭示系统的短期和长期动态调整模式。

时间序列分析方法在市场预测领域应用较早。近年来,新的时间序列分析技术不断开发出来,相应的软件也日益成熟,使得这种方法得以广泛应用到农业相关学科研究中,如对降雨量、地下水位变化、农作物需水量、农产品价格、农村经济发展、农业资源数量变化等自然现象和社会经济现象变化趋势做的预测。

2. 不完备信息情况下的模式识别技术

在科学研究和社会经济活动中,人们经常会遇到信息不完备的情况。例如,分析中使用的一些概念本身具有模糊性,使得难以对事物属性做出明确分类;由于噪声干扰及其他限制,从实际系统采集到的数据常常既不精确,也不完整;人们对现象之间的关系性质只有初步的了解,因而模式识别工作难免盲目性;研究自然或社会经济系统时,研究者往往是根据研究工作的需要和能力限制主观地确定研究范围,这可能导致系统边界信息和结构信息不完备,影响到对系统运行行为参数的可靠识别;使用的样本过小,经典数理统计方法不再是模式识别的适用手段。近年来,一些新的模式识别技术被开发出来,在一定程度上解决了信息不完备构成的限制。

(1)灰色系统理论:我国的邓聚龙教授于 20 世纪 80 年代初提出了灰色系统理论,这一理论针对只有部分信息已知的小样本情况提出了一系列分析方法,通过充分挖掘已有信息来了解和认识系统行为特征,把握背后的规律性,在此基础上提供有关系统行为的分析预测。灰色系统理论强调信息不完备、不确定是普遍和持续的现象,强调在信息不完备的条件下认知也是不完全的,强调在建立模型时要重视新信息,强调在信息不完备的条件下只能寻找满意解而不是最优解。经过 20 多年的发展,灰色系统理论已经形成了基本的结构体系,主要的应用分析方法包括灰色关联分析、灰色模型建模、灰色预测、灰色决策、灰色控制和优化等。灰色系统理论具有一定程度的主观性,主要体现在对不同时期资料赋予的权重选择、模型的参数选择等方面。

由于灰色系统对数据没有特殊的要求,方法简便易学,因而在我国农业研究中得到广泛应用,涉及对多种农业系统运行行为的分析、对经济指标的预测等,其中 GM(1,1)预测模型是应用最多的方法。

(2)模糊系统和模糊数学:模糊数学理论是由美国的扎德(L. A. Zadeh)教授于 20 世纪 60 年代中期创立的。他建立了模糊集合论,引入"隶属函数"这一概念对具有模糊性的现象进行分类,形成了模糊信息处理技术。与经典数学考虑的精确数量关系不同,模糊数学研究如何用数学方法处理现实中大量存在的模糊现象。随着理论和分析技术的发展,模糊数学在人工智能领域发挥了越来越大的作用,特别是近年来模糊数学理论与人工神经网络、遗传算法、可靠性理论等结合,开拓了一系列有广泛应用前景的领域,如模糊神经网络、基于模糊控制原理的多目标决策等。模糊数学也为软科学领域研究的定量化提供了数学语言和分析方法。

在农业相关学科研究中,模糊数学的一项重要应用是模糊聚类分析,这是一种基于模糊集理论解决聚类问题的方法,得出的分类结果只指明事物在多大程度上属于哪一类,而不是做出绝对的类型划分。模糊聚类方法的应用范例有对土壤类型的划分、对地下水水质的评价等。另一项重要应用是模糊综合判别分析,应用范例有农机选型,地下水水质评价等。

(3)数据挖掘技术:数据挖掘(Data mining)是一类基于计算机方法从原始数据中探索性地寻找知识的分析技术,适合处理已有知识不完备的情况。数据挖掘基于"由过去的经验能够很好地预见未来"这样一个关键假设,其方法是通过对样本数据的处理,从中抽取潜在的系统行为模式、变化趋势等有用信息,在此基础上对未知情况进行推断,从而将原始数据转换成决策支持信息。数据挖掘涉及数据收集、数据质量评估、模式识别和检验、结果解释等主要步骤。数据挖掘法综合了数据管理、数理统计、人工智能、模糊逻辑、决策支持和计算机图形学等多方面的新技术,形成多种不同的算法,如神经网络、遗传算法、决策树等。目前数据挖掘技术尚仍处于逐步发展完善阶段。

人工神经网络(artificial neural networks)是通过数学方法模仿人脑结构及其功能的一种非线性信息处理技术。人工神经网络具有大规模并行、分布式储存和处理、自组织、自适应、自学习和容错性等特点,有很强的非线性处理功能,适合于多因素、多条件、因素相互作用机理不清晰、数量关系不精确和信息模糊情况下的数据处理问题。应用人工神经网络方法,需要先利用给定的训练样本对网络进行训练,使其获得有关系统运行的知识,即连接神经元的参数,通过不断调整使网络的输入和输出向给定样本模式逼近,直到误差达到可以接受的程度,经过训练的人工神经网络利用学习中获得的有关输入和输出信息之间的依赖关系对未知情况做预测。人工神经网络的弱点是,这是一种基于经验的处理非线性问题的方法,缺乏统一的数学理论支持。另外,当神经网络规模较大和样本较多时,训练时间可能过长,这是制约人工神经网络实用化的一个主要因素。开发提高训练速度的算法是这一领域的研究热点。在我国,人工神经网络技术从 20 世纪 90 年代中期开始在自然科学和人文科学研究中得到应用,涉及预测、复杂系统建模和智能控制等领域。在农业相关学科研究中,人工神经网络被用于模拟生物生长过程、描述地下水位动态变化、土壤和水质分类、动植物病虫害诊断系统、作物产量预测等多种工作,基于神经网络的智能决策和专家系统开发也已经起步。

粗糙集(Rough Set)理论是波兰数学家 Z. Pawlak 于 20 世纪 80 年代初提出的一种研究不完备数据和不确定知识的数学方法。该理论从新的视角对知识进行定义,把知识看做是关于论域的划分,认为知识具有粒度(granularity),知识的不精确性是由于知识粒度太大引起的。粗糙集理论的主要思想是将不精确或不确定的知识用已知知识库中的知识来近似刻画,通过对知识的约简导出决策或分类规则。粗糙集关于知识的定义、属性约简、规则提取等理论为数据挖掘法提供了理论基础,基于粗糙集的数据挖掘技术及其与其他数据挖掘算法相结合形成的多种混合数据挖掘算法大大丰富了这一领域的工具。例如,在人工神经网络应用中,依据粗糙集理论化简训练样本集、在保留重要信息的前提下消除冗余数据可以起到加快训练速度的作用。粗糙集已成为人工智能领域中一个新的研究热点,在机器学习、知识获取、决策分析、过程控制等许多领域得到应用。近年来,我国已经有学者利用粗糙集理论研究作物病虫害预警、对粮食生产的科学管理等问题。

支持向量机(Support Vector Machine) 是在统计学习理论(Statistical learning theory)基础上发展起来的新一代学习算法。统计学习理论是一种专门研究小样本情况下机器学习规律的理论,该理论针对小样本统计问题建立了一套新的理论体系,其统计推理规则不仅考虑对渐近性的要求,而且追求在有限信息条件下获得最优结果,具有严格的理论和数学基础。支持向量机是在 20 世纪 90 年代初提出的,它特别适用于处理小样本情况下的模式识别,其算法可以保证得到全局最优,并较好地解决了高维数下算法复杂化问题,适用于处理模式识别、回归估计、系统控制等问题。我国学者在将支持向量机方法用于农业相关学科方面做了研究,涉及概率型支持向量机、模糊型支持向量机等计算方法的开发应用。目前向量支持机方法仍处在发展之中,应用技术有待进一步完善。支持向量机涉及高深的数学知识,实现该算法的计算机程序编制工作也相当复杂,这是一个限制其应用的主要因素。在国际上,一些研究者通过网络免费提供向量支持机计算程序,加快了这种方法的普及应用。

(二)模拟仿真方法

利用数学模型对农业生产经营系统在不同条件下的行为做模拟,已经在农业相关学科研究中广泛使用。由模拟仿真可以获得对未知情况的判断,这种信息有助于决策者制定合理的调控措施,因而在实践中具有重要的应用价值。模拟仿真模型不同于优化模型,其目的并不是寻找数学上的最优解,而是获得不同情况下出现的结果,由研究人员通过对比分析和综合评价,再向决策者提出建议。

从数学角度看,模拟仿真表现为对反映研究对象行为模式的数学方程组进行求解。模拟仿真模型中包括的方程数量可多可少,方程形式可以是静态的线性或非线性数学函数,也可以是动态的差分方程或微分方程。对于由线性方程组成的模型,求数值解的技术已经相当成熟。对于包括非线性方程的模拟模型,很多时候无法直接求数值解,而是需要利用各种数值逼近算法求得近似解，这产生了求解的收敛性问题和解的非唯一性问题。动态模拟模型适合于刻画生物生长过程及其与环境的交互影响，因而更符合农业相关学科研究的需要，但这类模型缺乏通用的求解方法和计算机程序，这使得其应用受到限制。下面简要介绍在农业相关学科研究中应用模拟模型的典型案例。

1. 作物生长模拟模型

作物生长模拟技术是20世纪60年代初在西方国家最先出现的。在以后的几十年内，随着计算机科学技术的发展，对作物生长模拟模型的研究进展非常迅速，建立了多种农作物的生长模拟模型。我国在这一领域的研究起步较晚，早期工作侧重于引进吸收国外的成熟模型，然后根据我国情况对模型参数进行校正和进行应用检验。随着经验的积累，我国学者开发了反映本国特点的作物生长模拟模型，主要涉及水稻、小麦、棉花、玉米等粮食作物。

作物生长模拟模型将复杂的作物—土壤—大气系统分成不同等级的亚系统，依据作物生育规律，用数学方程反映农业生产系统与外部环境系统的相互作用关系、作物生育动态过程与各不同阶段影响作物生育的关键因子之间的关系。在一定程度上，作物生长模拟模型可以用来替代常规实验方法，产生分析结果的成本低、周期短、效率高，因而得到越来越多的应用。构建作物生产模拟模型，总的思路是按照各因素影响作用高低和尺度大小，从理想条件逐渐接近现实大田生产条件。然而越接近真实的生产环境，模型需要考虑的因素就越多，各种因子之间的关系也越复杂，模拟条件越难加以控制。为了保证可操作性，有关研究通常侧重于详细反映研究课题所关注的特定方面，将其他因素尽量简化，这使得模型缺乏一般适用性。此外，由于这类模型多是以田间试验结果为依据确定参数，因此在田块水平得出的模拟结果较好，扩展到区域或国家水平的应用则不尽如人意。从发展前景看，作物生长模拟模型可以与经济评价模型整合，形成智能化的专家系统或决策支持系统，作为制定生产管理措施的辅助工具。国内外的学者在这一领域已经做了有益的探索。

2. 经济系统模拟模型

在经济学研究中，使用模拟模型对微观或宏观经济系统做模拟分析的情况也越来越多。经济数学模型以经济学理论为基础，用一系列行为方程反映供给、需求、贸易和市场均衡机制，同时引入影响经济系统运行的政策变量及其他外生变量。给定外生变量后，通过求解方程组得到与此特定外生变量组合相对应的内生变量值，即所研究系统在特定方案下的运行结果。改变外生变量后，求解得出的内生变量值也随之变化，这是利用模拟模型对不同政策做评价的基础。经济系统模拟模型可以用作政策试验室，考察不同政策方案可能产生的综合效果，包括短期影响和中长期影响，直接影响和间接影响，从而为政策制定提供参考依据。

应用经济模拟模型分均衡模型和非均衡模型两大类，其中前者适合市场经济模式，后者较多地用于分析传统计划经济模式。均衡模型又可以分为局部均衡模型(Partial equilibrium models)和一般均衡模型(General equilibrium models)，前者针对的是单一或数个商品市场，在求解均衡值时将宏观经济和其他商品市场看做是既定的外部环境；后者反映完整的国民经济甚至世界经济,所有商品和要素的供求数量及价格通常均作为模型的内生变量。

在西方国家,局部均衡模型和一般均衡模型早已得到广泛应用,很多国际机构和学术机构设置了专门的队伍开展经济模型研究。在国际上,典型的农业部门局部均衡模型有联合国粮农组织(FAO)和贸易发展大会(UNCTAD)合作建立的 ATPSM 模型、经济合作与发展组织(OECD)建立的 Aglink 模型、由美国多所大学合作建立的 FAPRI 模型等,典型的一般均衡模型有美国普度大学的 GTAP 全球贸易模型。

我国学者从 20 世纪 80 年代初开始致力于建立反映我国农业经济的模拟模型。由中国科学院农业政策研究中心开发的 CAPsim 模型是一个具有代表性的中国农业部门局部均衡模型,可以用于对多种农产品市场和相关政策做模拟分析。在农产品贸易政策分析方面,国内有多个学术机构利用美国普度大学设计的 GTAP 全球贸易分析模型对我国及世界范围的农产品贸易政策改革做过模拟分析,获得了一些有参考价值的政策信息。投入产出表是一种特殊形式的可计算一般均衡模拟模型,主要用于国民经济分析。由投入产出表可以考察农业部门内部及农业部门与非农业部门之间的联系。我国从 20 世纪 80 年代初开始编制全国投入产出表,目前已经形成了规范的制度,但表中农业部门的分类较粗,降低了在农业研究中的应用价值。80 年代后期,中国科学院自动化研究所在建立我国农业部门投入产出模型方面做过有益的探索。我国的经济模拟模型研究工作一方面受到数据不完整、不准确的限制;另一方面也缺乏稳定的资金保障和队伍,很多研究工作属于项目性质,缺乏持续性,这是一个主要问题。

3. 系统动力学模型

由美国福瑞斯特教授(W. Forrester)于 20 世纪 50 年代末提出的系统动力学(system dynamics)模型是将计算机模拟技术与系统理论结合起来用于研究复杂系统行为的一种工具。系统动力学采用专门的计算语言,用一系列具有反馈关系的差分方程描述所研究系统的动态行为,并借助于计算机模拟技术探查系统的动态变化趋势。系统动力学模型侧重于考察系统的动态行为。由于模型中的方程参数一般由研究者经验设定,因而模型模拟结果不具有统计意义,此外,模拟结果依赖于设定的初始值、由方程体现的系统动态调整机制及参数取值,需要通过敏感性分析来确定可信度。

国际上早期应用系统动力学进行研究的代表作是《增长的极限》一书。该书探讨了世界范围的人口、自然资源、工农业发展和环境之间的相互联系和制约,其核心见解是,由于资源耗竭和环境破坏,以指数形式的经济增长模式是不可能长期持续的。这一研究在世界上造成很大反响,引起人们认真思考人类社会未来的发展前景。对该研究的主要批评意见是,模型缺乏坚实的经济学行为基础。我国从 20 世纪 80 年代初期开始引进和介绍系统动力学模型。一些学者利用系统动力学方法对农业和农村经济发展做过一些探索性的研究工作。

(三)目标优化方法

在对农业大系统的研究中,如何使系统实现优化是一个重要的决策问题。由于农业大系统涉及土壤、植被、水文、气象、地质、经济、人文等多种因素的相互影响,因而农业系统优化问题具有高维数、多峰值、非线性、非连续性、噪声干扰等特征。对反映这种复杂系统的数学模型求最优解的能力是限制优化方法在农业相关学科中的应用的主要因素。

实现优化必须有相应的评价指标,即目标函数。评价指标不同,得到的优化结果也不同。对于现实问题,决策者的目标可以是单一的,也可以是多元的;目标实现的程度受到多种因素的限制,如资源的可获得性、技术能力、市场需求规模等。从数学角度看,这类问题都可以概括为受约束的最优化问题。由于求最优解存在难度,一些通用的优化模型常常对方程的数学形式严格限制,例如线性规划模型要求目标函数和约束条件均为线性函数,这降低了对现实情况反映的真实程度;动态及非线性优化模型虽然能够较好地再现真实系统行为,但现有计算方法难以对涉及众多因素的大系统模型求最优解。近年来,随着人工智能研究取得进展,如人工神经网络、智能优化算法(遗传算法、免疫算法)等一些新的数学理论和优化技术被开发出来,并且开始在农业相关学科研究中得到应用。下面介绍典型的优化模型及其应用。

1. 运筹学模型

运筹学是一种在有限资源和技术限制下寻找问题最佳解决方案的分析技术,包括多种不同的优化方法,如数学规划、决策论模型、博弈论模型、层次分析法等,分别针对不同类型的优化问题。

数学规划法是运筹学的一个分支,包括线性规划、非线性规划、目标规划、动态规划等多种方法。在这些方法中,线性规划是最为成熟的技术,实际应用也最为普遍。目前国外已经开发出如 GAMS、GEMPACK 等一些通用软件包,较好地解决了求解非线性联立方程组的难题。动态规划方法涉及的问题缺乏一般性,求解技术复杂,在应用上仍受到较大限制。

在 20 世纪 80 年代期间,我国一些研究机构曾经利用线性规划法对优化农业地区布局和结构做过较为深入的研究。随着我国由计划经济体制向市场经济制度过渡,在宏观层次使用数学规划模型对农业部门做的研究数量减少,在微观层次则有将这类方法用于研究局部地区的资源配置优化和农户行为的情况。还有一些研究建立了反映地区性特定农产品供给、需求和地区间贸易关系的空间均衡模型(Spatial equilibrium model),借此对不同政策进行评估。

博弈论模型体现行为主体之间的对策行为,这是社会经济生活中的常见现象,从原则上说很适合分析微观主体的行为。近年来我国一些学者尝试利用博弈论模型对农民、涉农企业和各级政府的行为做研究。然而,这样的分析虽然对各主体的行为模式给出一些非常具有洞察力的解释,但由于得到的结果对主观设定的损益值较为敏感,因而其作用主要是定性剖析,而不是对实际问题寻求数量上的最优解。

决策论模型有多种形式,主要应用在企业经营管理和投资项目管理工作中。在我国的农业相关学科研究中,这类方法也有一些成功的应用范例。

层次分析法(Analytic Hierarchy Process)是美国运筹学家 T. L. Saaty 于 20 世纪 70 年代末提出来的,现在已发展成为一种较为成熟和实用的多方案、多目标决策方法。层次分析法依据先分解后综合的思路,首先根据问题的性质和要达到的总目标,将所要分析的问题分解成不同的组成因素,然后按照因素间的相互关系及隶属关系将因素按不同层次聚集组合,形成系统的递阶层次结构,由专家对各层次、各因素的相对重要性给出定量评价指标,在此基础上利用数学方法计算各层次要素相对于总目标的综合排序权重,按最大权重原则确定出最优方案。层次分析法将优化决策转变为确定最低层(方案、措施、指标等)相对于最高层(总目标)重要程度的权值或相对优劣次序问题,这一方法采用定性与定量相结合的方式处理决策问题,具有简便灵活的优点,因而在很多领域得到应用。应用层次分析法需要特别注意因素分解的合理性及正确设定因素间的关系。层次分析法于 20 世纪 80 年代初介绍到我国,近年来一些学者利用此方法对与农业有关的问题做过研究,取得了一些经验。

2. 控制论模型

控制论模型和系统动力学具有相似的性质,所研究的对象均是动态系统的行为,但控制论模型突出对系统的优化调控机制。控制论模型以系统的动态行为特征为前提,考虑如何通过对一组控制变量进行调控来实现最优目标。从数学性质上看,控制论模型基于一系列动态方程,系统的输出同时受到不可控投入数量和控制变量水平的影响,决策者可以根据系统输出指标与最优目标之间偏差的大小和方向改变控制变量,对系统实施调控。控制论模型最初主要应用于空间工程,借此实现节约成本的目的。随着计算机技术不断进步,控制论模型开始应用于对其他工程问题或社会经济现象的研究。在农业领域,控制论模型较多地用于研究一些具有长期效应的动态决策问题,如森林的最佳采伐期确定、渔业资源的最优利用等。应用控制论模型常常遇到小样本时间序列数据不足以支持估计经验模型的难题。此外,对于主要基于非线性方程的控制论模型,求解控制变量的最优解常常遇到计算上的困难,特别是在控制变量较多的情况下。最后,当用控制论模型探讨长期发展问题时,还需要考虑系统运行机制和调控机制发生改变的可能性。

3. 遗传算法

遗传算法 (Genetic Algorithm)由美国密歇根大学的 John Holland 教授于 1962 年提出。遗传算法是一种模拟生物在自然环境中的遗传进化过程而形成的一种自适应随机优化方法,它克服了确定性优化方法依赖初始点选择而易出现局部最优的缺点,是一种全局优化方法。遗传算法利用已有的寻优信息指导在解空间的搜索,它把每一代获得的优秀信息遗传到下一代,把劣点淘汰,通过这种进化过程逐步向最优点逼进。遗传算法在求解过程中保留多个当前解,从而允许进行并行计算,使寻优结果具有较好的稳健性。遗传算法本质上是一种智能优化方法,其结果是一组好的解,而不是唯一解,特别适合处理存在模糊、不确定性、多维、多峰值、非连续性和非线性等复杂特性的大系统优化问题。目前遗传算法仍处于不断发展之中,理论和方法尚不够完善,全局搜索最优的能力有限,有的情况下出现计算时间过长的问题。在实际应用中,遗传算法常常与模糊数学、神经网络等技术相融合,以提高表达和解决实际问题的能力。在国外,遗传算法已经被用于对农田水动态、水利工程、环境等问题的分析。近年来,我国学者将遗传算法应用于水利工程建设项目分析评估,如节水灌溉模型设计,取得了一些成功经验。

五、发展趋势

从科学发展史看,追求跨越学科界线的统一理论和统一方法是现代科学发展的一个重要特征，而数学正是实现这一目标的平台。在这方面，农业相关学科绝不会是例外。从国际范围看，可持续农业、精准农业已经从理论讨论变为日益广泛的实践，这一发展不仅要求农业相关学科将本学科知识数量化，而且需要构建跨越多个学科的数量化知识平台，从而为解决实际问题提供更为科学、更为有效的指导。就此而言，农业数学学科面临艰巨的任务。

农业相关学科研究的对象是农业大系统，涉及的因素多，因素间的关系复杂，很多因素及其间的数量关系表现具有不可控、不确定性、模糊、非线性、非连续性、时变性等特征，这使得模式识别工作存在很大的难度，需要有适合的分析方法和计算技术。虽然目前农业相关学科研究中使用的数学知识已经越来越高深，分析模型也越来越复杂，但与现实的农业生产系统相比仍属于高度简化。从支持农业技术和社会经济研究的需要看，数学在农业中的应用将会更多地涉及复杂系统，因而需要有更强的处理模糊概念、随机性和不确定性的能力。从今后的发展趋势看，不仅农业相关学科自身的知识体系需要数量化，而且迫切需要加强跨学科的知识集成。农业数学学科需要针对这种需要，开发相应的数学工具，从而为农业相关学科发展提供更有效的支持。

更为重要的是，在将农业科学知识用于指导实践活动时，研究者需要充分考虑技术过程与自然和社会经济环境的关系，考虑技术应用的短期后果与长期后果，并从不同技术方案中选优，从而为决策部门提供科学的参考意见。这一方面要求从数学角度解决复杂系统的优化问题；另一方面要求实现信息系统与决策分析工具的整合，从而能够将高深的理论知识转化为便于实践者理解和操作的专家系统、决策支持系统、管理信息系统等应用工具平台，消除应用上的瓶颈。在这一领域，具有自学习、自适应功能的智能化数学模型方法具有良好的应用前景，需要加强相关的研究。

从未来的发展看，数学对农业相关学科研究和实践的支撑作用会越来越强。因而，农业数学学科发展必须适应这种社会需要，一方面加强农业科技人员的数学教育，培育其处理数据和应用数学分析工具的能力，从而提高农业科研的水平；另一方面要根据我国农业和农村的现状，在开发应用型数学模型平台方面做出更大努力，这包括增强应用模型的开放性，简化模型操作方法，改进使用者与模型的交互界面，加强具有人工智能的专家系统开发，使模型具有更强的逻辑推理、自我学习和自我加强能力，以消除在实践中应用的瓶颈。

参考文献

[1] Greene, William H. Econometric analysis (5th Edition). Prentice Hall Inc. Upper Saddle River, New Jersey, 2002.

[2] H. 范柯伦，J. 沃尔夫著，杨守青等译. 农业生产模型：气候、土壤和作物. 北京：中国农业科技出版社，1990.

[3] Mehmed Kantardzic 著，闪四清，陈茵译. 数据挖掘：概念、模型、方法和算法. 北京：清华大学出版社，2003.

[4] 邓乃扬,田英杰.数据挖掘中的新方法——支持向量机.北京:科学出版社,2004.
[5] 付强.数据处理方法及其农业应用.北京:科学出版社,2006.
[6] 黄芳铭著.结构方程模式:理论与应用.北京:中国税务出版社,2005.
[7] 蓝鸿第,刘庚山,李友文.控制论初步及其在农业气象学中的应用.北京:气象出版社,2002.
[8] 李鸿吉.模糊数学基础及实用算法.北京:科学出版社,2005.
[9] 刘思峰,党耀国,方志耕.灰色系统理论及其应用.北京:科学出版社,2004.
[10] 沃尔特·恩德斯著,杜江,谢志超译.应用计量经济学时间序列分析(第2版).北京:高等教育出版社,2006.
[11] 夏少刚.运筹学:经济优化方法与模型.北京:清华大学出版社,2005.
[12] 玄光南,程润伟著,于歆杰,周根贵译.遗传算法与工程优化.北京:清华大学出版社,2004.
[13] 于春田,李法朝.运筹学.北京:科学出版社,2006.
[14] 苑希民,李鸿雁.神经网络和遗传算法在水科学领域的应用.北京:中国水利水电出版社,2002.

撰稿人:田维明　介跃建

农业生物物理学学科发展

一、引言

近年来,农业生物物理学研究取得了迅速发展,为农业生产提供了应用基础。

在高能辐射和空间诱变育种方面,在提高农作物新品种的品质和产量、研究诱变育种机理、提高辐射诱变育种的诱变效率等方面,取得了一系列成果。育成一批高产、优质、多抗、综合性状优良,适应当前国内各个不同生态区域农业生产需求的农作物新品种;据统计,中国累计育成新品种占世界辐射诱变育成品种总数的1/4多,总体水平上继续保持了在国际领先地位;仅国家攻关项目内育成新品种的推广面积就超过1亿亩。同时,创造出2 000多份优异突变新种质、新材料,经过评价鉴定,已有相当一部分被作为原始材料用于新品种选育,并获得了良好的育种效果。

在食品的辐照储藏和保鲜方面,中国已批准6大类辐照食品的国家卫生标准和17种辐照食品的国家工艺标准。并于2002年建成"农业部辐照产品质量监督检验测试中心"。到目前为止,我国农用辐照装置已超过70多座,全国28个省、市、自治区的100多个单位分别对200多种食品进行了辐照保鲜、杀虫灭菌、改善品质等方面的研究,已形成规模效益,正在向集团化、产业化方向发展。

在电磁学、光学、声学、电子一离子束等物理方法和技术促长增产方面,进行了大量的基础和应用基础研究。如激光诱变育种;离子注入改良农作物品质和抗病虫害性能;利用光生态膜、静电场、梯度磁场、超声波促进作物生长增产,发展物理肥料;利用电子束辐照杀虫灭菌推迟成熟、延长货架等。并对这些物理作用的生物效应和作用机理、变化规律做了大量的研究,取得了显著的经济效益。

在核素示踪技术方面,该技术已经在农业科学的各个领域广泛应用,其中在提高肥料利用率的研究中,核素示踪法可以检测肥料损失发生的时间,研究肥料元素在土壤中的转化以及不同施肥方法的有效程度,为科学合理地施肥、充分发挥肥料的肥效提供了科学的信息;在研究植物生理中的应用为阐明植物营养代谢的基本规律,改进栽培技术,指导农业生产发挥了积极作用;在研究家禽、家畜的生殖生理、营养代谢及疾病诊断等方面也取得了重要的成就,核素示踪技术在农业科研与生产中正在发挥着越来越大的作用。

在农业生物仪器与信息检测方面,为了实现农业生产高产、高效、优质、生态和环保,实现工厂化农业、精细农业、虚拟农业等现代化农业,在整个农业生产过程中均需快速采集农业生物体、土壤环境、小气候与气象环境等有关信息,以便及时做出决策,指导生产,农业生物仪器是现代农业各个环节信息的主要源头;是现代农业的前提和保障。近年来,我国自主开发了一系列农业信息检测仪器并实现了批量生产,取得了长足进步。但我国科学仪器整体基础薄弱,研发力量和投入不足,生产企业虽多,但规模不大,产值和水平还很落后,仪器的稳定性、可靠性及功能均有待急速提高。

传统的增产技术却过多地依赖于使用化肥、农药和其他化学药品,结果导致生态环境破坏加剧,农产品品质降低,食品安全问题严重。农业生物物理学运用物理方法和技术与农业生产有机结合,采用物理促控、物理防治、物理肥料和物理分析检测等方法,对农业生物体进行无害化处理,解决农业增产,改善品质,良种培育,保护生态环境,保证食品安全,成为现代农业发展重要支柱和坚实基础。

二、农业生物物理学的基本概念和任务

农业生物物理学是运用物理学的理论、方法和技术研究农业生物体的物理性质、农业生产过程和农业生物生命过程中的物理或物理化学规律以及物理因素对农业生物体的影响和作用机制的科学。它是物理的理论、方法和技术与现代农业相结合的产物,是物理学、电子学、材料学、动植物学及农学领域的土壤学、育种学、栽培技术和遗传学等多学科交叉综合的一门学科。农业生物物理学的基本任务是:①研究各种物理因子(光、电、磁、声、热、高能辐射等)对农业生物体的影响,并阐明其生物学效应及作用机理;②运用各种物理理论、方法和技术研究农业生物体的基本结构、性能及其物理和物理化学过程,并阐明其运动规律;③将现代物理技术应用到农业科学中,促进现代农业的发展。

农业生物物理学经过了近50年的发展,逐渐形成了自己独特的方向,当前农业生物物理学的主要研究方向有三个方面。

(1)核农学:是核素示踪学与核辐射技术及其在农学和农业生产中的应用。核素示踪学是利用放射性核素衰变和稳定性核质量差异作为信息表达,通过核化学分析和核物理仪器的探测获取信息,从而揭示农学和农业生产中的奥秘。核辐射技术是利用核辐射与物质相互作用产生的物理学、化学和生物学效应,对生命物质进行改造,创造生物新种质,刺激生物增产、杀虫灭菌、利用和保持自然资源等。

(2)应用生物物理学:是近代物理理论与方法在农学和农业生产中的应用。主要是将光、电、磁、声、热等物理技术和农业生产有机结合,用特定的技术方法作用于农业生物体,对农业生产过程施加影响和控制,达到增产、优质、抗病、保鲜和高效的目的。

(3)农业生物仪器与信息检测及其应用:是利用物理理论、方法和技术进行农业生物体信息的提取、处理和应用。农业生物仪器是现代农业各个环节信息的主要源头;农业生物仪器的开发研制既是农业知识创新和农业技术创新的前提,也是农业创新研究的主体内容之一和创新成就的重要体现形式;是促进农业现代化、保护生态环境、保证食品安全、保障农业可持续发展的重要因素。

农业生物物理学的出现和发展,使现代农业达到更高的定量化程度,既是农业生产高产、高效、优质、生态和环保的重要手段,也是精确农业、数字农业、工厂化农业、绿色农业等现代农业的基础。

三、农业生物物理学的发展历史

20世纪50年代,苏联、美国、日本等国相继成立了生物物理学会,我国也于1958年

正式成立了中国科学院生物物理研究所，开始以放射生物学、宇宙生物学和理论生物物理学作为研究方向，同时建立了仪器技术组。与此同时，在中国科技大学建立了相应的生物物理系，培养专门的本科生。随后，许多综合性大学和医科、农业院校纷纷建立了生物物理专业或教研组，并把生物物理学分为理、医、农三大类，1959 年在原北京农业大学正式成立了农业生物物理学专业并招生本科生。

农业生物物理学从 1959 年成立到现在，已经有近半个世纪的历史，其发展大体经历了 4 个时期，即开拓创建期、初步发展期、全面发展期和调整提高期。

(一)开拓创建期

从 1958～1960 年，这一时期主要是确定研究方向、创建机构、组织人员、建立实验室，开展调研与探索性工作。

根据农业生物物理学的性质和当时农业发展的要求，确定了农业生物物理学 4 个研究方向，分别是核素示踪学与同位素技术及其应用、放射生物学与核辐射技术及其应用、应用生物物理学和农业生物仪器与信息检测。

在 1956 年，我国制订了第一个 12 年科技发展规划中，把核素与核辐射技术应用研究、科学仪器的开发研究列为重点发展项目，于是在农科院和农业院校建立了相关的研究室、教研组。如中国农业科学院在 1957 年建立了我国第一个原子能利用研究室，1960 年发展为研究所，主要进行核素与同位素技术应用和放射生物学与核辐射技术应用；而许多农业院校也建立了同位素教研组、放射生物学教研组和电子学教研组从事有关研究。到 1960 年，我国 27 个省、市、自治区都相继成立了省一级原子能利用研究所(室)；与此同时，原北京农业大学、原沈阳农学院、吉林农业大学、原浙江农学院、原华南农学院、原西南农学院等农业院校也相继建立了农业生物物理学专业，开始培养本科生和硕士研究生。

这期间，开始添置实验研究设施，建立实验室，进行基础性工作，为我国农业生物物理学发展奠定了基础。

(二)初步发展期

从 1961～1978 年，这一时期农业生物物理学得到了初步发展。

20 世纪 60 年代初，我国国民经济贯彻“调整、巩固、充实、提高”的 8 字方针，农业生物物理学科的各个方向都作了调整与加强。后来，虽然在十年动乱期间，农业生物物理学的研究遭受了极大干扰和破坏，但是由于农业生产的特殊性和农业生物物理学自身在生产应用中价值，在十分艰苦的条件下，广大农业生物物理学工作者仍坚持科学实验，取得了一批有一定水平和应用价值的科研成果，使学科得到了初步发展。

这期间，开发了超声波种子处理器，通过处理玉米、小麦种子提高产量。通过辐射诱变育成了 80 多个突变品种，推广应用面积达 100 多万 hm^2，其中水稻原丰早、大豆铁丰 18 和棉花鲁棉 1 号等品种还获得了国家发明奖。开发研制了 75FI 型便携式辐射计、75L-Ⅱ型累积式辐射仪、DX-2 型蛋白质分析仪和 GCT-Ⅱ型光电叶面积测定仪等一系列仪器，其中 75L-Ⅱ型累积式辐射仪获得了 1978 年科技大会奖。在此期间，还先后召开了 5 次全国性原子能农业应用研究工作与学术交流会议，有力地推动了学科的发展。

(三)全面发展期

从 1979～1986 年,随着国民经济的恢复与发展,农业生物物理学研究进入了一个新的全面发展时期。

首先,建立了一套完整的农业生物物理学人才培养体系。1980 年,许多农业院校恢复农业生物物理学专业本科生的招生。1981 年经国务院学位委员会批准设立农业生物物理学硕士点,大部分农业科学院和一些农业院校开始培养硕士研究生。1984 年经国务院学位委员会批准在中国农业科学院原子能利用研究所和原浙江农业大学设立博士点,开始培养博士生。从而为该学科的健康稳定发展提供了人才保障。

其次,促进了国内、国际的学术交流。随着国民经济的恢复与发展,改革开放深入,成立了许多与该学科密切相关的学术机构,如 1979 年成立了中国原子能农学会、同年还成立了中国仪器仪表学会分析仪器学会、1986 年成立中国分析测试协会等;创办了多种学术刊物,如《生物物理学报》、《分析仪器》、《核农学报》、《核农学通报》、《物理》等。国际交流国际合作也开始加强,如 20 世纪 80 年代初通过世界银行贷款引进了大量国外仪器设备,1984 年参加了国际原子能机构,慢慢进入了世界一体化的科学时代,学科研究无论从广度、深度还是从发展速度都有了很大的变化。

在此期间,农业生物物理学的研究领域从原来以辐射育种、核素示踪技术和农业生物仪器为主扩展到了食品辐射储藏保鲜、低剂量辐射刺激生物生长、各种物理因子(光、电、磁、电子一离子束)对农业生物体的影响及作用机理、核素示踪技术在土壤肥料、动植物营养代谢、农药的代谢与残留等研究;研究对象也从种植业向农、林、牧、渔各业展开;研究内容也从应用研究向基础研究、应用基础研究和开发研究延伸。农业生物物理学的各个研究领域全面开展,并取得了可喜的成绩。

(四)调整提高期

从 1987 年到现在,在这近 20 年中,随着计算机科学、生命科学、信息科学等许多新学科的发展,科学已从传统的学科向纵深发展,高度分化与高度综合同时并存。

农业生物物理学根据学科自身发展和现代农业发展需要,与其他学科相互渗透融合、紧密结合,而学科本身各个方向高度分化。如核农学引入生物技术,把研究纵深到细胞与 DNA 分子领域;而应用生物物理越来越多地与农业物理学融合在一起,成为物理农业的重要组成部分;农业生物仪器与信息检测方向则更多的是与仪器科学结合在一起,在现代农业、食品安全等发挥重要作用。

这期间,农业生物物理学一方面深入研究与农业生物体的作用机理、了解其物理和物理化学过程,并揭示其运动规律;另一方面,系统地进行推广、应用研究,加快产业化进程。

四、农业生物物理学的发展现状与进展

农业生物物理学一方面是研究物理因子对农业生物体的作用,另一方面是研究物理理论、方法和技术在农业生物体信息检测及其应用。物理因子对农业生物体的作用主要

有高能辐射、光、电、磁、声、电子一离子束等物理因子在农作物改良、杀虫灭菌、刺激生物增产、农副产品加工和食品保藏等方面，研究其作用机理、生物学效应及实际推广应用。而研究物理理论、方法和技术在农业生物体信息检测应用则主要有核素示踪技术和农业生物仪器两个领域。

(一)物理因子对农业生物体的作用

1. 高能辐射对农业生物体的作用

(1)作物辐射诱变育种：近年来，辐射诱变育种在提高农作物新品种的品质和产量、研究诱变育种机理、提高辐射诱变育种的诱变效率等方面，取得了一系列成果。育成一批高产、优质、多抗、综合性状优良，适应当前国内各个不同生态区域农业生产需求的农作物新品种；仅国家攻关项目内育成新品种的推广面积就超过 1 亿亩。与此同时，创造出2 000多份优异突变新种质、新材料，经过评价鉴定，已有相当一部分被作为原始材料用于新品种选育，并获得了良好的育种效果。通过对新诱变因素的诱变效果及其诱变育种方法的研究，推动了诱变育种方法在深度和广度上的进步，开发出属国内外首创的新方法和育种工具新材料。突变体鉴定技术得到改进，鉴定效率得到提高。

据统计，中国累计育成新品种占世界辐射诱变育成品种总数的 1/4 多，总体水平上继续保持了在国际领先地位。育成的新品种中有 40 多个获得国家级成果奖，其中有 18 个新品种获国家发明奖。从总体上说，辐射诱变育成的新品种每年为国家增加粮食 30 亿～40 亿公斤、棉花 115 亿～118 亿公斤、油料 0.75 亿公斤 ，每年创经济效益达 40 多亿元。

另外，自 1987 年以来，我国开展了航天育种研究工作，在航天育种机理研究、地面模拟实验和新品种选育方面开展了一系列科研工作。到目前为止，已有 50 多个利用航天育种技术育成的农作物优异新种质、新品系进入省级以上品种区域试验，包括水稻、小麦、番茄、青椒和芝麻等 10 多个农作物新品种或新组合通过品种审定，育成水稻、小麦、棉花、大豆、蔬菜、莲籽等 20 多个新品种已示范推广应用，居世界先进水平。与此同时，我国的诱变育种专家在航天育种关键技术的创新研究方面也取得重要进展。从粒子生物学、物理场生物学和重力生物学等不同角度研究了空间环境各因素的诱变特异性；开创了地面模拟空间环境诱变农作物遗传改良的新途径，为全面探索航天诱变育种机理和建立航天育种技术体系奠定了坚实的基础。

(2)辐射不育防治昆虫：利用高能辐射不育技术防治农业害虫是当今害虫防治技术中一项唯一有可能灭绝一种害虫的有效手段，该方法具有不污染环境，对人、畜及有益天敌均无害，杀虫专一性强，防效持久等特点，对保护我国农业生产和农产品贸易的正常发展，维护我国的生态安全都非常重要。

我国自 20 世纪 60 年代以来，先后对玉米螟、蚕咀蝇、小菜蛾、柑橘大实蝇、棉铃虫等 10 多种害虫进行辐射不育实验室研究，并对一些害虫做了释放试验，也取得了一些国家科技攻关成果。已成功实现在一定区域范围柑橘大实蝇辐射不育防治。但没有对一种害虫进行大规模工厂化生产和大面积释放。

目前，正在对处理后的当代及后代的不育程度、不同剂量染色体畸变程度与世代间不育规律、大量饲养和释放技术等问题进行深入研究,加强对严重危害我国生物安全的重大检疫害虫进行预警和防治技术研究,同时积极发展以辐射不育技术为基础的害虫区域防治技术体系。

(3)低剂量辐射刺激生物生长:低剂量的辐射处理可促使生物生长发育,像激素一样刺激生物生长发育,这种现象称之为辐射刺激生长作用。低剂量核辐射刺激生物生长是基于激活生物体内的同工酶,促进新陈代谢,加快生长发育达到提高抗病能力和增长的目的,所以它的使用可以节省农药和化肥,具有很好的生态效益。

我国在促进种子的萌发和出苗、刺激促长、提高产量,处理蚕、鱼和虾等提高卵的孵化率、促长、增强抗病性与可逆性等方面进行了大量的研究,并在蚕业和水产方面取得了进展。蚕经处理后产量提高,品质改善,这一技术曾在 10 多个省、市推广应用。但低剂量刺激效应效果不稳定,重现性差,正加强对该效应的机理及相关基础理论研究。

(4)食品的辐照储藏和保鲜:据联合国粮农组织估计,世界生产的粮食作物,由于质变及虫害,每年损失 20%～30%,达百亿美元之多,因而食品的储藏和保鲜历来就为人们所重视。食品辐照就是利用电离辐射的方法,杀死食品中的微生物与害虫,抑制农产品的代谢过程,减少食品败坏变质的各种因素,达到延长储藏时间和保鲜的效果。辐射储藏食品有许多优点,尤以杀虫彻底、干净卫生及操作方便突出。对于那些已经蛀入果实、粮食和食品内部的害虫,其他方法都不能和辐照相比。辐照食品不需要加任何添加剂,也不会感染放射性,所以没有非食品物质残留,很干净。辐照穿透力强,对于包装好或者已经加工好的食品也可以进行处理,所以操作更方便。

中国农副产品与食品辐照加工研究工作始于 1958 年。经过近 50 年的发展,在理论研究、工艺设施及商业化进程等方面均取得了较大的成就。中国已批准 6 大类辐照食品的国家卫生标准和 17 种辐照食品的国家工艺标准。并于 2002 年建成“农业部辐照产品质量监督检验测试中心”。到目前为止,我国农用辐照装置已超过 70 多座,全国 28 个省、市、自治区的 100 多个单位分别对 200 多种食品进行了辐照保鲜、杀虫灭菌、改善品质等方面的研究,已形成规模效益,正在向集团化、产业化方向发展。

2. 光对农业生物体的作用

光对农业生物体的作用主要有激光育种、光生态膜和农业生物体的超弱发光三个方面。

激光诱变育种是激光应用的一个领域。我国激光育种始于 1972 年,激光育种取得喜人的成绩,初期主要用于粮食作物,后来向经济作物扩展。激光育种是用一定强度和时间的激光辐照作物种子,提高种子的发芽率、发芽势等,同时改善叶绿素含量,增强光合作用强度和一些生物酶的活性,有利于作物的生长,达到增产的目的。目前在油菜、水稻、蔬菜、蚕卵、蚕蛹、鱼卵、鸡卵等方面都获得良好的效果,激光还用于酵母菌的诱变,得到良好变异菌种,此外在酒和食醋的催陈方面也获得了应用推广。

光生态膜用于植物生长中调节光的波长成分,使照射到作物上光的谱成分与作物的光合作用的作用光谱尽量趋于一致,从而达到促长增产的目的。目前,通过对番茄、人参的试验,有明显的促进作用,并进行小面积推广应用。

任何生命物质都会发射超弱光子流。这种超弱发光与生命体许多重要的生命过程,如氧化代谢、去毒作用、细胞分裂、光合作用甚至生长调节等有密切的关系。研究表明,作物种子的超弱发光强度与作物抗旱性和抗寒性呈正相关的关系。因此,测定作物种子超弱发光强度是一种鉴定和选育抗旱、抗寒品种的简便、准确和有效的方法。它优于化学的、生物学的方法,只需选择完整良好的种子即可直接测定,速度快,需样品量少,不损坏籽粒,特别适用于珍贵生物品种的鉴定,但目前这方面的研究尚未系统开展。

3. 电场对农业生物体的作用

用一定强度的静电场和照射时间作用于作物种子,使种子某些生物酶的活性、种子的发芽势、发芽率和幼苗百株重等农学参数均有明显的提高,从而提高了作物的产量。目前该技术已成功应用于甜菜、油葵、玉米、小麦等作物,在农田上进行大面积推广,经济效果显著。对处理蔬菜种子(如番茄、青椒、黄瓜、茄子、芸豆、白菜、胡萝卜),桑蚕和食用菌也取得了显著增产效果。

同时,静电场用于干燥处理水果、蔬菜,其效果优于日晒干燥处理,被广泛用于农副产品的加工处理。静电场还用于酒的催陈,可得到色、香、味与自然陈化半年至一年的陈酿酒基本相同的酒,经济效益显著。

4. 磁场对农业生物体的作用

磁场的生物效应已有不少研究。20 世纪 60 年代初,Pittman 和 Jacob 等人曾报道磁场能促进植物生长,20 世纪 70 年代中期至 80 年代初,苏联在几十种农作物上开展了磁处理的研究,获得不同程度的增产效果。我国在 20 世纪 80 年代初开始了这方面的工作,用梯度磁场装置处理冬小麦、春小麦、玉米种子和马铃薯进行试验,并对磁场的生物效应的作用机理、变化规律做了大量的研究,但至今未见有较大面积农田上推广的报告。

5. 超声波对农业生物体的作用

适宜的低强度超声波作用于动植物细胞时,会产生胞内微流、胞内质的旋转及涡流运动,并且提高了细胞膜和细胞壁的穿透性,这些效应可以提高细胞的新陈代谢功能。在播种前用超声作用植物种子,可帮助打破休眠,促进植物种子萌发、生长、早熟和增产,我国对早稻、冬小麦、棉花等种子进行超声波试验,取得了可喜成果。

此外,超声对一些野生草药及发芽困难的草药种子、珍贵树种及难于发芽的树种有明显的刺激作用,可使种子的发芽率提高,促进生长、早熟及提高产量。我国用超声处理云南白药的主要原料——重楼种子、桔梗、丹参种子和水杉等均取得满意效果。

高强度超声在农业上也有了广泛的应用。研究表明,如果在萃取过程中引入超声波,可大大促进溶剂提取天然成分的过程。目前,已用超声波提取大豆中的蛋白质,发现提取效率明显提高;超声波用于肉类加工时,可通过破坏肉的肌原纤维使其释放出黏稠的渗出液,肉纤维得以相互粘贴,从而改良肉品品质。

6. 电子—离子束对农业生物体的作用

利用电子束辐照鲜果、蔬菜,可以抑制其酶的活动,降低呼吸作用,达到推迟成熟、延长货架的目的。如已利用低剂量电子束辐照新鲜荔枝,可以推迟成熟5~7d。

利用电子束辐照谷类食品可控制其害虫,杀灭其微生物,达到防霉的目的,已在糙米、小麦、荞麦等方面应用。

离子注入是20世纪80年代兴起的一种材料表面处理技术。将离子注入应用于农作物品种的改良,可提高品种的品质和抗病虫害性能。目前我国在水稻、玉米、烟草、甜菊和微生物菌种等方面均取得了增产和改善内在品质的效果,经济效益显著。

近年来,电磁学、光学、声学、电子—离子束等物理方法和技术在农业上得到了应用,虽说某些方面也取得了一些成果,但基本上还处于实验摸索的阶段,尚未达到广泛推广的地步,尤其许多机理方面的研究很不充分,有待于农业生物物理学家进行这方面的深入研究。

(二)物理理论、方法和技术在农业生物体信息检测及应用

1.核素示踪技术在农业上的应用

人们用放射性核素制成放射性示踪物,标记要研究的材料,来跟踪发生过程、运行状况或研究物质在系统中的分布,这就是核素示踪技术。核素示踪技术具有灵敏度高、便于射线探测和揭示原子、分子的运动规律等特点,很早就用于农业科学的研究。

核素示踪技术已经在农业科学的各个领域广泛应用,其中在土壤肥料研究中的应用开展得最早、最多,经济效益也最为明显。在提高肥料利用率的研究中,核素示踪法可以检测肥料损失发生的时间,研究肥料元素在土壤中的转化以及不同施肥方法的有效程度,为科学合理地施肥、充分发挥肥料的肥效提供了科学的信息。我国以水田、旱地、草场和林果地为研究对象,阐明营养元素被作物吸收利用,化肥、农药的损失及其在土壤中的残留,新的施肥技术等方面取得可喜的成果,获国家级奖10多项。如应用15 N研究水稻的一次全层基施技术,可提高氮肥利用率10%～20%,粮食增产5%～12%;利用示踪技术研究出“保氮复合碳铵”新工艺,可提高氮肥利用率6%～10%。

此外,核素示踪技术在研究植物生理中的应用为阐明植物营养代谢的基本规律,改进栽培技术,指导农业生产发挥了积极作用;在研究家禽、家畜的生殖生理、营养代谢及疾病诊断等方面也取得了重要的成就;在植物基因工程研究中发挥了极其重要的作用,生物体内各种物质,如DNA、RNA、氨基酸及染色体等都可以用放射性核素标记跟踪。现代农业已向分子水平发展,核素示踪是现代农业发展必不可少的工具,核素示踪技术在农业科研与生产中正在发挥着越来越大的作用。

2.农业生物仪器与信息检测及其应用

农业生物仪器是物理及相关学科的理论、方法和技术,如光学、机械学、电子学、信息技术及计算机技术的系统整合,用于完成农业生物体的性质、状态、特征等信息的采集,并据此采取对应措施做出决策服务于农业科学。为了实现农业生产高产、高效、优质、生态和环保,实现工厂化农业、精细农业、虚拟农业等现代化农业,在整个农业生产过程中均需快速采集农业生物体、土壤环境、小气候与气象环境等有关信息,以便及时做出决策,指导生产。现代农业的信息采集主要依靠农业生物仪器来实现,农业生物仪器是现代农业各个环节信息的主要源头;是现代农业前提和保障。农业生物仪器根据应用可分为:①农业环境检测仪器:用来监测土壤环境、小气候与气象环境信息,如土壤水分检测仪、土壤有机质测定及肥力分析仪等;②作物生长发育监测仪器:用来监测作物长势、诊断水肥状况、测定冠层光谱特性、估算产量等,如作物水分监测仪、作物营养诊断仪、病虫害监测仪等;

③农产品品质检测仪器:应用于流通、储藏、加工或育种等领域,如蛋白质分析仪、脂肪分析仪、谷物品质分析仪、小麦籽粒品质检测仪等;④农产品一食品安全检测仪器:用来检测农药残留、兽药残留、污染物和致病菌检测分析的仪器,除用传统的色谱、光谱技术外,需要开发一批专用的快速无损检测仪器。

近些年,我国自主开发了一系列农业信息检测仪器,如蛋白质分析仪器、土壤成分快速测定仪、农药残留快速检测仪等等,并实现了批量生产,取得了长足进步。但我国科学仪器基础薄弱,研发力量和投入不足,生产企业虽多,但规模不大,产值和水平还很落后,仪器的稳定性、可靠性及功能均有待急速提高。目前,国产仪器已占据了中、低档仪器国内大部分市场,高档仪器则几乎全部依赖进口。

五、农业生物物理学的发展趋势

传统的增产技术却过多地依赖于使用化肥、农药和其他化学药品,结果导致生态环境破坏加剧,农产品品质降低,食品安全问题严重。农业生物物理学运用物理方法和技术与农业生产有机结合,采用物理促控、物理防治、物理肥料和物理分析检测等方法,对农业生物体进行无害化处理,解决农业增产,改善品质,良种培育,保护生态环境,保证食品安全,成为现代农业发展重要支柱和坚实基础。为了进一步发展我国农业生物物理学学科,保障农业的可持续发展,对该学科的发展提出如下建议。

(1)在中国农学会的领导下,成立农业生物物理学分会,组织全国有关单位从事战略性的和国际前沿课题的研究,协调农业生物物理学知识创新和关键技术产业化的任务,从而逐步建立技术创新、成果推广和产业化经营一体化的管理模式。

(2)国家科技领导部门应加大对农业生物物理学方法和技术研究的投入,围绕我国农业生产和社会经济发展的重大需求和学科前沿,组织全国性的协作和攻关,以解决我国生态农业、可持续农业发展和食品安全等重大问题。同时,鼓励、引导和支持企业对农业生物物理学方法和技术创新的投入,逐步形成多元化的科技投入机制,保证该学科的持续发展。

(3)面对新时期我国农业发展对科技的客观要求,提高研究的系统性,加快实施辐射与航天育种种质和种子产业工程,加快农产品辐照加工产业化,建立农产品品质检测体系和食品安全检测体系,建立农用标记化合物和放免试剂盒生产基地,扩大应用规模,实现产业化。

(4)加强硕士点、博士点的建设,实施人才发展战略。根据农业生物物理学涉及的学科交叉、知识更新快等特点,积极创造优秀人才脱颖而出的科技管理机制、激励机制、竞争机制,培养和造就一支由中青年学科带头人和科研骨干组成的精干、高效的科技队伍。

农业生物物理学作为一门农业基础学科,从其发展现状与进展分析,不难看出该学科未来应以下列几方面作为重点发展方向。

(1)利用以高能辐射和空间环境诱变为核心的诱变遗传操作技术,创造对植物产量、品质、抗逆性等重要经济性状有突破性影响的突变材料,重点提高农作物对病虫害和环境胁迫的抗(耐)性,逐步实现定向选育农作物高产、优质、高效新种质、新品系和新品种。与生物技术相结合，研究和开发旨在大幅度提高基因突变频率和高效调控基因变异方向的诱变遗传操作技术，重点研究辐射和空间诱发基因突变的新因素、新技术、基因突变的分子生物学机理以及突变基因的早期识别技术，将辐射和空间诱变育种技术发展成为21世纪的农业高新技术产业。

(2)加强农产品辐照加工标准和质量保证体系建设；加强辐照食品和农产品辐照海关检疫技术的研究与应用；加速开发农用辐照新材料和功能产品及农业环境保护中的应用；实现农产品辐照加工的产业化，使之发展为高新技术支柱产业。

(3)利用核素示踪技术与相关技术相结合，监测和评价化肥和农药在土壤一作物系统中迁移与积累及其对农业生态环境的影响；利用^{137}Cs研究土壤侵蚀和荒漠化，用核素示踪研究水土流失、草场退化等区域性环境问题，为我国农业生态环境建设提供技术支撑；利用中子测水技术研究节水农业，提高水资源利用率。

(4)加强面向食品安全、农产品品质、现代农业、生态环境等问题的专用科学仪器的开发研制，加强对产品与原料的快速无损分析、现场分析与在线分析仪器的开发。加强光、机、电等仪器开发关键技术的基础研究，提高仪器的稳定性、准确性、可靠性，解决仪器研制后的中试、批量生产等实际问题，实现农业生物仪器的产业化。

(5)加强对电磁学、光学、声学、电子一离子束等物理方法和技术促进增产的机理研究，加速物理肥料的发展，使这些技术在农业上得到广泛应用和推广，促进现代农业发展。

参考文献

[1] 国家自然科学基金委员会. 生物物理学. 北京：科学出版社，1995，11-16.

[2] 徐冠仁. 核农学导论. 北京：原子能出版社，1997，9-13.

[3] 温贤芳. 中国核农学. 郑州：河南科技出版社，2001，3-19.

[4] 金仲辉，等. 物理学在促进农业发展中的作用. 物理，2002，31(6)：392-399.

[5] 赵宏钧，张皓臻. 物理农业技术的应用与发展. 农业装备技术. 2005，31(5)：28-30.

[6] 蒋士强. 现代科学仪器与分析科学在农业现代化中的作用及展望. 现代科学仪器，2000，4：11-14.

[7] 王艳芳，等. 航天诱变育种研究进展. 西北农林科技大学学报(自然科学版)，2006，34(1)：9-19.

[8] 王昆林，等. 激光和高压均强电场诱变育种研究. 应用激光，2006，26(3)：198-200.

[9] 唐掌雄，等. 离子辐射育种研究进展. 核农学报，2005，19(4)：312-316.

[10] 蒋士强，等. 农产品、食品安全检测方法与仪器的进展. 分析仪器，2006，3：1-6.

[11] 张风宝，等. 7Be在生态系统中的行为研究进展. 核农学报，2006，20 (5)：444-448.

[12] 王志东，等. 我国辐射诱变育种的现状分析. 同位素，2005，18(3)：183-185.

[13] 温贤芳，汪勋清. 中国核农学的现状及发展建议. 核农学报，2004，18(3)：164-169.

[14] 许强，等. 低能离子束用于生物品种改良的研究进展. 种子，2005，24(11)：34-38.

[15] 杨再强，王立新. 观赏植物辐射诱变育种研究进展. 四川林业科技，2006，27(3)：19-23.

[16] 张瑞美，等. 光谱技术在农业领域的应用与展望. 节水灌溉，2006，5：1-5.

[17] 王彩萍，等. 60Coγ辐射处理“农大179”M2代性状变异类型分析. 核农学报，2006，20(5)：361-364.

[18] 张风宝，等. 磁性示踪在土壤侵蚀研究中的应用进展. 地球科学进展，2005，20(7)：751-756.

[19] 任祎，等. 氮离子束注入谷子种子后代基因组的RAPD分析. 核农学报，2006，20 (4)：259-262.

[20] 陈斌,等.食品分析技术进展.营养学报,2003,25(2):135-138.

[21] 魏力军,等.水稻空间搭载与地面 γ 辐照诱变效应的比较研究.中国农业科学,2006,39(7):1306-1312.

[22] 蒋士强.我国科学仪器的技术差距、产业状况和逐步提升产业化水平的建议.生命科学仪器,2004,2(4):15-23.

[23] 李勇,等.应用环境放射性核素示踪技术研究农业立体污染的构思.核农学报,2005,19(5):399-403.

[24] 编集部.最新の食品成分分析技术.食品开发,2002,37:21-26.

[25] Li Mei, Qu Jiuhui, Peng Yongzhen. Sterilization of Escherichia coli cells by the application of pulsed magnetic field. Journal of Environmental Sciences, 2004, 16(2):348-352.

[26] Liu L, Van Zanten L, Shu Q Y, et al. Officially released mutant varieties in China. Mutation Breeding Review, 2004, 14:1-62.

撰稿人:张晔晖　严衍禄　彭运生　吉海彦

农业气象学学科发展

一、引言

农业气象学是研究农业生产与环境气象条件相互关系与作用的科学,由农业科学与大气科学交叉、渗透形成。由于生产对象是生物和主要在露天进行,农业是对环境气象条件最为敏感和依赖性最强的产业。

新中国成立以来农业气象学科取得很大发展,总体水平稳居发展中国家前列,农业气象服务的某些方面处于世界较先进水平,但基础理论研究仍较薄弱,研究手段和仪器设备不够先进,不能适应农业现代化和建设社会主义新农村的需要。报告回顾了农业气象学科的发展史和新中国农业气象学科的成就。根据国家中长期科技发展规划的精神,提出了21世纪初期应重点研究的领域和战略目标:到2020年在农业气象业务体系建设和服务效果上达到同期国际先进水平,在若干农业气象基础理论研究领域取得重要突破。到2050年在农业气象业务、技术、仪器装备和基础理论研究等方面全面赶超世界先进水平。并提出了为实现上述目标的学科建设与发展措施建议。

二、农业气象学概述

农业气象学是研究农业生产与环境气象条件相互关系与作用的科学,由农业科学与大气科学交叉、渗透形成。农业气候学是研究农业气候规律及其与农业相互关系的学科,是农业气象学的主要分支学科之一。

由于生产对象是生物和主要在露天进行,农业是对环境气象条件最为敏感和依赖性最强的产业,尤其是气象灾害给农业造成巨大损失,全球气候变化更对未来的农业可持续发展带来巨大的威胁。

中国农业气象学科近几十年虽经曲折,仍取得很大发展,总体水平稳居发展中国家前列,农业气象服务的某些方面处于世界较先进水平。但基础理论研究较薄弱、原创性研究成果缺乏、研究手段和仪器设备不够先进,不能适应新时期的市场需求和建设社会主义新农村的新形势。根据国家中长期科技发展规划的精神,农业气象学科应力争到2020年在农业气象业务体系建设和服务效果上达到同期国际先进水平,在若干农业气象基础理论研究领域取得重要突破。到2050年在农业气象业务、技术、仪器装备和基础理论研究等方面全面赶超世界先进水平。

三、农业气象学的发展历程

(一)古代的农业气象知识

世界古代文明发源地积累了农业生产与气象相互关系的知识和经验。古埃及根据雨季时间安排尼罗河流域作物播种与收获。中国商代甲骨文有天气与灾害影响收成的记载,西汉已形成完整的二十四节气广泛应用于农业生产。公元前1世纪的《氾胜之书》记载了区田法和耕作保墒技术。清代大型农书《授时通考》标志着根据农时与气象安排生产的知识已系统化。

(二)近代农业气象学的产生和发展

1854年L. Blodge在美国政府农业报告中发表一篇农业气象报告,同年俄国Д.. Рутович首次出版《农业气象学》。1872年起美国国家天气局开始发布每周天气与作物公报。1880年在奥地利举行了首次国际农业和森林气象学会议。1881年德国R. Assmann发起成立了农业气象协会。1897年俄国И.. И. Броунов组建了农业气象机构和站网。国际气象组织IMO 1913年设立了农业气象委员会CAgM。随着业务体系的日趋完备和观测资料大量积累,农业气象基础理论研究取得了重大进展。1854年L. Blodge提出农业气候相似理论。1919年美国W. W. Garner和H. A. Alard发现光周期现象并逐步形成光周期理论。1927年德国R. Geiger出版了《近地面气层气候》。1937年苏联Г. T . Селянинов出版了《世界农业气候手册》。1939年G. Azzi划分意大利小麦自然地理区,开创了农业气候区划的先河。1945年日本大后美保发表了《日本作物气象的研究》。

19世纪中叶起西方在中国沿海陆续开展气象观测。1912年直隶农事试验总场设立农业测候所。1922年竺可桢发表"气象与农业之关系",我国气象学家陆续发表一批农业气象论文和教材,但长期战乱使中国农业气象事业基本停顿。

(三)现代农业气象学的发展

第二次世界大战后随着世界经济的恢复发展,特别是20世纪70年代以来的新科技革命,农业气象科学的理论与技术迅速发展。20世纪50年代以后热量平衡与空气动力学方法开始应用于农田水分平衡与灌溉管理,60年代英国J. L. Monteith改进了1948年Penman自由水面蒸发量公式,提出可用于植被蒸散量估算的Penman-Monteith公式。60年代以后各国开展土壤—植被—大气连续体SPAC和人工气候室模拟实验研究。70年代以来,随着现代信息技术的发展和广泛应用,农业气象学在观测方法、实验手段、数据分析到理论模式研究方面都提高到一个新的水平。80年代以来以荷兰de Wit学派的WOFOST和美国CERES为代表,作物模型研制取得了长足进展并已广泛应用于生产。

世界气象组织(WMO)农业气象委员会1982年编辑出版了《农业气象业务指南》,1964年起《农业气象学》(现《农林气象学》)和《生物气象学》国际期刊开始在荷兰发行。20世纪80年代以来遥感和地理信息系统、全球定位系统等3S技术在农业气象业务中广泛应用,普遍建立了基于现代信息技术的农业气象业务系统,农业气候区划已能对复杂地形和群体内部气象环境要素分布和变化规律进行精确描述。人工气候箱(室)等环境要素模拟实验手段不断改进和普及。80年代以来开展了气候变化对农业影响与适应对策的研究,农业气象减灾研究重点由灾害机理与分布规律研究扩展到风险评估与管理及减灾新技术的研究。

在中国科学院副院长竺可桢倡导下,1953年3月在华北农业科学研究所成立了农业气象组,1957 年扩大为中国农业科学院农业气象研究室,1990 年改为研究所。1958 年中央气象局成立农业气象研究室,1983 年改为研究所。1953 年起各地相继成立农业气象研究机构,1957 年起在全国建立了一批农业气象试验站。

1953 年北京农业大学招收第一批农业气象研究生,1956 年北京农业大学创办农业气象专业,1960 年南京气象学院成立农业气象系。全国绝大多数农业院校都开设了农业气象课,80 年代以后建立了一批硕士点,21 世纪初中国农科院、南京信息工程大学、中国农业大学先后设立以农业气象为主要内容的博士点。

1954 年中央气象局成立农业气象业务管理机构,1963 年发布《农业气象观测暂行规范》,1990 年修订为《农业气象观测方法》。1954 年起组织全国范围的农业气象预报情报等业务工作。1978 年中国气象学会成立农业气象专业委员会,1981 年中国农学会成立农业气象研究会,1992 年改为农业气象分会,20 多年来组织了一系列全国性和国际学术活动。1979 年中国农科院创办《农业气象》(现《中国农业气象》)。1986 年出版《中国农业百科全书·农业气象卷》。1999 年出版《中国农业气象学》和《中国农业气候学》,2001 年出版《中国林业气象学》。1991 年中国气象局组织编写出版《中国的气候与农业》中英文版。1979 年中国开始参加世界气象组织农业气象委员会各项活动,国际学术交流日益活跃。

四、农业气象学现状分析

近代中国农业气象学科发展的起点较低。20 世纪 50 年代初期初步建立了比较齐全的农业气象科研、教学与业务体系。60 年代因经济困难和文革内乱一度严重萎缩,改革开放以来迅速恢复发展,逐渐融入国际农业学术界的主流。总的来看,中国农业气象学在基础理论研究和仪器设备方面与发达国家尚有相当差距,但近年来已明显缩小;在农业气象业务系统建设和为农业生产服务的效果方面居世界较先进水平和发展中国家领先水平。

21 世纪初期全面建成小康社会和在中期基本实现社会主义现代化的战略目标,对我国农业气象学科提出了新的要求。但目前我国农业气象学的基础理论研究还很薄弱,缺乏原创性成果,基层科研与业务单位仪器设备比较落后。为适应新形势,必须加快学科的建设与发展,重点领域是:

(一)农业气候资源高效利用与食物、能源安全

1. 农业气候资源生产潜力评估与农业结构调整及产地优化布局

结合人口增长、社会经济发展、农业技术进步、水土资源和气候变化趋势,对未来我国农业气候资源生产潜力及区域分布作进一步的评估,以优化配置气候资源和提高利用率,为农作制度与农业结构调整,特色优势农畜产品产地和良种繁育基地优化布局与建设提供科学依据。

2. 主要作物高产优质高效生产的农业气象保障

针对主要作物重点推广品种进行区域农业气象指标鉴定、作物气象模拟和不同尺度时空的动态监测,全面建立主产区作物高产优质高效农业气象保障体系和完整的农业气

象监测、预报、情报和技术咨询服务流程并纳入气象业务系统。

3. 中国与世界短期气候预测、产量预报及农产品贸易对策

在短期农业气候预测基础上，开展中国与世界各类农产品主产区年景与产量预报，促进我国优势农产品出口，实现与世界农业资源优化配置及高效利用。

4. 生物质能源与气象条件的关系及调控原理

研究气象对农业废弃物气化效率的影响，适应不同区域气候条件的废弃物燃气化设施设计与运转，主要能源植物的生物气象指标、气候适应性、引种风险、种植区划、因地因时种植技术和农业气象保障业务等。

5. 农业气象在生物技术开发中的应用

现代生物技术实验研究与开发应用都要应用农业微气象原理与调控技术，所培育新物种品种也都存在对生态气象条件是否适应及合理布局问题。

(二)农业气象减灾与生态安全

气象灾害是农业产量年际波动的主要原因，近年来我国农业受灾面积和灾害损失有增加的趋势。

1. 主要农业气象灾害的发生机理、预警预报、减灾对策与补救技术

随着市场需求的变化、农业技术进步、农业水土资源和气候的变化，农业气象灾害出现了许多新特点，如霜冻害初终日的不确定性增加，特别是持续南涝北旱的态势，南方季节性干旱与热害呈加重趋势。应结合各地农业生产布局与特点，针对常发和危害较大的农业气象灾害进一步研究其发生规律和危害机理，特别是探索研究防灾减灾新途径和新技术、减灾管理对策和补救技术，建立并不断完善区域性的灾害预警和咨询服务体系。

2. 农业气象灾害的风险管理与农业灾害保险

对主要农业气象灾害的类型、强度和时空分布进行统计分析，结合农业系统自身的脆弱性和灾损性综合计算该种灾害的风险度和分布特征，为科学应对农业气象灾害和减灾资源的优化配置提供依据。由于农业生产区域性强，主要农业气象灾种应急预案需要分区编制，并随着生产发展、技术进步和环境变化定期修订。

农业气象灾害保险业务已在各地试点，难点在于灾损界定。应逐步建立完整的农业气象诊断方法和技术体系，并结合农业系统的经济分析建立灾损评估标准与核算办法，为有中国特色农业灾害保险事业的发展提供技术支撑。

3. 农业气象学与水土保持及土地资源高效利用

缓发或累积型气象灾害及其衍生灾害对农业的危害不亚于突发型灾害，特别是持续干旱与水资源短缺、水土流失、沙尘灾害与荒漠化等。应研究区域生态系统演变规律与气候变化的关系，为生态治理工程提供气象保障。

4. 有害生物入侵与气象的关系及防治对策

经济全球化和气候变化为有害生物入侵提供了条件，为保护我国生态安全和生物多样性，应配合动植物保护机构研究有害生物生育繁衍、入侵途径、危害特征及其天敌与气

象的关系,为科学防控提供依据。

5. 气候分析与科学引种及生物多样性保护

引进国外先进技术和良种促进了我国农业的发展,但盲目引种造成的损失也相当惊人,严重威胁生物多样性与生态安全。科学引种的关键是遵循生态或气候相似原则。20世纪90年代我国气候相似理论研究取得显著进展和效益,未来应进一步完善气候相似理论与分析技术,使气候鉴定成为引种的必备环节并形成制度。

(三)应对水资源危机及高效用水

我国人均水资源不足世界人均占有量的1/4,北方一些地区甚至不到1/30,人口增加和气候干暖化更加剧了水资源危机。

1. 旱作节水农业

研究农田水分在土壤—植物—大气连续体中的运移和水分平衡规律,深入生理过程建立相应的作物气象模式,探索提高水分利用率和利用效率的技术途径;深入研究高效利用水分或高度耐旱植物的生理机制,进行作物和品种耐旱性与水分利用效率的鉴定;研究土壤水分运动与气象条件的关系,根据气象条件和作物生育确定节水灌溉优化管理模式;进一步研究高效低成本抗旱保水和抑制蒸发的物理或化学制剂并大面积推广。研究有限雨水高效利用的途径和提高作物水分利用效率的技术;研究不同类型土壤干层形成规律和土壤水分跨时空适度可持续利用的途径;生态脆弱地区还要研究适应区域生态气象环境的保护性耕作和适应性农作制度,研究旱作农业技术体系与生态治理保护技术体系的有机结合。

2. 非常规水资源开发利用

运用现代信息技术评估复杂地形条件的区域雨水集蓄利用潜力,防止集雨工程的盲目布局,提高工程效率;研究影响雨水集蓄、储存、利用和转化过程的气象因素,探索提高各环节转化效率的技术途径;研究工程集雨与农田就地集雨方式的最佳配置与适应区域条件的集雨农作制度与保护性耕作技术。

3. 流域水资源优化配置与高效利用

研究流域上中下游气候对区域降水分布、地表径流及地下水补给以及对农田蒸发及作物蒸腾量的影响,结合不同年型的降水保证率,确定兼顾农业用水、城市用水和生态用水的流域水资源高效利用与优化配置方案。研究各类水资源的相互制约与相互转化关系,努力实现各类水资源的优化配置与高效利用。

(四)生物气象与特色农业

1. 生物气象基础指标鉴定与作物气象模式创建

不同类型的生物气象指标鉴定与模式研究是农业气象最重要的基础性技术工作与研究领域。直接引用发达国家研制的模式,只对部分参数作修正,往往不太适合国情。应提倡研究具有独立知识产权,符合国情的原创作物模式并开发相应的应用软件。

2. 动物生物气象研究与畜牧水产气象服务

与发达国家相比，中国动物气象研究相对滞后。应建设一批动物人工气候环境实验装置，进行动物对主要气象要素生理反应的指标鉴定和模式研究，为畜牧水产业高产、优质、高效和安全服务，并开展饲草及动物疫病与气象关系的研究。

3. 昆虫生物气象研究与虫害预报

为适应发展养虫业和生物防治的需要，应开展昆虫生物气象基础性研究，进行指标鉴定与模式研究，研究培养箱小气候调控技术，在最佳时机释放害虫天敌。

4. 微生物生物气象研究与发展微生物产业

开展微生物与环境气象要素关系、主要农用微生物气象指标鉴定与模式研究，填补空白，为微生物产业的高产、优质、高效和安全生产提供科学依据。

(五)农业小气候调控与设施农业及农业产业化

1. 农田小气候与调节改良

农田与冠层小气候以边界层能量平衡和物质传输理论为基础，应研究农田近地气层小气候形成规律，以光合、蒸腾和呼吸等基本生理过程为中心，研究通过调节农田小气候改善作物生理过程的技术途径。

2. 林地小气候与调控

加强林地小气候基础研究，结合天然林保护、森林防火、农田防护林营建、水土保持林建设、热带亚热带经济林建设、退耕还林恢复植被、农林复合系统管理等开展应用气象研究。

3. 设施小气候与设施农业

重点研究温室设施、遮阳网、地膜覆盖等适合国情的设施小气候规律，设施内不同作物各生育期适宜与临界生物气象指标及调控措施。结合各地气候特征与作物对气象条件的要求，分区研究和确定各类设施的结构参数。研究室内外气象环境相互关系，建立设施小气候模式和设施栽培气象咨询业务体系。在动物气象环境模拟实验基础上，结合不同区域气候特点提出各类畜舍建筑的结构参数，根据不同畜禽种类、性别及年龄确定安全、舒适与快速育肥的小气候调控指标。

4. 地形气候与气候资源利用

山区生态保护治理开发必须首先了解复杂地形的自然资源分布。应在重点山区典型地貌设立自动气象站，利用精度更高的遥感和地理信息取得丰富的气候资料，重点研究地形遮蔽因子数量化模式及不同下垫面对气候要素再分配的影响。

5. 农机作业与农事活动的气象要求与调控技术

研究农机性能、燃料热值、药效、肥效与气象条件的关系；主要农机作业所要求适宜与下限指标鉴定；主要农事活动对气象条件的要求及相应指标。研究建立气象为农机作业与农事活动咨询服务的业务体系。

6. 农产品运输储藏加工的小气候调控

配合种子部门进行主要推广品种的农业气象指标鉴定。研究农产品产后生理变化与气象环境的关系,为确定各类农产品的适宜储藏小气候、预测不同条件下的可储藏时间、延长储藏保鲜期的调控技术提供依据。

(六)气候变化对农业的影响及适应对策

1. 气候变化对中国与世界农产品产量与市场的影响及贸易对策

更多关注未来一二十年气候波动与变化趋势对世界和我国不同区域近中期农业生产的影响,分析主产区的变迁趋势,调整产地与贸易格局。除继续深入研究各类温室气体增加及紫外辐射增强对主要作物产量品质的影响外,还要全面开展研究,建立气候变化对各类农业生物影响的评估模式。

2. 不同气候区应对气候变化的农业适应对策研究

系统总结 20 世纪 80 年代以来各地适应气候波动与变化的农业对策和趋利避害应对技术与经验,全面构建不同区域应对近中期气候变化的适应对策和技术体系,尽可能减轻对农业的负面影响,充分利用气候变化带来的某些有利因素和机遇。

3. 农业源温室气体减排技术研究

系统研究农业系统碳、氮循环与气候的关系及农业生产中减排增汇的技术。

4. 气候变化对中国农业气象灾害产生的影响与减灾对策

针对不同地区具体分析,确定区域性适应与减灾对策。研究气候变化对农业气象灾害的影响不能只考虑气候要素的变化,还要看农业结构、布局的改变、技术进步与作物自身的适应性。

(七)农业气象与农业信息化、现代化

1. 3S 技术在气候资源保护、利用中的应用

深入研究 3S 技术的组合应用,结合农业结构调整需要,以现代信息技术为支撑在全国全面开展农业气候区划更新与深化细化工作。

2. 农业气象环境要素的精确遥测与隔测技术

除引进消化国际先进仪器设备和加速国产化外,应重点研制针对中国农业特殊需要的气象要素精确遥测隔测技术及仪器设备。

3. 作物模式在产量预报、精准农业管理和农产品贸易中的应用

加快国外先进作物模式的消化改造,针对中国农业实际进行作物模式创新研究与开发,应用于作物产量预报与精准农业管理咨询服务,引导农民适应市场需求,科学安排种植计划和寻找可靠销售渠道。

4. 农业气象灾害与农业生态环境监测预警系统建设

针对不同区域的主要灾害增补必要的观测项目,选用和研制相应的仪器,编制农业气

象灾害监测方法、标准与程序，建立完善的农业气象灾害监测预警系统。研究衡量不同尺度各类生态系统健康水平的指标体系及其与气象环境条件的关系，逐步开展基于短期气候预测和气象生境监测的农业生态环境监测预警业务。

五、农业气象学进展

新中国成立后，特别是改革开放以来，农业气象学科取得了巨大的发展与显著成就。

(一)作物光能利用潜力理论在高产稳产栽培和耕作改制中的应用

针对20世纪50年代农业生产中一度膨胀的浮夸风，卓越的气象和地理学家竺可桢、黄秉维及植物生理学家汤佩松等率先提出了光能潜力理论，农业气象学家进一步提出了作物气候生产潜力理论，在生产实践中深刻影响了耕作与种植制度的改革，指导了多熟种植、间套复种、合理密植与吨粮田建设，为中低产田改造与作物高产优质做出了重大贡献。

(二)广泛开展的农业气候资源考察和农业气候区划

提出了中国农业气候界线和作物生态适应性理论，将生长界限温度和积温理论应用于农业实践，为作物合理布局、农业区划和气候资源利用提供了科学依据。20世纪90年代以来运用3S技术及计算机模拟技术，已能较精细测算绘制山区复杂地形的主要气候要素分布。对不同农业气候区域与全球各地的农业气候相似分析，为作物引种与合理布局及防止有害生物入侵提供了理论依据和时空规避措施。

(三)季风气候条件下的气候波动与农业气象灾害防御技术

研究了若干重大气象灾害的发生规律与减灾途径，形成了利用气候区划与灾害风险评估成果、地形气候与农业小气候资源及具有中国特色的趋利避害减灾对策与技术，不同程度克服或缓解了农业的灾害障碍。如农田节水保墒技术、水稻防烂壮秧技术、蔬菜、水稻与冬小麦的安全播种期、移栽期和齐穗期、作物种植适宜性区划等。20世纪80年代以来我国首创的黄腐酸在水分调控上具有开源节流的双重功能，居世界领先水平。

(四)农田辐射、水分、热量、二氧化碳传输调控理论的应用

20世纪50年代初期全国开始农田水分动态、水热传输过程试验，以后又关注作物水分胁迫及其机制利用，较早提出了农田水热平衡与作物光能利用模式及水分利用调控途径，建立了水热联系方程，并扩展到广大区域；测量光能与水分利用率在国际上起步较早颇有建树，为20世纪90年代以来在半湿润和半干旱地区发展旱作节水农业和精准农业提供了科学基础。

(五)在热带亚热带区域引种战略物资橡胶和发展多种经济作物

20世纪50年代我国在季风热带和亚热带南缘利用有利地形和坡地逆温带成功引种橡胶树，突破了国际封锁和学术界北纬17度以北为种植禁区的传统认识，有力支持了国

防建设。90 年代亚热带丘陵山区气候资源考察提出了山区不同作物的种植上限与立体种植模式,提出了行之有效的防寒避冻技术,扩大了柑橘、茶树等多种经济作物的种植区域,取得丰硕成果和重大经济效益。

(六)作物产量与灾害监测预报及农业气象信息服务系统建设

20 世纪 70 年代末到 80 年代中期我国农业产量气象预测预报研究取得重大进展并迅速在全国推广应用,气象卫星冬小麦长势和遥感监测综合估产研究成果迅速形成了业务能力,精度时效均达国际先进水平。80 年代中后期起开展了作物生长模拟和气候变化对农业生态影响的研究,基本达到与国际前沿接轨。遥感技术成熟应用于干旱、洪涝、冻害、寒害等农业气象灾害的监测,国家气象中心建立了干旱监测系统进行各地干旱逐日逐月监测,网上可随时查阅。90 年代以来已建成世界先进水平的农业气象信息服务系统。

六、农业气象学发展趋势与预测

(一)农业气象学的发展趋势

世纪之交各国都在思考未来科学技术发展趋势及其给人类带来的机遇和挑战。1999 年 2 月世界气象组织结合农业气象委员会第十二届会议召开了"21 世纪的农业气象——需求与前景"国际学术研讨会。

21 世纪人类面临经济全球化和新技术革命浪潮,信息技术和生物技术等高新技术产业迅猛发展。另一方面又面临人口增加、资源短缺和环境恶化的严峻形势,以气候变暖为主要特征的全球变化日益引起人们的关注,极端天气和气候事件对社会可持续发展构成巨大威胁,尤其是占世界人口 70%以上的发展中国家。面对巨大的机遇和挑战,国际农业气象学科发展出现以下趋势。

(1)更加关注全球变化,特别是气候波动与变化对发展中国家农业生产的影响,在农业气象适应对策和技术方面将取得重要的突破。

(2)更加关注农业系统,尤其是脆弱农业生态系统的保护与恢复,需要加强有关生态恢复与优化的农业气象研究。

(3)发展中国家农业气象事业将形成比较完整和具有特色的科技体系,总体水平有较大提高,区域性学术交流与技术合作广泛开展。

(4)现代信息技术在农业气象研究与业务中广泛应用,全球农业气象观测和业务基本实现自动化、信息化和智能化,农业气象测试技术与基于现代微电子和信息技术的各类仪器设备推陈出新,主要服务对象由政府机构为主扩展到农户,部分服务业务实现市场化。农业微气象调控技术在精准农业中发挥重要作用。

(5)农业气象研究与现代生物技术紧密结合并取得重大突破,动物、昆虫和微生物等薄弱领域的生物气象研究明显加强。农业生物气象指标鉴定和气候区划将为生物技术新物种新品种快速繁育和合理布局提供可靠的科学依据。

(6)减轻自然灾害的影响成为最优先的业务领域。建立在现代信息技术基础上的农业气象灾害风险评估形成完整技术体系，并形成系列化的物理、化学和生物调控减灾实用技术。

(二)学科发展需要采取的措施

改革开放以来经济迅速发展，正在向2020年全面建成小康社会和在21世纪中期基本实现现代化的宏伟目标迈进。同时也要清醒地看到，我国经济、社会发展水平与发达国家还有很大差距，绝大多数人均自然资源数量明显低于世界平均水平，人口与经济总量的迅速增长与资源短缺及环境容量约束的矛盾非常突出。

振兴中华光荣而艰巨的历史任务，要求中国农业气象科学为农业现代化和农村社会经济发展做出新的更大贡献。农业气象学科的发展目标：2020年以前建成覆盖全国农村、大农业各产业和产业化各环节，达到国际先进水平的农业气象观测、业务和服务网络，气象为农业服务方法、实用技术和业务体系建设达到同期国际先进水平。结合国情，在涉及食物安全和生态安全的若干重要领域的农业气象基础理论研究，做出具有中国特色的理论与技术创新并达到国际先进水平。2050年在农业气象基础理论研究、观测试验方法及仪器装备、农业气象业务系统建设及服务效果等方面全面达到国际先进水平。为此需采取以下措施：

(1)加强农业气象基础理论研究，增强创新能力，增加投入，组建国家级跨部门跨学科大型农业气象综合试验基地。

(2)加强农业气象观测试验网络建设，实现农业气象信息资源共享，开发为农民提供农业气象信息服务的多种有效手段；针对不同区域农业结构调整现状与趋势，系统开展主要作物与特色农产品的农业气象指标鉴定和农业生物气象模式研制。

(3)加快引进国际先进仪器设备并消化吸收实现国产化，进行国产仪器设备的创新研制，使农业气象和小气候观测全面实现综合自动化和遥测化；研究和应用推广先进适用的农业气象调控技术。

(4)制定以人为本的人才培养与管理政策，激励农业气象科技人员深入生产第一线，加快农业气象高级人才的培养和引进，造就一批国际一流的农业气象学术带头人、一大批农业气象研究的创新型人才、农业气象科技与业务的管理型人才和大量在农业生产第一线工作的农业气象技能型人才，稳定机构与队伍，形成科研、业务、教学、推广良性互动的有机整体，扭转农业气象人才紧缺和后继乏人的基本现状。

(5)积极开展国际交流与合作，吸收国际最新研究成果，实现农业气象学科的高起点和跨越式发展。

参考文献

[1] 中国农业科学院编著. 农学基础科学发展战略. 北京：中国农业科技出版社，1993.

[2] 中国农业百科全书农业气象卷. 北京：中国农业出版社，1986.

[3] 中国农业科学院主编. 中国农业气象学. 北京：中国农业出版社，1999.

[4] 秦大河主编. 中国气象事业发展战略研究. 北京:气象出版社,2005.

[5] 洪世年,刘昭民(中国台湾)等著. 中国气象史—近代前. 北京:中国科学技术出版社,2006.

[6] 程纯枢主编. 中国的气候与农业. 北京:气象出版社,1991.

[7] 崔读昌主编. 中国农业气候学. 浙江:浙江科学技术出版社,1999. 5.

[8] 王馥棠,王石立,王春乙,应宁,王建林. "九五"期间我国农业气象科技若干进展. 气象科技,2002(10):257-261.

[9] 黄寿波. 国内外农业气象研究动态及进展. 河北气象,1999(1):20-21.

[10] 高亮之. 21 世纪农业与生物气象学展望. 生态农业研究,2000,8(1):91-92.

[11] Stigter, C. J., M. V. K. Sivakumar, D. A. Rijks, Agrometeorology in the 21st Century: Workshop Summary and Recommendations on Needs and Perspectives. In: M. V. K. Sivakumar, C. J. Stigter, D. A. Rijks (eds.), Agrometeorology in the 21st Century-Needs and Perspectives. Agricultural and Forest Meteorology. 2000, 103, 209-227.

[12] Sivakumar, M. V. K, R. Gommes, W. Baier, Agrometeorology and Sustainable Agriculture. Agricultural and Forest Meteorology. 2000, 103, 11-26.

撰稿人:梅旭荣　郑大玮　孙忠富　尹燕芳

农业生态学学科发展

一、引言

农业生态学是生态学在农学的分支，是从生态学，特别是生态系统生态学角度观察和研究农业的结构、功能、效益、调控方法和发展道路的学科。在20世纪60～70年代，由于资源、人口、环境、能源等生态危机中有很多与农业有关，而工业化农业又遇到了农药、化肥污染，大量消耗资源等生态问题。这在客观上促进了现代农业生态学的产生。

在近年，农业生态学取得了一系列的重要进展：①全球变化对农业的影响和农业对全球变化的作用：研究重点包括气候变暖、大气二氧化碳含量增加、紫外线辐射增加、臭氧含量增加对植物生产的影响及其机制，农田系统温室气体排放量及其调控机制等；②在农业中利用生物多样性控制病虫害、改善营养供应、逆转恶劣的生态条件：控制作物病虫害通过农田多种作物和多品种间套作、果园和农田生物覆盖和应用菌根菌放线菌等生物多样性方式来解决，改善作物营养通过蚯蚓利用、菌根和钾细菌利用、作物营养遗传基因型筛选等生物多样性方式解决，改善生态条件通过流域农业生产模式配置和退耕还林还草等方式解决；③在流域到农田水平的农业可持续发展模式：各地系统地研究并总结了有效和成功的流域生态农业布局，模式覆盖了从西北黄土高原到江南洞庭平原、从南方丘陵区域到西南石漠化区域、从长江上游到珠江上游敏感地带等，农田生态农业模式也有很多成果，例如稻田养鱼、稻田养鸭、猪沼果等；④农业中的化学生态学研究：以水稻为代表的作物化感作用有了深入的研究，并在基因定位和育种利用方面酝酿着新的突破；微生物和病原菌对作物的抗性诱导成为研究热点之一；作物受到昆虫攻击后其化学防御反应机制以及昆虫反制约的应对机制正在被揭示；⑤基于农业生态系统能物流研究的资源节约型农业：我国在农业生态系统水量平衡、水分循环方面做了大量研究，在此基础上测定了各种节水措施的效应，明确了节水的土壤水分标准。西北集水灌溉模式得到了长足进展；在养分平衡方面不仅开展短期核算，还建立了长期定位观察，研究也从大量元素延伸到了微量元素，并且促进了肥料选择和使用方法的进步；农业生态系统的能量流动研究发展比较慢，有关指导农业生产的研究方法仍在探索中；⑥农业生态服务功能的经济评价：采用不同方法核算农业的生态服务功能和生态资源占用的研究正在展开，这有利于体现农业的综合生态环境效益。

未来的农业生态学将一方面吸纳生态学的最新发展成果，向景观生态学、分子生态学和信息技术方面拓展；另一方面吸收农业学科发展的新成果，更加重视转基因作物的安全性，重视生态敏感区和污染区中农业生产的生态安全、生态恢复和食品安全，推动循环农业体系建设。未来十年，更多生态农业模式和生态农业技术会被深入研究和广泛应用。农业生态学将继续成为农业可持续发展和生态农业建设的重要支撑学科。

二、学科概述

农业生态学(Agricultural Ecology,Agroecology)是生态学在农业领域的分支,是从生态学,特别是生态系统生态学角度观察和研究农业的结构、功能、效益、调控方法和发展道路的学科。

农业生态学的学科体系是建立在农业生态系统(Agroecosystem)的基础上的。由于农业生态系统层次是农业生产实践操作的层次,而且是能够体现农业的整体性,便于探讨农业的资源、生态、环境、经济问题的层次。向上容易了解农业对景观和区域,甚至全球的影响,向下容易了解农业生态环境问题在群落、种群和个体水平的形成机理。美国 M. A. Altieri(1995)出版的图书《农业生态学:可持续农业的科学》中定义农业生态学是"为高生产力、保护资源、文化敏感、社会公正、经济赢利的农业生态系统提供研究、设计和管理方面的基本生态学原理的学科"[1]。美国加州大学的 Stephen R. Gliessman(1997)在他出版的《农业生态学:可持续农业的生态学过程》中定义农业生态学是"运用生态学概念和原则,设计和管理可持续农业生态系统"的学科[2]。农业生态学体系的这种基本认识一直主导到今天。

农业中的农作物、林木、浮游植物、杂草等植物构成了同化光能的农业生态系统初级生产者,农业中的家畜、家禽、水生动物、土壤动物、虫、鼠、鸟等动物构成了转化植物生产的农业生态系统次级生产者,各种微生物包括土壤微生物、水体微生物、食用真菌、沼气菌等构成了分解有机物的农业生态系统还原者。农业生物与其所在的自然环境和人工环境构成了一个整体——农业生态系统。在农业生态系统中生物与生物之间,生物与环境之间通过食物链、能流、物流、信息流紧密联系、相互作用。在农业生态系统中很多从自然协同进化继承下来的微妙关系和调控机制还正在被揭示,甚至还没有被认识。农业生态系统的输入从传统农业的人力、畜力为主,转变到工业化农业的化肥、农药、机械等工业品为主。农业生态系统的输出包括农产品这样的目标输出,以及污染物和水土流失这样的非目标输出。作为一个系统,农业产生的效益包括社会效益、经济效益和生态效益。在传统农业阶段人们重视温饱问题为主的社会效益,在工业化农业阶段人们重视纯利润为代表的经济效益。人类在农业生态系统中起着双重角色,一方面是作为一个次级生产的消费者参与转化与循环;另一方面是农业生态系统的直接调控者,在一定的社会经济环境和科学技术条件下调节系统的结构、功能、输入、输出。历史表明,农业的起源需要有一定的生态环境压力和生物多样性基础。因为生态环境的破坏,古代农业文明而在多个国度被毁灭。传统农业尽管有很多宝贵的经验值得未来借鉴,但是其相对低下的生产力和经济回报是被工业化农业替代的主要原因。今天工业化农业由于大量的资源消耗和环境污染而注定是不可能持续的。未来农业要实现可持续发展,就必须把农业的生态效益、经济效益、社会效益综合考虑,重视人类的科技和智慧投入,而不仅仅是大量物质能量的投入,不仅重视人的主观能力,更加重视与自然的协调和合作。这就是中国学者提倡生态农业道路的基本思路。生态农业模式和生态农业技术体系的构建是生态农业建设的关键[3]。

三、学科发展的回顾

农业生产离不开生物的生态学知识，农业科学也离不开生物与环境关系的生态学基础。因此中国传统农业中就累积了大量的农业生态学知识，并且记载在古农书中。世界上最早的农业生态学教学出现在20世纪20年代的意大利。G. Azzi(1956)出版的《农业生态学》一书探讨环境、气候、土壤对农作物遗传、发育、产量和质量的影响，基本上属于个体生态学范畴[4]。在60年代初，我国著名水稻专家丁颖教授领导开展了系统的水稻光温生态研究，也属于作物生态学范畴。

作为一个现代的学科体系，农业生态学是在20世纪70年代才逐步成型的(图1)。其形成的推动力一方面来自60年代生态环境意识觉醒，生态学走出狭小的学科范围，被广泛用于解释现实世界遇到的资源、人口、环境、能源问题，也就触及了农业领域。农业生态学的另一个推动力来自农业本身。农药污染、肥料引起水体富营养化、农业机械化引起能源紧张等引起了人们对工业化农业的反思，推动了对农业生态方向的深入思考。当时农业生态学代表的著作有日本小田桂三郎1976年出版的《农田生态学》[5]，1979年美国圣地亚哥大学的G. W. Cox和M. D. Akins合作编写的《农业生态学——世界粮食生产系统的分析》[6]，还有1983年美国加州大学贝克里分校的M. A. Altieri编写的一本教材《农业生态学——替代农业的科学基础》[7]。这些著作的特点是能够用现代生态学的科学观和系统科学的方法论观察和研究农业，一方面认识到农业文明的兴衰与生态环境关系密切；另一方面认识到工业化农业有其资源、环境和生态的巨大制约，其发展道路必须改变。在研究农业的时候，需要用系统的观点和系统分析的方法。在农业实践方法中，一改过去工业化农业对自然的漠视态度，提出充分利用自然本身的力量，协调人与自然的关系。1974年国际科学期刊Agroecosystems创刊，后来该刊物改名为Agriculture，Ecosystems and Environment。

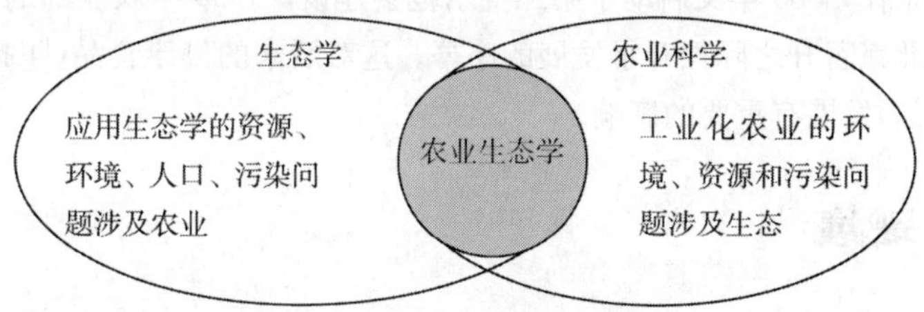

图1　现代农业生态学产生的背景

我国的现代农业生态学开始于20世纪70年代末80年代初。当时，沈阳农学院的沈亨利教授在全国讲学，提倡用系统观和生态观来解决农业中的问题。全国第一次全国农业生态学教学研讨会在农业部的支持下于1981年在华南农业大学举行。E. P. Odum的生态系统生态学被系统介绍给农业院校和科研单位开展栽培和耕作学的人员。1983年在广州华南农业大学开展的第二次全国农业生态教学研讨会。这次不但邀请了美国农业生态学专家Robert Todd教授讲学，会上还介绍了生态系统分析方法，交流了多个大学编写的农业生态学内部教材，其中包括华南农业大学吴灼年主编、华中农业大学陈隶华主编的教材。在这基础上，福建农学院的吴志强教授(1986)编写出版了《农业生态学基础》[8]，骆世明、陈聿华、严斧(1987)主编了《农业生态学》[9]。

农业生态学的出现一方面推动了相关的研究;另一方面又推动了新型农业发展道路的探索。在西方发达国家,一直有提出"生态农业"、"自然农业"、"有机农业"、"生物动力学农业"等替代农业方式的倡议,但是总的来说是分散的、探索性的。农业生态学的出现深刻地影响着人们对农业的认识和对农业实践的认识:①对农业的空间认识层次提高到生态系统、景观、区域和全球的高度;②对农业发展的时间尺度发生了重大变化,已经能够清楚地把握工业化农业仅仅是农业发展的一个阶段,从而提出生态农业或其他可持续的替代农业方式;③了解了农业过程的生态环境影响能力和影响机制;④对农业发展目标做出了巨大修正,农业不仅仅要养活人(社会效益),也不仅仅创造社会财富(经济效益),还在于维系区域和全球的持续发展(生态效益);⑤在农业布局、农业格局、农业技术方面正在发展出一套和生态理念相匹配的,充分利用生态关系和协调生态关系的方法和技术体系。20 世纪 80 年代后期,农业可持续发展的观念终于得到广泛认可,并且成为世界农业发展的主流思想。作为标志,继 1988 年在美国召开的可持续农业系统国际研讨会之后,1991 年 4 月联合国粮农组织在荷兰的 Den Bosch 召开世界农业与环境会议,会后发表了"Den Bosch 可持续农业与农村发展宣言"。在 80 年代初,中国学者独立提出了在中国发展生态农业的观点,并且努力实践。首任中国生态学会理事长马世骏先生十分重视生态工程原理在农业的应用,不但多次参加全国生态农业会议,还主编出版了专著《中国的农业生态工程》[10]。在 80 年代以钟功甫的珠江三角洲基塘系统研究和以冯耀宗的橡胶和茶叶间作生态系统的研究是我国这个时期有代表性的高水平农业生态学研究。金鉴明院士和卞有生院士主持的北京留民营生态农业试点工作就是其中一个曾经有较广泛影响的生态农业试点。90 年代起农业生态学思想对中国农业实践的引领作用逐步显现。生态农业建设得到了国家的高度重视,在 1993 年农业部和国家计划委员会等 7 个部委共同组成全国生态农业建设领导小组,系统安排了 51 个生态农业县试点工作,2000 年又启动了第二批示范县建设。1990 年农业部的绿色食品工作借助亚洲运动会在北京召开之际拉开了发展的序幕。这对后来的健康食品(包括绿色食品、有机食品和无公害食品)发展有重要的影响。

四、现状和进展

农业生态学既是农业科学的基础学科,又是生态学的应用领域,其学科的交叉性和综合性很强,因此在科研方面已经激发起多方面的新构思,形成了新的研究热点,并且取得了重要的进展(图 2)。

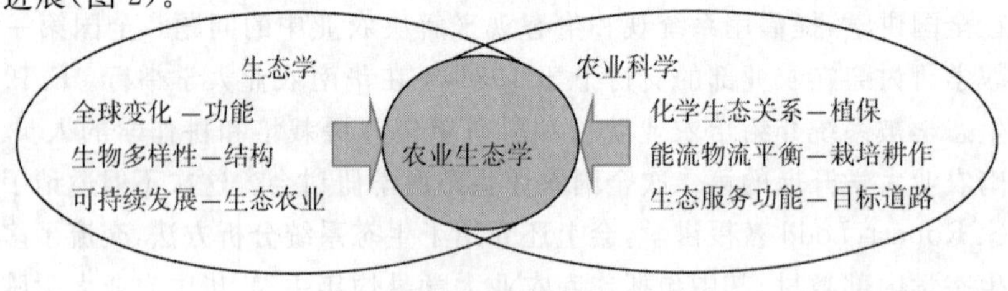

图 2　农业生态学的主要研究领域

全球变化、生物多样性和可持续发展等生态学研究的热点领域延伸到了农业，成为农业生态学研究的热点。全球变化在农业生态学中的研究主要包括农业生产过程对全球变化的影响，以及农业生产对全球变化的响应。生物多样性在农业生态学中的研究很广，涉及利用生物多样性控制病虫害，利用生物多样性改善养分供应，利用生物多样性恢复和改善农业生产的生态环境。可持续发展在农业生态学中的研究集中在各种替代农业，特别是生态农业方面。

农业的生态学基础研究得到了拓展。农作物与病虫草之间的化学生态关系研究相当活跃和深入。通过农业生态系统水分、养分、能量平衡研究，开始为实现节水、节肥、节能的资源节约型农业提供理论和技术。农业生态服务功能的测算，为人们重新认识农业作用，调整农业发展目标和农业政策提供依据。

（一）全球变化与农业生产的关系研究

1. 农业生产对全球变化的响应

研究全球变化中大气 CO_2 增加、气温升高、辐射的紫外线增加、臭氧浓度增加等因素对农作物生产的影响及其机理的研究非常活跃，取得了很多成果。

中国和日本合作建立的空气二氧化碳增加设施 FACE(Free Air Carbon dioxide Enrichment)在 2001 年投入后，在国内开展了一系列的相关研究。总的来说大气中 CO_2 浓度增加可以提高光合作用速率和水分利用率，有助于作物生长（即“施肥效应”），对小麦、水稻、大麦、豆类等 C3 作物助长效果显著，CO_2 浓度升高对作物地上、地下部分及总生物量等均呈现正效应。CO_2 浓度增加对小麦肥效作用十分明显，产量增幅很大，但大气中 CO_2 浓度增加对玉米、高粱、小米和甘蔗等 C4 作物助长效果不明显。

研究表明随着气候变暖，20 世纪 90 年代河北小麦种植北界比 50 年代相比向北推移了 30～50 km。气候变暖后，我国 1 年一熟制、1 年二熟制和 1 年三熟制北界将分别北移 250 km、300 km 和 300 km。高浓度臭氧可以造成植物叶片可见伤害，引起植物生物量减少，影响气孔导度，抑制光合作用，增加质膜透性，引起膜脂过氧化，减弱植物的抗氧化能力。辐射中 UV-B 增加对主要作物都有负面影响。番茄、大豆、菜豆、黄河密瓜的株高、叶重量、总生物量、叶面积、比叶面积，上胚轴长度等指标都随 UV-B 的剂量增加而下降。但是 UV-B 在低剂量时对大豆有促进作用。

2. 农业生产对全球变化的影响

农业生产过程会排放 NxO、CH_4 等温室气体，会改变植被覆盖和 CO_2 同化总量，对全球变化的影响举足轻重。目前不同农业方式和技术体系对全球变化的影响及其机理尽管已经有一些工作，但是大量工作还有待今后推进。在中国农田土壤 N_2O 排放通量分布格局的研究中，利用 DNDC(Decomposition and Denitrification)模型的结果表明，我国农业土壤 N_2O 排放总量为 0.31 kgN/(m^2 · a)，平均排放通量为 3.58 kgN/(m^2 · a)。通过长期施用有机肥对削弱土壤碳释放对大气 CO_2 浓度升高的影响是可行的。大气卤甲烷含量与平流层臭氧破坏关系密切，卤甲烷最大的自然释放来源可能是沿海湿地、水稻田、热带森林等陆地系统。随着对人工合成 CFCs 和 CH_3Br 的控制，自然和农业来源的了解和调节变得更加重要。

(二)农业的生物多样性研究

人类的农业活动和其他生产活动在历史上曾经引起了地球生物多样性的巨大变化。Erika 等(2000)在《自然》杂志上发表文章,表明历史上人类改变地球环境引发了 6 次重大灭绝事件,使全球生物分布发生了重大变化。这些变化改变了生态系统的过程和可塑性,也改变了人类能够获得的生态系统服务[11]。

1. 利用生物多样性控制病虫草害

通过田间的轮间套作、果园的植被覆盖、微生物的拮抗关系、作物与动物复合群落的构建等,农业生态系统的结构的调整和种群间相互作用关系的利用都有可能控制病虫草害的发生。自从云南农业大学的朱由勇教授 2000 年在《自然》杂志上发表关于利用生物多样性减少稻瘟病研究的结果后,农业生物多样性控制作物病虫草害成为目前农业生态学研究中最有吸引力的研究领域之一[12]。朱有勇等(2004)在云南籼稻区的建水和石屏县以及温暖粳稻区的泸西县分别选用不同的品种组合进行品种多样性混合间栽控制稻瘟病田间试验,结果表明,抗性遗传差异大的 5 个品种混合间栽组合对稻瘟病有极为显著的控制效果,尤其是在混合间栽中高度感病的优质地方稻品种稻瘟病的发病率、病情指数均有极显著的下降,防治效果达 54.47%～92.18%,遗传差异较小(相似性:0.84～0.90)的 2 个混栽组合混栽对稻瘟病的控制效果不明显,稻瘟病的防治效果在 15.12%～25.54%。此外,品种抗性遗传和株高差异大的品种组合具有显著的增产效果。与品种净栽相比,平均增产 539.0～900.0 kg/hm^2,增幅 5.57%～10.38%[13]。广东东莞建立的荔枝－牧草复合系统和单一系统进行比较的研究表明节肢动物的数量、物种丰富度、均匀性、多样性都提高。单行条植茶园,三行条植茶园,梨－茶间作,栗－茶间作对比研究得到类似的结论,间作茶园含有较多的物种和个体,较高的多样性,而且多样性比较稳定,益害虫物种数之比,益害虫个体数之比均高。冯耀宗(2002)云南种植巴西橡胶和云南大叶茶建立多层次结构的群落,蜘蛛大量存在,40 年来茶小绿叶蝉数量一直保持在经济防治指标内,不用任何农药防治[14]。研究不同基因型玉米间作复合群体的生态生理效应的结果表明抗病性差和抗病性好的品种间作形成的群体对叶斑病和叶锈病的抵抗能力明显提高,抗倒伏能力也提高。用不同用量的生态有机肥施用后,番茄的青枯病发生率从 100%下降到 39%～50%。利用土壤微生物的脂肪酸甲脂(FMAEs)分析技术进行研究的结果表明土壤的微生物结构发生明显变化,革兰阴性细菌、真菌和 AM 菌根菌的标记性脂肪酸甲脂增加。海洋放线菌 MB-97 在连作重茬的大豆根际定植后,可以抑制土传病害,紫青霉素的生长繁殖减少 80%,根腐病减少 50%以上,大豆增产 15.2%。使用海洋放线菌 MB-97 使土壤由低肥力的“真菌型”向高肥力的“细菌型”过渡。拮抗性放线菌Ⅲ261 和 A221 在蔬菜枯萎病和灰霉病上的抗病活性研究结果显示,两菌株的平板菌落对黄瓜枯萎病菌和番茄灰霉病菌的抑菌带宽达 17.5～20.9 mm。有 105 种外生菌根可以对病原菌有一定的抑制作用,如对立枯丝核菌引起的猝倒病,杨树溃疡病,桉树青枯病等。抑制作用的机理包括直接拮抗、形成保护层、机械屏障、根系分泌物变化等。

2. 利用生物多样性改善养分供应

华南农业大学的严小龙教授研究大豆、菜豆等豆科作物适应低磷土壤的遗传类型和根系特点。中国农业大学的李隆教授研究了传统农业种禾本科和豆科作物间套种对改善土壤铁、锌、磷等营养的效果和机理。绿肥、蚯蚓、菌根菌、根瘤菌、放线菌、钾细菌、磷细菌等生物都有可能改善植物的养分供应状况。有关研究一方面向机理展开;另一方面又有不少开发成为产品。

蚯蚓能够改善被机械压实的土壤 。作物免耕土壤大于 1 000 μm 的乳头状颗粒结构增加两倍以上,主要是由于大型蚯蚓的活动引起。Shuster 等(2001)通过人为添加深生性蚯蚓 Lumbricus terrestris L. 使土壤有机质的分布发生变化,0～10 cm 土壤有机质从 16.1 增加到 17.9 gC/kg,10～20 cm 土壤有机质从 12.4 增加到 14.7 gC/kg,分布均匀度减少[15]。利用盆钵生物试验结果证明蚯蚓活动对红壤磷素具有较强的活化作用。蚯蚓活动均能显著提高土壤微生物碳量($p<0.05$)。在南非研究蚯蚓粪作玉米生长基质,证明对玉米的高度、产量、生物量都有很好的作用,认为蚯蚓粪可以作为土壤改良剂。蚯蚓粪田间肥力试验在第二茬结束时,与试前相比,施用蚯蚓粪能增加土壤速效养分含量,促进叶面积增长和干物质积累。施用蚯蚓粪可改善甘蓝品质,降低甘蓝硝酸盐含量,提高维生素 C 含量。以不同质量分数 Zn 污染高沙土为材料的研究还初步证明了蚯蚓对 Zn 污染土壤中微生物和酶活性有改善作用。

目前由菌根等真菌构成的地下共生生态系统是研究热点之一,地下菌丝网络系统进行营养物质和生物信息的交流。菌根可以提高宿主的抗逆性,如抗旱、抗涝、抗盐碱、抗极端温度、抗重金属等。抗逆性的提高和磷营养的改善有关。磷营养的改善又和根系寿命延长、吸收面积和空间扩大、释放磷酸酶和改善根际微环境、增加对磷的亲和力等有关。有研究表明在接菌根的玉米中,Cu、Zn、Pb 累积量分别减少 10%、18%、29%,主要是由于金属向稳定态转移量加速,Cu、Zn、Pb 有机结合态增加量显著大于没有接种的玉米。菌根还在共生过程中产生多种生长刺激物,如生长素、细胞分裂素、赤霉素、脱落酸等。钾细菌,又名硅酸盐细菌(Bacillus mucilaginosus),用含硅酸盐细菌≥3 亿个/g 的泥炭土,结果小麦成熟期植株体内 K 增加 32.3%,拔节孕穗期土壤速效钾含量比对照高 128.6%。

3. 利用生物多样性改善农业生态环境

通过生物多样性体系的建立,特别是多层次植被体系的建立,可以有效减缓或者逆转水土流失、风蚀、盐碱、台风、干旱、洪水等生态安全问题,改善农业生产的外部环境。相关的研究涉及坡地工程措施和生物措施结合控制水土流失,风沙地带的防风固沙工程建设,沿海的农田防护林体系建设等。

重庆涪陵区紫色土丘陵坡地水保型生态农业优化模式研究提出了流域模式系列:山上保护层用林或草盖顶,山中间为半开发保护层种针阔叶混交用材林或部分经果林,山脚综合开发利用层种植粮、油、茶、桑、果、菜、药、绿肥等,形成果→草→畜的典型水保型生态农业模式。其中南方早熟梨→紫花苜蓿→猪(鱼鸭共生)和柑橘→鸭茅草→猪(鱼鸭共生)2 种典型模式的丘陵坡地林草覆盖率达到宜林宜草面积的 80%以上;每年可减少泥沙侵蚀量7 170 万 t ,增加蓄水 542185 万 m^3,同时增加区域内劳动力容纳量。

近年来在我国西部退耕还林、还草的面积大、时间长,相关的研究也比较多。有研究提出黄土丘陵区应构建以"草、林一牧一农"型系统循环为中心,以"菜、果一农"型系统循环为补充,进而发展为"草、林、农一牧一工一商"型系统循环或"菜、果一工一商"型系统循环的生态农业模式。对黄土丘陵沟壑区退耕草地的土壤质量进行的研究表明永久草地和退耕 20 a 荒坡草地的表层(0～10 cm) 土壤质量最佳;农地 40～50 cm 和 0～10 cm 土层土壤质量最差。阿拉善荒漠草地恢复初期植被与土壤环境的变化情况的研究结果表明:与农地相比,退耕 3 a 荒坡草地各土层土壤腐殖质条件显著改善,这与阿拉善荒漠恢复初期草地与封育前相比 0～20 cm 与 20～40 cm 层土壤有机质和全氮含量显著增加的结论一致。有研究表明生态林、经济林、牧草等退耕还林、还草类型的生态效益大于农田生态系统,其生态效益指数排序为:经济林＞生态林＞牧草＞农田。青海大通县不同类型生态系统的综合生态效益指数排列顺序为,天然云杉林＞退耕林地＞天然灌丛＞农地＞天然荒草地。张家界市退耕还林区森林恢复后的生态服务功能价值量研究表明退耕还林后所产生的生态经济效益为42 790.73×104 元,增加了 11.9 倍。

(三)农业的可持续发展研究

国外还有不少研究在继续探讨像自然农业、生态农业、生物动力学农业这样的替代农业的效果,国内的研究则集中在生态农业的配套模式和技术集成方面。近年研究的模式包括各种农业地貌,如湿地、水田、旱地、平原、丘陵坡地、山地等,研究了流域的农业结构布局、农场的种养生态模式、农田的复合种植结构模式等。有些研究已经深入到模式的结构和功能,有的研究还已深入到模式作用机理的化学生态学、生理生态学、分子生态学层面。另外长期农业生态系统模式的定位调查开始有研究报告。当前,农业生态系统和农田生态系统模式构建,农业生态系统模式与生态农业技术(传统农业技术生态化改造、节水、覆盖和免耕技术等)的结合等是研究的重点。目前的研究多数限于总结各地的生态农业实践经验,从理论和规律方面开展的研究还是少数,值得今后加强。

1. 流域模式

一个流域从高到低,合理安排农业生态系统的结构是生态农业建设的重要组成部分。国内总结了很多成功的经验,也提出了很多设计建议。张新时等(2003)以地处黄土高原北缘的北方农牧交错带的皇甫川流域为研究对象,认为小流域在黄土丘陵的设置为一级川台地粮食与饲料生产基地—二级川台地和梯田果粮草间作带—坡地人工、半人工林草带—沟坡封育与防护结合带—沟道防护带;在沙化黄土丘陵防风固沙与人工灌草生态—生产结合带则为滩地覆沙草农林复合系统型和覆沙坡地半人工草地复合系统模式;在砒砂岩丘陵封育恢复水土保持生态建设基地则设置为沟间坡地和沟坡封育带—沟沿防护带—沟道工程和林草综合治理带,其最迫切需要的是建立一个"退耕—禁牧—草产业—圈养舍饲—后续产业"良性循环的生态经济产业链[16]。黄道友,王克林等(2002)总结了湖南的 6 种典型模式:岩溶山区雨养旱作农业模式,山地林果药粮立体开发模式,丘岗区粮猪沼果综合开发模式,湿地粮经牧渔综合开发模式,城郊区城市服务型模式,工矿区环境治理集约经营模式。珠江上游的北盘江花江段大峡谷贵州省石漠化主要分布区之一,对该区生态农业模式的研究提出适宜采纳的生态农业模式有花椒—养猪—沼气模式、砂仁—养猪—沼气模式、传统粮经作物(包谷、花生等)－砂仁、花椒套种模式等[17]。在长江上游,三峡库区不同类型地区高效生态农业发展模式可以根据三峡库区地形地貌分别采用:沿江河谷区(175～300 m)水陆循环模式实行果—粮—菜—猪—沼—鱼结合,浅山丘陵区(300～500 m)共生互惠模式实行柑橘—粮—经—畜—桑—沼结合,低山区(500～800 m)水土保持型模式实行林—粮—油—薯—草—畜结合,中高山区(800 m 以上)名优土特模式实行干果—药—茶—烟—菜—草结合,庭院小循环模式实行果—花—禽—沼结合。对洞庭湖湿地生物利用与农业开发模式研究进行的调查分析认为该区可建立的模式:一是湖盆中心敞水带生态链模式,即水生饵料植物→鱼类水禽类→人类生态链;二是渍水低洼或蓄滞洪过渡地带生态产业链模式,发展高效避洪产业链,开发利用湿生、水生高等植物和湿地生态旅游;三是平原区农工结合产业链模式;四是丘陵、岗地区水土保持模式;将封山育林和人工造林结合起来,规模发展用材林,利用经济用材林发展家具制造、竹器工艺品生产等地方特色产业,使资源保护和开发利用有机结合。

2. 农田模式

农田生态系统通过适当的结构调整,能够提高系统的综合效益。南方的稻－萍－鱼体系 8 年累积的数据表明稻－萍－鱼体系的鱼产量达到 4 000～9 800 kg/hm^2,稻田少用化肥 50%～60%,少用农药 30%～50%,水稻比常规稻略增,土壤氮磷钾增加 15.5%～38.5%,水稻病虫草害减少 40.8%～99.5%,土壤甲烷排放减少 34.6%[18]。北方的稻田养鱼比对照的水稻纹枯病发病率下降,它是一种具有良好综合效益的生态模式。黄璜等(2003)研究湿地稻－鸭复合系统的 CH_4 排放规律,稻田养鸭的早稻生育期间甲烷排放总量5.517 g/m^2,传统栽培为 9.89 g/m^2,养鸭后土壤氧化还原电位增加 15.3 mV,还原物质总量下降 0.365 cmol/kg[19]。我国各地以沼气为纽带的生态农业得到了进一步发展,南方“三位一体”模式和北方“四位一体”模式研究报道很多,近年广西部分地区还推陈出新,提出了一些“猪＋沼＋果＋灯＋鱼＋捕食螨＋生物有机肥”、“猪＋沼＋菜＋灯＋鱼＋黄板”、“稻(免耕抛秧)＋灯＋鱼”等新型生态农业模式,并配套相应的生态农业技术,包括生态养猪技术、沼气池建设与沼气综合使用技术、水果无公害标准化生产技术、杀虫灯诱杀害虫技术、小池生态养鱼技术、水果套袋技术、捕食螨释放技术、黄板诱杀技术等,并从2002 年开始进行科技攻关和面上示范推广。广西灌阳采用了垄稻沟养鱼、免耕抛秧、频振式杀虫灯集合在一起的生态模式,连续试验实现了免用除草剂的免耕栽培,满足稻鱼共育时稻鱼的不同需求,生态控制稻虫的危害,弥补了单一技术的缺陷,每公顷比平作免耕抛秧年增收 6559.5 元。对稻藕轮作与稻鱼蟹混养模式的研究表明稻鱼蟹混养与稻藕轮作相结合生产模式的可持续性指标优于稻田养鱼、稻田养蟹、稻鱼蟹混养生态种植模式,其净生产力、生物量/输出量、输出量/输入量和稳定性指标分别是单一种稻模式的 2.63、4.25、2.03 和 3.56 倍。针对广东省珠江三角洲等地区菜田连续生产存在的问题,实行稻菜年内轮作的“123 模式” 蔬菜(花卉)－水稻－蔬菜种植模式,从而实现了利用不同作物对气候资源优势、土壤养分利用及生态环境的互补作用,提高了农田的综合效益和可持续发展能力。

(四)农业的化学生态学关系研究

以次生化合物为媒介的种群之间的化学联系是生物种间相互作用的基础。农业生物之间普遍存在化学相互作用。农作物和杂草,农作物和病菌,农作物和害虫,农作物、害虫以及害虫天敌之间都有化学相互作用。植物在进化中产生的次生化合物与植物抵御逆境、调节种内和种间关系密切相关。研究这些化学相互关系不仅可以揭示有关的自然规律,还可以为农业生产中利用这些化学相互关系提供科学基础,为减少对农药依赖和农业可持续发展提供了可能。由于现代微量化合物测定手段的进步和分子生物学技术的引入,有关研究正在取得令人振奋的进展,成为农业生态学一个重要的研究领域。

1. 作物的植物化感关系研究

研究表明,水稻、小麦、高粱、黄瓜、番茄、茶、桉树、木麻黄等植物向环境释放的化合物对其他植物和对自身都存在化感作用。因此,化感作用实际上对如何选择作物的间、套、轮作方式有重要的影响。目前,有关作物化感作用研究已经开始引入基因组、代谢组、蛋白组学的方法,深入到遗传定位、分子生物学和生理生化层面。

以水稻的化感研究为例,化感水稻可以抑制单子叶和双子叶植物。水稻品种PI312777对莴苣有强烈化感作用。Chung等(2001)研究表明水稻品种Gin shun、Kasarwala mundara、Philippine2、Juma 10有很好的化感表现[20]。Ahn等(2000)的一项研究表明Janganbyeo品种的谷壳温水抽提液对稗草的苗高抑制率达到75%,干重抑制率达到96%[21]。一个稻种资源的化感潜力结果发现120份不同类型水稻资源化感潜力的排序为:地方品种>选育品种(系)>引进品种(系)>杂交水稻(恢复系和不育系)[22]。Jensen等(2001)对粳旱稻品种IAC165和籼水稻品种CO39杂交后代的142个自交系来对化感基因进行QTL定位。IAC165对稗草有强烈的化感作用,CO39则很弱,看来化感和根系形态遗传无关,4个主效应QTL分布在3条染色体上,综合起来可以解释35%的酚类含量的差异[23]。福建农林大学的学者对水稻化感作用的数量性状位点(QTLs)进行了分析,共检测到4个与水稻化感作用相关的QTL,它们分别位于第3,9,10和12染色体上[24]。利用差异蛋白组学技术对稗草胁迫下的水稻PI312777和对照进行蛋白的差异分析,发现该品种在稗草胁迫下的特异蛋白分别与苯丙氨酸氨解酶(PAL)、硫还原型蛋白(Trx-m)、3-羟基-3-甲基戊二酰辅酶A还原酶(HM GR)和过氧化物酶(POD)相匹配。根据编码以上4个差异蛋白质的DNA序列,认为与水稻化感作用相关的基因分别位于水稻染色体4、7、8和12上[25]。林文雄等(2004)分析了水稻不同生育期的水稻化感活性差异,发现在生长发育的3~5叶期对受体植物的抑制作用较强,之后抑制作用有所下降,到8叶期又有所增强这种间断性表型表现。说明在生物个体的不同发育阶段基因是按一定的时空秩序有选择地表达的[26]。

2. 作物与微生物的化学生态关系研究

研究表明,微生物能够产生化感物质,影响作物的生长。病原微生物可能刺激植物的抗性机制,从而使植物产生更加多的化感物质。植物产生化感物质的抗性还可以被其他自然因子的胁迫或者为人工化合物所诱导。

曾任森等人的研究表明日本曲霉产生的黑麦酮酸F对高等植物有化感作用，它的作用方式包括降低SOD活性，增加MDA含量，使叶绿素a和叶绿素b的含量下降，光合作用下降，呼吸、膜透性、ABA上升。电子显微镜观察表明处理后线粒体膜不完整，叶绿体膨大，层间结构被破坏[27,28]。Mattner(2001)发现有锈病的大麦导致旁边的苜蓿生物量比没有锈病的减少56%。温室研究表明，大麦有锈病的土壤比没有锈病的土壤使苜蓿生物量减少36%，土壤淋出物也使苜蓿生物量比对照减少27%，锈病可以强化大麦的化感作用[29]。真菌结构中的不饱和脂肪酸，如花生四烯酸、亚麻酸亚油酸、油酸和细菌hrp基因产物都可以成为诱导植物产生抗性化合物的生物诱导剂。水杨酸、二氯异烟酸、二氯异烟酸酰胺、苯并噻重氮(BTH)可以诱导小麦、水稻、烟草等出现对多种病原的抗性。噻菌灵、HCl、SiO_2、NaCl、草酸、马粪浸液、聚氨基葡聚糖、诱导素(Elicitin)都可以作为非生物诱导剂，诱导出作物对不同真菌、细菌、病毒病害产生抗性。外源水杨酸在0.5～4 mmol/L的浓度范围处理辣椒叶片，可以诱导出对倍半萜环化酶基因的转录并表达出酶的活性。茉莉酸甲酯、苯丙噻重氮和草酸均可以诱导油菜对菌核病产生局部和系统抗性。

3. 作物与昆虫的化学生态关系研究

信号分子茉莉酸在植物防御中起着至关重要的作用，是植物在被昆虫取食后发生防御反应的关键所在 。用外源茉莉酸和斜纹夜蛾处理水稻会诱导水稻茉莉酸信号合成途径关键酶(脂氧合酶和丙二烯合成酶)基因以及防御物质蛋白酶抑制剂的表达[30]。茉莉酸甲酯能诱导玉米释放吲哚，以及调控基因indole-3-glycerol phosphate (IGP) lyase的表达。因此，植物在被昆虫取食后，激活植物体内的茉莉酸信号途径，调控植物体内的次生代谢，产生防御物质，达到防御的目的。乙烯信号途径、水杨酸信号途径以及信号途径之间的交互作用也对植物的防御反应有一定的贡献。用茉莉酸甲酯处理或用Spodoptera exigua取食玉米会提高脂膜蛋白FAC与脂膜的结合能力，形成一配合体。

Dahl等(2006)研究发现烟草在被毛虫取食时，释放的挥发性有机物中，甲醇的含量位于第二位，毛虫的口腔分泌物激活了叶片中的胶质甲基酯酶的活性，提高了其转录水平从而导致甲醇的释放[31]。释放的甲醇会使植物的防御蛋白TPI活性降低，从而增加取食幼虫的取食能力。昆虫取食植物会诱导植物产生的茉莉酸和水杨酸，激发植物的防御系统。然而，昆虫却能“偷听”到植物的信号，当遇到茉莉酸和水杨酸时，迅速提高昆虫体内与解毒有关的P450基因的表达，并在植物防御物质产生前做好解毒的准备。

麦长管蚜和禾谷缢管蚜本身对天敌燕麦蚜茧蜂的吸引作用比不上它们和寄主植物的复合体。对燕麦蚜茧蜂的长距离吸引作用主要不是靠视觉，而是靠化学作用，靠麦蚜取食诱导的挥发性互益素作用。麦蚜取食寄主时诱导的挥发性信息物质主要是2-莰烯，6-甲基-5-已烯-2-酮，6-甲基-5-已烯-2-醇，顺-3-已酰-醋酸酯，水杨酸甲酯。这些化合物除水杨酸甲酯外，都对燕麦蚜茧蜂有明显的吸引作用。危害根部的甲虫的幼虫取食玉米根部，会诱导玉米根部产生倍半萜(烯)类的信号物质 (E)-B-caryophyllene，吸引甲虫的天敌——线虫，从而减少甲虫的危害。Vuorinen 等 (2004)研究发现植物在被草食动物取食后其受伤部位及未受伤部位会释放出诱导型挥发物(IVOC)[32]。IVOC能充当植物内与植物间的信号物质，在伤害部位产生的IVOC能诱导本株植物未受伤部位以及临近健康植株产生IVOC或者激活与此相关的基因的表达。在田间试验中，发现IVOC能吸引草食动物的捕食者及拟寄生物。野外研究表明,用茉莉酸处理生长在沙漠中的 3～5 m 间隔的野生烟草,产生的挥发性化合物会吸引捕食者,从而降低草食动物对烟草的危害达 90%。

(五)基于生态系统能物平衡的资源节约型高效农业研究

通过农业生态系统水分、养分、能量平衡研究,为实现节水、节肥、节能的资源节约型农业提供理论和技术是农业生态学一个重要的研究方向。

1. 农业生态系统的水分平衡和节水农业

我国在农业生态系统水量平衡、水分循环方面做了大量研究。包括从定性与定量分析、短期与长期定位观测到对系统水分的模拟预测等。不少研究集中在田间尺度和区域尺度上研究冠层辐射传输、湍流交换和土壤水热迁移的动态特征、探索土壤一空气界面、叶片一空气界面的水分调控效应。由于水资源的短缺,我国在研究农田生态系统水分平衡的基础上开展农业节水研究有很大进展,测定了地膜覆盖、喷管滴灌、秸秆覆盖的节水效应,明确了节水的土壤水分标准。西北的集水灌溉模式得到了长足进展,对节约水资源,提高生产能力起到了重要的作用。

我国对水分在土壤一植被一大气系统(简称 SPAC 系统)内水热传输的相关研究开始于 20 世纪 80 年代,以中科院地理科学与资源研究所为首的工作者们采用了大型称重式蒸渗仪、自动换位式波文比系统、高精度微气象剖面观测系统等,在农田生态系统能量收支、水分循环及农田与大气间物质与能量交换理论、机制等方面取得了大量的成果。这些成果包括作物冠层界面的水分和能量传输、植物体内水分运移多种与根系吸水、土壤水分运动与作物蒸腾、作物需水、耗水以及提高水分利用率等方面。在此过程中,数值模拟方法、多种过程模型在描述 SPAC 系统水分和能量交换的物理、生物物理过程中的广泛应用,表明模拟模型可以作为一种强有力的手段进行这方面的研究。以长期的连续观测与模拟模型为手段,综合 SAPC 系统内的水热、CO_2 传输等过程,分析大气、土壤、作物系统中各层面水循环要素的变化过程已成为研究农业生态系统水循环过程和机制所普遍采用的方法。

在节水灌溉方面,对干旱半干旱区金矮生苹果水分利用效率的研究表明,当土壤田间持水量约 50%时,水分利用效率(WUE)最大(230 $\mu molCO_2/gH_2O$),光照(PAR)范围在 500～1 000 $\mu mol/(m^2 \cdot s)$时 WUE 最大。因此综合考虑节水和高产的推荐土壤含水范围是 11%～15%,相当于田间持水量的 50%～75% 。通过 2001～2003 年的实验资料证明夏玉米产量与前季冬小麦产量有一定的互补作用,全年水分利用效率(WUE)与灌水量成负相关。冬小麦一夏玉米两熟农田实行冬小麦灌溉而夏玉米不灌的灌水措施可行。水稻旱作是水稻节水栽培中最有效的方式,直播旱作水稻较水作水稻生育前期对施用的肥料氮吸收很少,更注重中后期对氮素养分的吸收,尤其是对土壤氮素的吸收,研究表明提高直播旱作水稻氮肥利用效率的关键在于减少生育前期肥料氮的投入。

覆盖处理的水稻生产能够节约 63.1%的水,水分利用效率提高 2～3 倍。另有研究表明,与常规水作栽培相比,覆膜旱作水稻在节水的前提下,抽穗期土壤养分有下降趋势,成熟期差异不大,但明显增加了土壤微生物细菌、真菌、放线菌 2～5 倍,显著增加土壤过氧化氢酶和蔗糖酶的活性。在甘肃定西唐家堡试验的结果表明，最佳地膜覆盖时间是种植起40～60 d，过长时间的覆盖会抑制作物根系发育，作物蒸散量和水分利用效率下降，产量受到影响。地膜覆盖和种植三叶草均能提高土壤含水量，两种覆盖的土壤含水量在40 cm 土层中分别较对照提高 17.6%和 18.8%，同时地膜覆盖提高了冠层光合有效辐射和气温。覆盖措施具有很好的蓄水保墒效果，覆膜集雨种植能明显提高夏玉米的籽粒产量、生物产量，有利于植株对养分的吸收利用。旱地桑园进行生物覆盖可提高土壤水分利用率，使有效条数、叶面积、单叶产量明显增加，实现增产增效。小麦秸秆、地膜、高粱秆片和纸板覆盖均有显著保水作用及明显水分表聚现象，即 0～10 cm 表层土壤含水量明显高于下层土壤，地膜覆盖兼有显著增温效应，各覆盖处理均显著增加玉米株高、茎粗和叶面积指数及叶净光合速率，增加产量，其增产原因主要是由于穗长和穗粒数的增加所致。裸地旱作和稻草覆盖旱作能节水 50%～70%，水分渗漏量和田面蒸发损失也大大降低。旱作条件下，稻草覆盖旱作的水稻分蘖数、叶面积、根系生长明显优于裸地旱作。覆盖旱作产量接近于常规水作对照，显著高于裸地旱作。水分利用效率和灌溉水利用效率均为稻草覆盖旱作＞裸地旱作＞常规水作。玉米茬晚稻以免耕畦作玉米秸秆覆盖处理产量最高，免耕玉米秸秆不覆盖处理次之，分别比传统翻耕移栽增产 12.1%～20.5%和 7.5%～7.7%。玉米茬晚稻免耕畦作玉米秸秆覆盖处理各主要生育期叶面积指数大，叶绿素含量和叶片光合速率高，氮素的积累和吸收量大。免耕玉米秸秆不覆盖处理开花前生长较旺，但后期存在早衰现象。

2.农业生态系统的养分平衡与养分调控

20 世纪 70～80 年代我国农业生态系统养分循环的研究重点是土壤养分转化和损失过程，养分平衡通常采取分别估算各项养分收入与输出，并据此实施农田管理、决策制定等。进入 21 世纪后，这类研究还在继续，而且这类工作有了长期定位资料的支持。中长期定位研究的报道越来越多。在东北辽宁西部，13 年的中长期肥料试验平均每公斤氮增产 9.4 公斤粮食，每公斤磷增产 12.7 公斤粮食，利用养猪和农田 80%产物的循环回田，增产效果达到 7.0%～9.8%，且有逐步增加的趋势。1978～1988 年在陕西关中地区农田的长期定位试验结果表明单施化肥的土壤有机质水平没有下降，由最初的 14.1 g/kg 上升到 1988 年的 14.7 g/kg，但是土壤胡敏酸的热值有所下降，表明分子缩合程度增高，发生"老化"。华北冬小麦土壤的氮素表观盈亏研究结果表明土壤表层硝态氮向深层淋洗严重。

模拟降雨研究施肥方法对坡面磷素流失影响的结果表明为了减少磷的流失，最好是条施磷肥，其次是穴施，最差是和土壤混施。有机(猪粪)和化肥以 1∶1 的方式比单一磷肥施用既增加土壤有效磷量，又增加田面水的磷水平(7 d 后是单施磷肥的 3.4 倍)，施磷肥或土壤被搅动后一周是控制磷流失的关键环节。

由于微量元素平衡涉及植物营养和污染问题，微量元素平衡研究是补充主要营养元素平衡的一个重要领域。江西鹰潭红壤大气 SO_2 和 SO_4^{2-} 的干沉降速度为 0.43 cm/s 和 0.23 cm/s，干湿沉降通量 7.8 g/m^2，其中干沉降占 86.2%。长期定位研究红壤旱地不同种植方式下水分、养分循环和平衡以及能量流动特点，发现该地区由于季节性的干旱经常发生,水土流失严重;红壤旱地 N、P、K 配比不合理,肥料施用量大,化肥投入过多,不同种植方式间存在差异,使投产比降低。只有建立种养结合的复合农业生态模式,并采用节水灌溉、增加覆盖、农林间套作,提高有机肥比重、进行平衡和合理施肥;进一步优化种植结构,调整投能结构,减少外部输入能,才能取得较好的效果。在沈阳潮棕壤上进行了 10 年的定位试验研究在养分循环再利用的基础上,采取不同施肥制度下作物养分的移出量,再施肥量计算出土壤中 N、P、K 养分收支。结果,研究表明在保持农业系统养分循环再利用的基础上,根据养分供给力设计化肥施用量,不仅可实现作物高产,而且可平衡土壤养分收支,避免土壤中肥料养分过剩(主要是 N)进入环境。我们在栾城县分析了 1985～2000 年来华北太行山前平原农田生态系统 N、P、K 三要素养分循环与平衡特征及其变化趋势,结果表明 20 世纪 80 年代,农田养分循环率较低,系统内养分循环主要靠外部投入来维持。进入 90 年代以来,由于秸秆还田措施的不断实施,输出外部的 N、P、K 养分总量不断减少,内循环量增大,内循环率上升,系统养分循环属半封闭式。农业管理措施的不断改善、农田养分的循环模式的变化对农田生态系统养分循环与平衡具有重要意义。

3. 农业生态系统的能量流动与节能农业

我国在农业生态系统的能流方面进行了一些定量、半定量的研究。有的还借助于数学模型对系统能量流动的过程进行动态模拟或通过对系统的能量投入和产出的动态变化趋势来优化投能的结构。但是总的来说,有关农业生态系统能流的研究结果还是比较少,需要今后进一步加强。我国曾经用系统能量流动过程的分室模型研究盂州中部地区生态果园示范工程的能量流动过程的模拟计算和实测分析,动态地反映了整个生态果园系统的能量流动状况。浙江德清县农田生态系统能量投入的优化研究表明利用能量投入与产出成 LOGISTIC 关系,有机能和无机能比例与效率成二次抛物线关系,通过经济学的边界效益理论,可以计算出最优投能水平和相应的有机能/无机能结构。20 世纪 80 年代末, H. T. Odum 创立的能值理论也被引入我国农业生态系统分析中,为分析系统的结构功能特征与生态经济效益提供了新的途径。尽管如此,能值转换率的计算过程尚有待简化,能值指标体系的系统性尚待提高,系统可持续发展的能值综合评价指标仍显缺乏。

(六)农业生态功能的经济核算

在经济核算日益成为农业生产经营者主要关注的核心时,把生态环境的效益转换成为经济效益不仅有利于经营者把生态环境效益纳入经营目标,而且有利于政策制定者通过恰当措施把经济外部性有效地内在化。近年的农业生态核算研究的内容包括生态系统服务功能、生态环境成本核算和生态资源占有核算。

在生态服务功能核算方面,使用的办法仍然是市场价值法、替代工程法、影子价格法、机会成本法、意愿调查法等。施晓清等(2001)利用市场价值法、替代市场法、假想市场法来分别估计我国森林的净化价值为 403 850.58 亿元[33]。蒋菊生等(2002)利用 C 税法和工业制氧成本法估计森林服务价值分别达到 1 238 亿元和 12 亿元,合计是橡胶和木材价值的 28.7 倍[34]。李季等(2001)估算中国水稻生产的环境成本。环境成本包括化肥农药的环境影响、水土流失、问世气体排放、围湖造田引起洪涝等。结果表明湖南和湖北的水稻生产环境成本约为农业总产值的1%～4.5%[35]。

在生态资源占有核算方面，生态足迹法是近年才引入我国的一个方法。生态足迹指标的优点在于概念形象、内涵丰富、实现了对生态目标的测度、操作容易。对张家口市坝上地区生态足迹进行了初步研究。该地区1999年的人均生态足迹供给(生态承载阈值)为0.68 792 hm^2，人均生态足迹为1.32 252 hm^2，赤字为0.47 930 hm^2。根据Wachernagel计算中国1993年的人均生态足迹为1.2 hm^2，承载力为0.8 hm^2，赤字为0.4 hm^2。

五、学科发展趋势

未来农业生态学的发展将从两个方面吸收“营养”。一方面从生态学的发展中寻求最新的发展空间；另一方面从农业实践发展中扩展自己的应用领域。

(一)农业生态学的生态学基础拓展

景观生态学是一个新兴的生态学研究领域，在20世纪90年代逐步走向成熟，并且渗透到农业生态学的研究中(见图3)。在这个方面的研究由于地理信息系统(GIS)和遥感方法的成熟而变得活跃。目前国内在土地利用变化及其驱动力的研究比较多，但是在农业景观层面的功能分析却还比较少。在景观层面开展农业布局的设计是一个值得重视的应用方向。

由于分子生物学技术的成熟和普及，研究生物与生态环境关系在生物大分子水平的规律的分子生态学也逐步成为生态学的研究热点。在农业生态学方面，利用分子生态学的方法和理论，可以深入揭示农业生物间的化学生态学关系和了解农业生态系统生物的遗传多样性。

农业生态学将更多吸收基于信息、通讯、计算机和数学为基础的理论生态学、数学生态学、生态系统分析成果，推动农业生态学面对的复杂系统研究向信息化、定量化方向发展。目前除了各种模拟模型、生态指标、系统工程被越来越广泛地应用外，人工神经网络、遗传算法等优化方法也开始在农业生态领域获得应用。在农业生态学运用的无论是作物生长模拟、土壤—植物—大气模型等专用模型，还是地理信息系统、系统工程、数值计算等通用软件，基本上是国外的产品。我国多数同类产品或者缺乏通用性、或者没有被国际认可而缺乏竞争力。今后还需要急起直追。

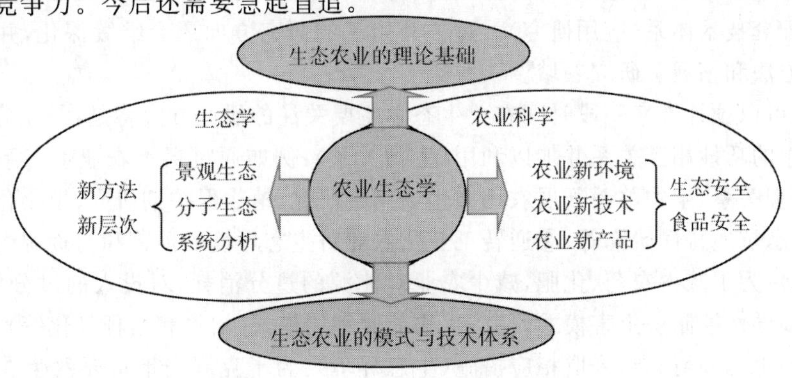

图3 农业生态学研究领域的拓展

(二)农业生态学的农业应用领域拓展

在推动农业可持续发展,促进生态农业建设方面,农业生态学已经发挥了重要的作用。由于中国现阶段农业发展的特殊性,农业生态学在继续重点关注生态农业建设的同时,将关注涉及生态安全和食品安全的农业问题,在农业生态环境层面促进和谐社会和新农村建设。

生态敏感区域农业生产的生态安全问题将越来越被重视。农牧过渡带的农业生产对风沙产生的影响;在江河源头,农业生产与水源保护的关系;在经济发达区,农业绿色区域与工矿城镇的生态缓冲关系;在水资源缺乏地带,农业用水在区域用水安全中的地位;在能源日趋紧张的时代,农业的耗能与农业生物能源供能对全社会能量平衡的影响问题等都将成为农业生态学关注的领域。

转基因食品的生态安全性问题已经引起不少的研究。随着转基因技术的成熟,可以预计越来越多的转基因作物出现,农业生态学将更多关注其生态安全性问题。目前化肥改善的重要方向是控释肥和有机无机复合肥,农药改善的重要方向是植物性药物、仿生药物、植物保护剂等,精确施用的"精确农业"在发达国家已经在实施。这些农用新型化学品及其新型使用办法对农业生态系统物流平衡的影响及其对生态环境的影响将会成为农业生态学关注的内容。

我国农田污染的面积相当大,污染物包括重金属污染、可持续性有机物污染等。我国集约化的畜牧生产规模相当大,畜禽生产废物的排放污染也不能忽视。如何通过农业生态系统结构和功能的调整实现污染土地的修复和废物的循环处理也会成为农业生态学的重要应用领域。

(三)农业生态学的研究方向

过去 20 多年中,农业生态学的主要任务是:①在农业普及生态学知识,②在生态系统概念的基础上整合有关知识,让人们不仅看到树木而且看到森林;③提出生态学原理在农业方面利用的方向;④认识农业可持续发展的生态农业方向。未来一段时间农业生态学的任务将是:①进一步深入揭示利用自然界生态关系来调控农业生态系统的规律(基础研究);②为推进农业生产向高效、低耗、循环、持续的生态农业方向,提供更加成熟的生态系统模式和配套技术体系(应用研究)。过去开始了的研究方向还会继续深化,并且加进了新的研究方法和拓展了研究领域。

因此,可以预计未来一段时间农业生态学主要关注的研究方向将是:①充分揭示农业生态系统中的巧妙相互关系并加以利用(生物关系):例如通过揭示农业生态系统中的化学关系、物理关系、生物关系开展农用微生物制剂研究、植物保护剂研究、植物化感作用研究、品种生态抗逆特性研究等;②逆转工业化农业对生态环境的损害和对资源的过分消耗(系统输入):为了减少农药、化肥,减少农业对能源的过分消耗,对投入的过分依赖,开展利用生物多样性控制病虫害模式研究,生物能源利用模式(沼气和秸秆气化等)研究等;③针对突出的生态环境制约采取相应措施(生态环境):为了克服当地重要的生态环境制约因子,如水土流失、风沙问题、土壤盐碱、缺水干旱等开展防治水土流失和风蚀的农业模式研究、节水的集水农业模式研究等；四是提供农业可持续发展的生态农业模式和生态农业技术体系（系统结构）：研究流域农业结构布局、规模化生产条件下的生态模式、复合种植模式和种养结合模式等。

假如说 25 年前，农业生态学的重要使命是唤醒管理人员、农民和学生对农业生态环境问题的重视，极力推动生态农业建设，那么今天农业生态学的重要任务是在国家、地方普遍重视农业可持续发展的前提下，胜任中国未来的生态农业建设。农业生态学也应当继续成为引领中国生态农业建设和农业可持续发展的重要支撑学科。

参考文献

[1] Altieri, M. A., Agroecology: the science of sustainable agriculture, Boulder: Westview Press, 1995.

[2] Gliessman, Stephen R., Agroecology: ecological processes in sustainable agriculture, CRC Press, 1997.

[3] 骆世明，等. 农业生态学. 北京：中国农业出版社，2001.

[4] Azzi, G., Agricultural Ecology, London: Constable, 1956.

[5] 小田桂三郎，等著. 姜恕译. 农田生态学. 北京：科学出版社，1976.

[6] Cox, G. W., M. D. Akins, Agricultural Ecology: an analysis of world food production systems, San Diago: Freeman, 1979.

[7] Altieri, Miguel A., Agroecology: the scientific basisi of alternative agriculture, Berkery: UCB, 1983.

[8] 吴志强. 农业生态学基础. 福州：福建科技出版社，1986.

[9] 骆世明，陈隶华，严斧. 农业生态学. 长沙：湖南科技出版社，1987.

[10] 马世骏. 中国的农业生态工程. 北京：科学出版社，1987.

[11] Erika S. Zavaleta, Valerie T. Eviner et al., Consequences of Changing Biodiversity, Nature, 2000, 405: 234-242.

[12] Zhu Youyong, et al., Genetic diversity and disease control in rice, Nature, 2000, 406: 718-722.

[13] 朱有勇，孙雁，王云月，等. 水稻品种多样性遗传分析与稻瘟病控制. 遗传学报，2004，31 (7)：707-716.

[14] 冯耀宗. 生物多样性与生态农业. 中国生态农业学报，2002，10(3)：5-7.

[15] Shuster, W. D., Subler, S., McCoy, E. L., Deep-burrowing earthworm additions changed the distribution of soil organic carbon in a chisel-tilled soil, Soil boil. Biochem, 2001, 33(7/8): 983-996.

[16] 张新时，史培军. 边际生态系统管理的理论与实践——我国北方草原与农牧交错带“优化生态—生产范式”构建. 植物学报，2003，45(10)：1137-1138.

[17] 黄道友，王克林，等. 湖南省不同高效生态农业模式研究. 中国生态农业学报，2002，10(4)：121-124.

[18] 黄毅斌，翁伯奇，等. 稻—萍—鱼体系对稻田土壤环境的影响. 中国生态农业学报，2001，9(1)：74-76.

[19] 黄璜，杨志辉，等. 湿地稻—鸭复合系统的 CH_4 排放规律. 生态学报，2003，23(5)：929-934.

[20] Chung, I. M., Ahn, J. K., Yun, S. J., Assessment of allelopathic potential of barnyard grass (Echinachloa crusgalli) on rice (Oryza sativa L.) cultivars, Crop prot., 2001, 20(20): 921-928.

[21] Ahn J. K., Chung I. M., Allelopathic potential of rice hulls on germination and seedling growth of barnyard grass, Agron. J., 2000, 92(6): 1162-1167.

[22] 阮仁超,韩龙植,曹桂兰,等.不同类型稻种资源对稗草化感潜力差异评价.植物遗传资源学报,2005,6(4):365-367.

[23] Jensen, L. B., Coutois, B., Shen, L., Li Z., Olofsdotter, M., Mauleon, R. P., Locating genes controlling allelopathic effects against barnardgrass in upland rice, Agron. J., 2001, 93(1):21-26.

[24] 曾大力,等.水稻化感作用的遗传分析.科学通报,2003,48(1):70-73.

[25] 何华勤,林文雄,梁义元,等.应用差异蛋白质组学方法分析作物化感作用的分子机理.生态学报,2005,125(12):3141-3146.

[26] 林文雄,何华勤,董章杭,等.不同环境下水稻对受体植物化感作用的动态遗传研究.作物学报,2004,30(4):348-353.

[27] Zeng, R. S., Luo, S. M., Shi, M. B., Shi Y. H., Zeng Q., Tan H. F., Allelopathy of Aspergillus japonicus on crops, Agron. J., 2001, 93(1):60-64.

[28] Zhang F. S., Shen J. B., Li L. and Liu X. An overview of rhizosphere processes related with plant nutrition in major cropping systems in China. Plant and Soil, 2004, 260:89-99.

[29] Mattner, S. W., Parbery, D. G., rust enhanced allelopathy of perennial ryegrass against white clover, agron. J., 2001, 93(1):54-59.

[30] 徐涛,周强,陈威.茉莉酸信号传导途径参与了水稻虫害诱导防御过程.科学通报,2003,48(13):1442-1447.

[31] Dahl, C. C., von Havecker, M., Schlogl, R., Baldwin, I. T. Caterpillar-elicited methanol emission: a new signal in plant-herbivore interactions? Plant Journal. 2006, 46:6, 948-960.

[32] Vuorinen, T. Reddy, G. V. P. Nerg, A. M. Holopainen, J. K. Monoterpene and herbivore-induced emissions from cabbage plants grown at elevated atmospheric CO_2 concentration. Atmospheric Environment. 2004, 38:675-682.

[33] 施晓清,赵景柱,等.生态系统的净化服务及其价值研究.应用生态学报,2001,12(6):908-912.

[34] 蒋菊生,王如松.橡胶林固定 CO_2 和释放 O_2 的服务功能及其价值估计.生态学报,2002,22(9):1545-1551.

[35] 李季,等.中国水稻生产的环境成本估算—湖北、湖南案例研究.生态学报,2001,21(9):1475-1483.

撰稿人:骆世明　王建武　章家恩　曾任森　黎华寿　蔡昆争
叶延琼　肖红生　陈贵葵　秦钟　赵娜

农业信息科学学科发展

一、引言

农业信息科学是以农业科学的基本理论为基础，以农业生产活动信息为对象，以信息技术为支撑，进行农业信息采集、处理、分析、存储、传输等具有明确时空尺度和定位含义的农业信息管理与决策，研究和解决农业生产活动信息变化规律的科学。从建立学科的基本内容与条件看，它应由理论基础、关键技术、应用系统三方面组成。

近30年来，信息技术的快速发展为农业生产管理的现代化和信息化提供了新的方法和手段。同时，现代农业科学理论与技术为优质、高产、高效、生态、安全农业产业的发展提供了支撑。农业信息科学正是在信息科学和农业科学不断发展，以及信息技术逐步在农业领域的应用而形成的。农业信息科学的发展大致经历了起步、发育、发展三个阶段。

农业信息科学已经形成了较为完备的学科体系，包括农业数据库技术、多媒体技术、网络技术、农业空间信息管理技术、自动控制技术、农业系统模拟技术、农业人工智能技术、农业管理决策技术和农业信息服务技术9大关键技术。

随着信息技术的飞速发展以及在农业中的深入应用，农业信息科学的关键技术取得了一系列卓有成效的成果。目前，农业信息科学正向信息农业、精确农业和农业信息化工程等方向发展。

二、农业信息科学的概念与内涵

（一）农业信息科学的定义

农业信息科学是以农业科学的基本理论为基础，以农业生产活动信息为对象，以信息技术为支撑，进行农业信息采集、处理、分析、存储、传输等具有明确时空尺度和定位含义的农业信息管理与决策，研究和解决农业生产活动信息变化规律的科学。简要地说，农业信息科学是运用现代高新技术研究和调控农业生产活动中信息流的科学，也可以概括为研究农业信息、认识农业信息和利用农业信息的科学。

目前，随着卫星遥感技术、地理信息技术、全球定位技术、系统模拟技术、人工智能技术和网络通讯技术等为主要内容的信息技术在农业中的应用研究与快速发展，促使农业信息科学的理论基础、技术体系和应用领域及产业化体系等逐步形成。农业信息科学正快速发展成为一门新兴交叉性和综合性学科。

（二）农业信息科学的内涵

农业信息科学是一门处于发展初期的新兴学科，从建立学科的基本内容与条件看，农业信息科学体系应由理论基础、关键技术、应用系统这三方面组成。还有的学者认为,农业信息科学可划分为农业信息技术、农业信息管理和农业信息分析等几部分。涉及不同的学科体系,其特征也表现出不同学科和不同内涵的交叉与综合。

农业信息科学的理论基础是建立学科的基础,但对农业信息科学来说,是至今研究得最少而最不明确的内容。根据通常的学科理论体系,农业信息科学的理论基础至少应包括农业信息的结构、性质、分类及其表达,农业信息的传输机制与信息流的形成机理,农业信息的管理与调控技术等。农业信息科学的理论基础广泛涉及信息科学、计算机科学、地球科学、系统科学、管理科学、生态学、土壤学、农学等多个学科领域,但其主要学术思想是将信息系统原理与信息管理技术等创造性地应用于农业产业系统的研究和管理。

农业信息科学的技术体系包括农业信息获取、信息处理、信息模拟、信息控制四个主要方面,主要表现为以卫星遥感、地理信息系统和全球定位系统为核心的现代空间信息技术,以及包括以数据仓库、模拟模型、人工智能、多媒体和网络技术等为代表的现代信息管理技术。其中,信息获取技术包括航空航天遥感技术、全球定位技术和地面各类调查和无损快速监测技术;信息处理技术主要包括地理信息技术提供的空间分析技术、人工智能技术和各类专业模型技术;信息模拟技术主要包括模拟模型技术、虚拟现实技术和一些辅助表达技术(如多媒体技术等);信息控制技术主要是在信息处理和模拟预测的基础上,对农业生产系统进行科学的优化和管理调控,以获得最佳的系统表现和综合效益。

农业信息科学的应用系统以农业信息科学的关键技术为基础,以农业产业的应用领域为服务对象,以农业信息流为主线,定量描述整个农业生产系统的过程及其与环境资源、社会经济的关系,实现农业生产系统分析、设计管理、决策调控的信息化和智能化,并广泛应用于优化资源配置、动态监测农情、预测作物产量、设计生产方案、实施精确管理等多个农业产业领域。

三、农业信息科学的发展回顾

(一)农业信息科学的发展背景与回顾

近30年来,信息技术的快速发展为农业生产管理的现代化和信息化提供了新的方法和手段。3S技术有效地提高了获取自然界信息的精度和范围;数据库技术为管理大量的农业数据提供了便捷;卫星通讯、光纤传导、多媒体信息和网络技术的发展,尤其是国际互联网的广泛应用,在很大程度上改变了人类信息交流和传递方法。在信息科学取得快速发展的同时,现代农业科学理论与技术为优质、高产、高效、生态、安全农业产业的发展提供了支撑。农业信息科学正是在信息科学和农业科学不断发展,以及信息技术逐步在农业领域的应用而形成的。农业信息科学大致经历了起步、发育、发展三个阶段。

1.农业信息科学的起步阶段

计算机在农业领域内的应用,最早可追溯至20世纪50年代初。当时,美国一些农业经济学家利用计算机处理线性规划等问题。60年代,计算机已普遍进入美国的农业科研与决策部门。60年代中期,荷兰C. T. de Wit和美国W. G. Duncan开创了作物生长动力学模拟的研究。70 年代，信息技术在美国兴起，开始在农业领域的广泛应用。这一时期，美国麻省理工学院的 S. Scott，Morton 等人开创了决策支持系统的研究工作。70 年代中期，计算机技术开始应用于我国农业领域，主要用于农业科学计算、数学规划模型和统计分析等。70 年代末，世界上早期研发成功联合国粮农组织的农业系统数据库（AGRIS）、国际食物信息数据库（IFIS）、美国农业部农业联机存取数据库（AGRICOLA）和国际农业生物中心数据库（CABI）四大农业数据库。

2. 农业信息科学的发育阶段

20 世纪 80 年代，模拟模型技术发展迅速。以作物生长模拟模型（Crop Growth Simulation Model）的成功研制和应用为突出代表。国际上公认较为优秀且应用广泛的作物生长模拟模型有美国的 CERES 系列模型和荷兰的通用作物生长模型 SUCROS 等。80 年代中期美国 Lemmon 推出的 COMAX 棉花生产管理专家系统。

加拿大测量学家 R. F. Tomlinson 于 1963 年建立了世界上第一个 GIS，20 世纪 80 年代 GIS 技术趋于成熟，出现了 ARC/INFO、TIGRIS 等具有代表性的软件。随着航空航天技术的快速发展和传感器性能的迅速提高，以及 80 年代后期的遥感资料商业化，大大推动了遥感技术在农业上的应用。如美国农业部的全球遥感估产系统、欧盟的作物监测系统等。

20 世纪 90 年代以来，在欧美、日本等发达国家，管理信息系统、农业模型系统、专家系统、决策支持系统等为农业生产管理决策与产业经营提供了现代化的管理手段和技术支持。如美国的基于模拟模型的农业生产决策支持系统已经覆盖水稻、小麦、大麦、玉米、大豆、棉花等不同作物类型，为区域性综合作物生产管理奠定了很好的基础。一些发达国家成功地运用作物模型及决策支持系统与 3S 技术的集成等进行不同时空条件下的农业资源环境监测、农产品生态区划、病虫害预测和防治、农田灌溉管理、肥料运筹管理和土地评价与利用等。

3. 农业信息科学的发展阶段

近年来，国际上数字农业概念的形成预示着 21 世纪的农业将呈现出一个以数字化为特征的崭新面貌。数字化农作系统被认为是数字化农业需要研究和发展的基础性和向导性工作，其核心是将 3S 技术与作物模拟模型系统及农业知识系统等进行有效集成，发展数字农作技术平台。在北美、西欧和澳大利亚等国家，3S 技术（RS、GIS、GPS）与作物模型、智能决策、控制系统的集成促进了精确农业的发展。同时，农业网络系统的建立使得农业管理者和农民可随时查询了解农产品市场需求和农业生产资料的市场供应，以及指导产后的农产品运销、加工、贮藏等信息。

（二）农业信息科学研究的关键技术

1. 农业数据库技术

农业数据库技术是用来对农业生产和科学活动过程中产生的数据进行有效组织、管理和利用的电子技术，是信息技术在农业领域中应用最早也是最基础的一项技术。数据库系统（Database System）是一种能有组织地和动态地存储、管理、利用一系列有密切联系的数据集合(数据库)的计算机系统。利用数据库系统可将大量的信息进行记录、分类、整理等定量化、规范化处理,并以记录为单位存储于数据库中,在系统的统一管理下,用户可以对不同的数据库进行查询、检索,以快速、准确地获得满足不同需要的各种信息。

2. 多媒体技术

多媒体技术(Multimedia)是利用计算机技术把文字、图像、动画、音频、视频等多种媒体资源整合在一个交互式的整体中,使之建立逻辑联系,并对它们进行采样量化、编码压缩、编辑修改、存储传输和重建显示等处理技术。它是计算技术、影像技术和通信技术高度结合的产物,是计算机技术的一个重要发展方向。多媒体技术能够利用多种交互手段,使原本枯燥无味的播讲变成互动的双向信息交流,极大地改变了人们获取信息的传统方法。多媒体技术具有以下几项特性:信息媒体的多样化和媒体处理方式的多样化、集成性、交互性和实时性。

3. 网络技术

计算机网络是指以共享资源为目的,利用现代通信手段将地理位置不同且具有独立功能的多个计算机系统、终端数据设备与中心服务器、控制系统连接起来,对网上信息进行开发、获取、传播、加工、再生和利用的综合设备体系,由功能完善的网络软件实现网络资源共享。它是计算机技术和通信技术相结合的产物。网络的功能包括:①资源共享,常见可用于共享的资源包括:程序共享;数据共享;处理机共享;外设共享。②数据通信,网络提供的数据通信的主要形式有两类:非实时通信、实时通信。

4. 农业空间信息管理技术

农业空间信息管理技术主要包括遥感系统(RS)技术、地理信息系统(GIS)技术和全球定位系统(GPS)技术。遥感技术(RS)是指把传感器获得的目标物体或自然现象的信息信号(以图像或数字表现形式)通过一定的数据处理和分析判读,来识别目标物体或自然现象的技术方法。地理信息系统是对整个或部分地球表面空间中有关地理分布数据进行采集、储存、管理、运算、分析、显示和描述表达的技术系统。GIS是有 24 颗卫星组成的空间定位系统,具有空间数据管理、空间指标量算、综合分析评价与模拟预测等功能。

5. 自动控制技术

所谓自动控制就是指在脱离人的直接干预,利用控制装置(简称控制器)使被控对象(如设备生产过程等)的工作状态或简称被控量(如温度、压力、流量、速度等)按照预定的规律运行。实现上述控制目的,由相互制约的各部分按一定规律组成的具有特定功能的整体称为自动控制系统。计算机和信息技术与各种农业设施、农业机械技术相结合产生了农业自动控制技术。农业自动控制技术的发展是农业信息化的基本特征,是农业信息技术的核心之一。该技术广泛应用于大型温室、农场的畜禽生产管理、农田灌溉、农机管理、农产品加工、农业科研等方面,大大节省了劳力,提高了产品质量和生产效率。

6. 农业系统模拟技术

农业系统模拟(System Simulation)属农业信息处理的范畴。系统模拟的技术思想是，运用系统学原理，根据事物发生和演变的动态过程，对系统结构成分与系统环境之间的机理性关系进行定量描述和动态模拟，并建立相应的计算机模型与实验系统。农业系统模拟技术就是利用计算机模拟模型对具有不同属性、不同过程、不同时空尺度的农业系统进行定量表达和动态模拟，包括从宏观的农业产业结构到微观的作物光合作用过程，几乎涉及所有农业生产问题。在作物系统模型的研究中，将以动力学模型为基础的土壤水分和养分运移过程模型与作物生理生态过程及形态结构建成模型的结合是国际农业系统模拟模型的研究前沿和热点。

7.农业人工智能技术

人工智能(Artificial Intelligence，AI)是研究人类智能规律，构造具有一定智能行为，以实现用电脑部分取代人脑劳动的综合性科学。人工智能的应用主要包括专家系统、神经网络、遗传算法等，在农业方面，以专家系统为代表的研究最多，取得了一系列的研究成果和应用效益。专家系统是以知识为基础，在特定问题领域内能模仿专家解决复杂现实问题的计算机系统。农业专家系统将农业专家的经验用合适的表示方法，经过知识的获取、总结、分析、提炼，存入知识库，通过推理机来求解农业问题，辅助进行管理决策。目前，国际上农业专家系统已广泛应用于农业生产管理、灌溉施肥、品种选择、病虫害控制、温室管理、畜禽饲料配方、水土保持等不同领域。

8.农业管理决策技术

农业管理决策是农业信息管理的重要形式。农业管理决策技术关系到“生产什么”、“怎么生产”等直接影响农业增效、农民增收、农村经济发展和国家产业安全等重大问题，因此，它是一个组织实施信息农业的领导决策和技术管理服务体系。根据职能可分为农业宏观管理决策支持系统和农业生产管理决策支持系统(Decision Support System)。农业宏观管理决策支持系统主要是为国家或区域农业和农村经济结构调整的宏观决策服务，解决“生产什么”的问题，其决策依据是农业资源与环境条件、农村社会经济状况、农业科技发展和应用水平、国内外市场需求等综合信息。农业生产管理决策支持系统主要是为农业生产管理经营单位提供技术支持服务，解决“怎么生产”的问题，其内容包括农业生产管理信息服务系统、专家决策支持系统、生产力与效益分析系统等。

9.农业信息服务技术

农业信息服务是农业信息利用的主要内容，是组织实施信息农业的应用平台和服务体系，一般包括农业资源环境信息管理、农业系统监测评估、农业区划与管理决策、农业电子商务等应用系统。总体上，农业信息服务系统是以网络数据库、空间信息管理、知识工程、电子商务等现代信息技术的综合运用为基础，以产前、产中、产后全过程的农业产业信息流为主线，开发和完善基于网络数据库和 WebGIS 的农业信息服务系统、基于遥感监测的农业估产和灾害预警系统、基于空间信息和优化技术的农业生态区划系统、基于电子商务的农业在线物流系统，进一步建立系统化、标准化和综合性的农业信息综合数据库与服务系统，通过示范应用，实现农务信息分析、管理和服务的数字化和智能化，使农业生产者更为及时、准确、完整地获得各种农业资源、生产、市场和科技信息。

四、农业信息科学的发展现状与进展

(一)农业数据库及其管理信息系统

农业数据库技术作为农业信息技术的一个重要支撑技术,在农业信息科学的发展中起着至关重要的作用。世界上早期形成了 4 个大型农业数据库,为全球农业工作者及时了解世界农业科学技术和生产动态,提供了大量的国际农业信息资源,也推动了各国农业数据库技术的进步。近 10 年来,发展了一大批农业数据库,包括气候数据库、土地土壤数据库、农作物品种资源数据库和畜禽品种资源数据库。在数据库研发的基础上,数据仓库技术也发展迅速。

在我国,农业数据库及其管理信息系统也发展迅速,"八五"以来,经过科研人员多年的研究开发,数据库技术以及数据库系统产品已经在农业领域取得了令人瞩目的成就。在科技文献数据库建设方面,取得了丰硕成果。据统计,全国省级以上 107 个农业科研单位和农业高等院校自建数据库 85 个,数据量约 3510 万条(篇)。其中中国农业科技文献数据库是目前国内农业信息量最大、覆盖面最广、文献时间跨度最长的中文农业文献数据库。

由中国农业科学院农业信息研究所主持的"农业科技基础数据库建设与共享服务"专项项目,建成了国内农业领域规模最大的农业科技基础数据库系统,包括 10 个数据库群,35 个基础数据库,数据量达 100 万条记录,数据容量 25GB,提供农业科技基础信息的共享服务。数据库包括遗传育种、植物保护、作物管理、土壤肥料、灌溉排水、畜牧兽医、农业资源、环境保护以及生产和经济管理等领域的发展动态和最新科学技术成果,内容涵盖了农、牧、渔业科技基础工作各个领域。

(二)农业专家系统

20 世纪 70 年代末期美国开始研究农业专家系统,80 年代中叶有了迅速的发展。1978 年伊利诺斯大学植物病理学家和计算机专家共同开发的大豆病虫害诊断专家系统 PLANT/ds 是世界上应用最早的专家系统。

1995 年,美国开发使用的农业专家系统就有 1000 多个,日本 400 多个。从开发总量看,美国占绝大部分,几乎占 80%。这些农业专家系统,广泛应用于作物生产管理、温室管理、畜禽饲料配方等方面。例如美国开发的棉花生产计算机诊断管理系统(CPTMAN)是用于棉花后期生产管理的专家系统。日本、欧洲开发了牛奶生产和蔬菜花卉温室设施的生产管理专家系统。如日本东海大学 20 世纪 90 年代初利用模糊控制理论开发的草地病虫害专家系统已应用到高尔夫球场、草地、牧场和运动场等。

我国开展农业专家系统研究较早,始于 20 世纪 80 年代初。1985 年研制成功的"砂礓黑土小麦施肥专家咨询系统"在安徽淮北平原得到很好的推广应用。随后大宗作物专家系统(如小麦栽培管理计算机专家系统、水稻推荐施肥专家咨询系统、多媒体玉米生产智能系统等)、病虫害防治专家系统(如预测小麦病毒流行专家系统、水稻害虫管理专家系统、多媒体玉米病虫害诊治专家系统等)、施肥专家系统、品种选育专家系统、黏虫测报专家系统、蚕育种专家系统相应问世。

20世纪90年代以来,我国农业专家系统又有了新的发展。截至2005年,"863"计划示范工程推广的农业专家系统达到169个,如下表所示。

"863"计划示范工程推广的农业专家系统统计表

示范区	农业专家系统	小计
北京示范区	小麦、玉米、苹果、梨、桃、葡萄、黄瓜、番茄、甜椒、西瓜、草坪、花卉、水产养殖、畜牧	14
云南示范区	小麦、玉米、水稻、苹果、甘蔗、烤烟	6
新疆生产建设兵团示范区	棉花、小麦、玉米、西瓜、甜瓜	5
黑龙江示范区	大豆、水稻	2
广西示范区	荔枝、龙眼、芒果、甘蔗、玉米、水稻、养猪、养鸡、养虾、香蕉、西瓜、番茄、苦瓜	13
山东示范区	小麦、玉米、花生、甘薯、苹果、大樱桃、桃、番茄、甜椒、黄瓜、对虾、海带、扇贝、鱼类、郁金香、蝴蝶兰	16
河南示范区	小麦、芝麻	2
重庆示范区	番茄、辣椒、黄瓜、榨菜、柑橘	5
安徽示范区	棉花、水稻、油菜、养蟹、芝麻、养鹅、红籽瓜、花生、石榴、玉米、小麦、大豆、香菇、养猪、砀山酥梨	15
海南示范区	香蕉、橡胶、芒果、辣椒、植保	5
山西示范区	小麦、玉米、苹果、红枣、荞麦、谷子、核桃、马铃薯、养牛、蔬菜	10
河北示范区	小麦、玉米、黄瓜、辣椒、番茄、水稻、大豆、棉花、葡萄、养牛、养蟹	11
辽宁示范区	水稻、番茄、黄瓜、青椒	4
甘肃示范区	小麦、玉米、马铃薯、黄瓜、茄子、番茄、西瓜、辣椒、百合、特菜、葡萄、病虫害预测预报、植保、养猪、农业资源环境地理信息系统	16
湖南示范区	水稻、抗洪救灾、蔬菜、农业灾害预报	4
天津示范区	玉米、水稻、小麦、黄瓜、气象、植保、草坪	7
吉林示范区	玉米、特用玉米、土肥、水稻、蔬菜、畜牧	6
四川示范区	小麦、香菇、水稻、玉米、柑橘、烤烟、甘蔗、洋芋、荞麦、丹参、水蜜桃、石榴	12
杨凌示范区	小麦、玉米、节水农业、猕猴桃、苹果、食用菌、蔬菜	7
宁夏示范区	酿酒葡萄、枸杞、奶牛饲养、甘草、麻黄、蚕桑、平衡区域施肥、蔬菜、肉羊	9
合 计	共169个实用农业专家系统	

(三)农业模拟模型

农业模拟模型的研究在国外已有30多年的历史,涉及农业宏观和微观各个领域。20世纪90年代,主要是对作物生长发育与栽培种植中的一些基本过程的模拟研究。具有代表性的是美国J. M. Norman提出的Cupid模型。90年代后期,澳大利亚科学家的工作证明,农业模型在作物品种与环境的关系以及育种研究等方面也有重要的学术与应用价值。同一时期,农业资源环境的模型研究也有了很快的发展,突出的例子是地理资源分析支持系统GRASS。在农业气候模型方面,美国Oregon州立大学的C. Daly于1996年研制出以PRISM(独立坡度的高度一参数回归模型)命名的以GIS为基础的农业气候模型。澳大利亚的CSIRO科学家研制的农业生产系统模拟器系统APSIM,被用来模拟农业系统中的生物物理过程。

我国在作物生长模拟研究方面虽起步较迟,但发展很快。较为成功的是20世纪80年代开始研制,90年代问世并大面积推广的CCSODS(作物栽培模拟优化决策系统),基于CCSODS完成的RCSODS(水稻)、WCSODS(小麦)、MCSODS(玉米)和CTSODS(棉花)4个模型系统,在15个以上省市得到推广应用,累计推广面积在3000万亩以上。此外还有中科院上海植物生理研究所建立的"水稻群体物质生产的计算机模拟模型"、江西农业大学提出的"水稻生长日历模型"和中国农科院研制的"棉花生产管理模拟系统"等。生产系统模型在我国也取得了快速发展。农业领域科学家对农业生产系统模型APSIM进行了改进和完善,实现了作物模型和遥感以及地理信息系统的有机结合。此外开发了草地生产力和长势实时监测模型,研发了具有独立知识产权的牧草生长机理模型,还建立了植物生长模型和猪生长及其营养成分利用模拟模型。

(四)农业机器人视觉

机器人视觉技术也称机器视觉,是人类研究较早的一种环境感觉技术。20世纪60年代中期起源于美国,60年代后期日本也开始了这方面的研究,现在世界上已开发出来应用于农业领域的机器人有:耕耘机器人、施肥机器人、除草机器人、蔬菜嫁接机器人、水果采摘机器人、果实分拣机器人和挤牛奶机器人系统等。

英国科学家利用光学传感器,引导无人驾驶的耕耘拖拉机的行驶。日木"久保田铁工"在割草机的前而安装摄像机,通过二维成像视觉技术使割草机实现自动驾驶,并能自动地进行割草作业。英国的Silsoe研究所与瑞典的一家农业开发公司合作,开发成功VMS挤奶机器人,该机器人装有一套用激光和摄像机的视觉导向的气动"软"机器人臂,可以每天24 h对奶牛进行监控和挤扔,并自动对各头奶牛的状态进行监控和数据收集。

我国在"863计划"的资助下,已经对蔬菜嫁接机器人和水果品质实时检测和分级机器人展开了深入研究。蔬菜嫁接机器人解决了蔬菜幼苗的柔嫩性、易损性和生长的不一致性等难题,实现了蔬菜幼苗嫁接的精确定位、快速抓取、良好切削,能完成砧木、穗木的取苗、切苗、接合、固定、排苗等嫁接过程的自动化作业。中国农业大学的刘禾和汪懋华较早开始研究苹果自动分级的图像分割问题,浙江大学的应义斌等人对水果的品质和分级进行了较深入的研究。浙江大学承担国家863项目"水果品质实时检测和分级机器人的研究”,它采用双排双锥式滚筒同时输送和翻转水果,利用图像处理分析软件对在视场内的每个水果的外观品质特征进行提取、分析和判断,做到按照不同水果的国家分级标准所需的外部特征信息进行分等、分级,生产率可达 3～5 t/h。

(五)精确农业

精准农业是在现代信息技术、生物技术、工程技术等高新技术最新成就的基础上发展起来的现代农业生产形式,其核心是 3S 技术和计算机自动控制技术。

美国是精确农业的发起者,大约在 20 世纪 70 年代起步,1982～1984 年开始首次研究。在土壤养分管理和施肥技术方面,已经形成了资料齐全的土壤养分和肥料信息系统。法国围绕 GPS 接收与 GIS 发送系统的软硬件设计及理论和基于他们的执行设备进行攻关。日本和韩国政府近年来开展的精确农业研究得到了政府部门和相关企业的大力支持。

精确农业正逐步应用于农业方面。据 1998 年对美国精准农业服务商和种子公司的调查显示:他们的用户中有 77%采用精准农业技术,82%进行土壤采样时使用 GIS,74%用 GIS 制图,38%收割机带测产器。在大多数国家,精准农业系统技术仍处于研究示范试验阶段,而相比之下美英等国在施肥上的应用最为成熟。美国约翰·迪尔公司推出的“绿色之星”系统可以对收获、播种、施肥及撒药进行测量,装有卫星接收系统的收割机可以实测出产量,并将数据存储,经计算机处理后生成产量图。1993 年明尼苏达的扎卡比森甜菜农场,采用精准农业施肥技术,使施纯氮由 191.25 kg/hm^2 改为在 34.88～167.62kg/hm^{2}范围之内,大大减少了氮肥用量,肥料投入平均减少了 15.7 美元/hm^2,同时提高了产量。

中国农业科学院土壤肥料研究所在精确农业中土壤养分管理的基本技术以及适合我国国情的精确农业与土壤养分管理的技术应用方面也取得了突破性进展。中国工程院院士汪懋华率先在中国农业大学成立了“精细农作研究中心”,目前正在从事 GPS 定位试验、谷物产量传感器、土壤水分测试和水果图像分级等方面的研究,并参与了“北京市精确农业示范工程”的实施。

(六)农业决策支持系统

决策支持系统(Decision Support System)是以计算机技术为基础的对决策支持的知识信息系统,用于处理决策过程中的半结构化和非结构化问题。决策支持系统的研究始于20 世纪 70 年代初,美国麻省理工学院的 S. Scott、Morton 等人开创了这方面的工作。经过 20 多年的研究,已在农业各领域建立了决策支持系统。

20 世纪 80 年代末起,农业决策支持系统引起了世界发达国家的关注,有的以作物模拟模型为基础,有的从专家系统出发研制所在领域的农业决策支持系统。如美国夏威夷大学的 IBSNAT 推出的 DSSAT 系统,是由作物模拟模型支持的决策支持系统。到 90 年代初期,农业决策支持系统又有了进一步的发展,形成了以知识库系统或以专家系统支持的智能化的农业决策支持系统。如美国 Florida 大学农业工程系 H. Lal 等人研制的 FARM-SYS 和 D. E. Kline 等人研制的农场级智能决策支持系统 FINDS。近年来,农业决策支持系统的研制向更深层次的方向发展,加拿大 H. Montas 和 C. A. Madramootoo 等人开发了水土保持决策支持系统。美国 Florida 大学农业工程系 J. P. Calixe、J. W. Jones and H. Lal 将 DSSAT3.0 结合地理信息系统(ArcView)集成了农业环境地理信息系统的决策支持系统 AEG1S。U. Singh 等人运用 CERES 作物模拟模型与 GIS 相结合,建立了印度半干旱地区决策模式。

DSS 在我国农业上的应用大约在 20 世纪 80 年代中期,随后出现了一批可喜的成果。江苏省农业科学院高亮之等研制小麦栽培模拟优化决策系统(WCSODS),以小麦生物学模拟模型为基础,应用先进的信息技术,将作物模型与小麦栽培优化、模拟模型与小麦专家经验相结合。此外还有北京农林科学院研制的小麦栽培管理计算机专家系统(ES-WCM)、中国科学院合肥智能机械研究所研制的棉花栽培管理专家系统等和台湾逢甲大学周人颖等人利用 GIS、RS 和 CERES-RICE 模型建立了台中市水稻生产的农业上地使用决策支持系统。

(七)自动控制技术

在发达国家,自动控制技术广泛应用于农田灌溉调控自动化、畜禽生产管理自动化和温室的自动化控制等领域。

农田灌溉调控自动化技术在美国已相当成熟,亚利桑那州西南部沙漠地带安装了世界上最大的灌溉调控系统,不但能节水节能,还能减少盐分集结。美国加州农田灌溉专家克劳德·芬恩研制出一种用于地下滴灌的生物程序控制机,不但按需放水,还能使肥水同滴。20 世纪 70 年代后期,欧美发达国家借助计算机实施畜禽饲养的自动化已得到成功应用。80 年代初,基于奶牛编号自动识别器的个体产奶量定量配料和饲养管理系统开始在欧美各国农场中推广使用。近几年,在养猪场推广应用的微型个体编号识别无源信号转发器,可用于按个体发育和健康状况进行定量自动配料、自动监测体重增长和健康指标自动诊断等。自动控制在温室环境方面的应用始于 60 年代。1978 年日本东京大学的学者首先研制出微型计算机温室综合环境控制系统,80 年代末出现了分布式控制系统。美国和荷兰利用差温管理技术,实现对花卉、果蔬等产品的开花和成熟期进行控制。英国伦敦大学农学院研制的温室计算机遥控技术,可以测量 50 km 以外温室内的光照、温度、湿度、水、气等状况,并进行遥控。奥地利、美国等国家建造了完全封闭,全部采用电脑控制和采用机器人或机械手进行播种、移动作业、采收等工作的先进的植物工厂。

20 世纪 80 年代初期,自动控制技术开始应用于我国温室的管理和控制。工程技术人员在吸收发达国家温室技术的基础上,进行了温室内温度、湿度和二氧化碳等单项环境因子控制技术的研究。90 年代在引进的基础上,搞了一些研究性质的环境控制系统,如吉林工业大学研制的温室环境自动检测系统。90 年代初期,中国农业科学院农业气象研究所和蔬菜花卉研究所,研制开发了温室控制与管理系统,并研制了基于 WINDOWS 操作系统的控制软件。1996 年江苏理工大学研制出一套温室环境控制设备,能对营养液系统、温度、光照、CO_2 和施肥等进行综合控制。

(八)农产品质量跟踪与溯源

农产品质量安全是近年来国内外普遍关注的焦点。目前,农产品溯源制度受到许多国家的重视,美国、欧盟、日本、新西兰等国推广力度很大。

近几年来,发达国家在食品安全追溯的法律规范和系统建设等方面采取了许多积极的措施并付诸实施。欧盟2003年7月发表的《食品安全白皮书》形成了新的食品安全体系框架,提出以控制从农田到餐桌全过程为基础,明确所有相关生产经营者的责任。美国食品与药品管理局要求在所有食品部门必须向FDA登记以便进行食品安全跟踪与追溯,并公布了《食品安全跟踪条例》,要求所有涉及食品运输、配送和进口的企业要建立并保全相关食品流通的全过程记录。欧盟要求大多数国家对家畜和肉制品开发和强制实施追溯制度。日本政府已通过新立法,要求肉牛业实施强制售点到农场的追溯系统。澳大利亚家畜标识和可追溯系统,利用经国家牲畜标识计划(NLIS)认证的耳标或瘤胃标识球,就能够追踪家畜从出生到屠宰。

我国加入WTO后,在农产品质量跟踪与溯源方面做了大量的工作。2002年河北6县市蔬菜试点基地使用统一的包装和产品标签信息码,向北京市新发地和大洋路两个批发市场供货。上海市畜牧部门依据上海市出台了《上海市动物免疫标识管理办法》,为猪、牛、羊等畜产品建立档案。南京市借鉴国外产地编码的模式,以南京市农产品质量网站为监管平台,启动农产品质量IC卡管理体系。

国家食品药品监督管理局等8部门2004年4起确定肉类行业作为食品安全信用体系建设试点业,开始启动制定适合我国国情技术标准和管理规范,建立我国肉类制品和生鲜肉食品追溯系统。国家条码推进工程办公室在山东省潍坊市寿光田苑蔬菜基地和洛城蔬菜基地实施蔬菜安全可追溯性信息系统研究及应用示范工程。2006年,国家"863"计划列出了农产品质量跟踪与溯源技术相关研究课题。

(九)农业信息服务

农业信息服务是农业信息化的重要内容,也是农业信息科学发展的最终目标之一。农业信息服务系统是一个极其复杂的大系统,随着信息技术的飞速发展,它也不断地得到丰富和发展。

发达国家的农业信息服务形成了从农业信息的采集、加工处理到发布的健全的、完善的农业信息服务体系。信息技术的应用不再局限于某一独立的农业生产过程,或单一的经营环节,或某一有限的区域,而是横向和纵向拓展,极大地提高了发达国家农业生产的实力和农产品的国际竞争力。

近20年来,我国农业信息服务取得了可喜成绩。为解决各级农业网站信息重复采集、内容类同的问题,农业部组织开通"农村供求信息全国联播系统(一站通)"为农产品生产经营者免费提供信息发布服务,基本覆盖全国所有的县。据不完全统计,全国目前已有4万个农业企业、17万个农村合作及中介组织、95万个农业生产经营大户、240万农村经纪人能够定期得到农业部门的信息服务。全国27个省市开通了"科技110"特服号,实施信息服务;河北省藁城市的"三电一厅"在超过25%的行政村设立信息站;河北怀来县的“村村响”,利用已有的电视宽带网,实施信号分离进行有线广播信息服务。全国所有省级农业行政主管部门均设立了农业信息工作的职能机构和农业信息中心,97%的地(市)、80%左右的县级农业部门设置了农业信息管理和服务机构,56%的乡镇依托农技推广组织建立了信息服务站。各级机构配备了专、兼职信息工作人员近 4 万人,发展了近 17 万人的农村信息员队伍。

五、农业信息科学发展的前景与趋势

农业信息科学的未来发展将需要综合运用信息管理、自动监测、动态模拟、虚拟现实、知识工程、精确控制、网络通讯等现代信息技术,以农业生产要素与生产过程的信息化与数字化为重点研究领域,以农业资源的信息化管理、农作状态的自动化监测、农作过程的数字化模拟、农作系统的可视化设计、农作知识的模型化表达、农作管理的精确化控制为关键技术,构建综合性数字农务技术平台与应用系统,并研制出相关支撑设备和仪器,实现农业系统监测、预测、设计、管理、控制的数字化、精确化、可视化和网络化,提升农业生产系统的综合管理水平和核心生产力,带动农业产业的信息化。

(一)信息农业

信息农业是以农业信息科学为理论指导,以农业信息技术为工具支撑,用信息流调控农业活动的全过程,以信息化为目标的现代农业产业。信息农业技术应该能将现代信息技术综合应用于农业生产活动,并能连续地提供规范化和网络化信息服务。信息农业的发展重点是以信息化关键技术为基础,构建农业模拟模型系统,农业信息管理系统,农业信息服务系统,农业产业管理系统,农业电子商务系统等农业信息化支持平台与应用系统,进一步开发实现多源信息交换与共享,快速综合查询及传输,为农业科研、生产和农业信息化服务提供数据支持和应用平台,实现农业生产全过程的数字化管理。

(二)精确农业

精确农业的产生是当代信息技术、通讯技术、工程制造技术、农业技术等综合发展的产物。其原理是按田间每一操作单元的具体条件,精细准确地调整各项土壤和作物管理措施,最大限度地优化各项农业投入,以获取最高产量和最大经济效益,同时保护农业生态环境,以保持农业资源的高效利用与农业产业的持续发展。精确农业的核心是农作管理的空间差异分析和精确化控制,需要综合应用农田信息获取、空间信息管理、农作系统模拟、管理处方生成、智能机械控制等关键技术,建立综合性数字化精确农作管理与控制平台,实现农业生产系统监测、预测、设计、管理、控制的数字化、精确化、科学化。精确农业将重点研究和发展先进的田间变量信息采集、传感与应用系统,农田信息处理与管理决策系统,低价位农用 DGPS 产品及应用技术,农用变量作业机械控制系统等。

(三)农业信息化工程

农业信息化工程是农业信息技术服务于农业产业的重要环节和应用形式。在信息农业关键技术研究的基础上，面向特定目标和应用领域，将农业信息技术组装集成，建立各种实用农业信息管理与决策支持系统。包括：构建农村信息化关键技术和服务平台，具体如多媒体农业知识传播系统、农情信息发布和预测预报系统、农需品和农产品市场信息与物流服务系统等；研发基于农情信息服务、农业生态区划、农业产业结构、农业基础设施、农业生产管理、农业电子商务的农业产业信息化技术平台与应用系统；开发低价位、多功能、易使用的个人电脑（PC）、手持式电脑（HPC）、个人数字助理（PDA）、电视机顶盒等不同类型的信息终端。

参考文献

[1] 刘世洪. 农业信息技术与农村信息化. 北京：中国农业科技出版社，2005.

[2] 曹卫星. 农业信息学. 北京：中国农业出版社，2005.

[3] 王人潮，史舟. 农业信息科学与农业信息技术. 北京：中国农业出版社，2003.

[4] 科技部农社司. 中国数字农业与农业信息化发展战略研讨会文集. 北京：中国科学技术出版社，2003.

[5] 刘世洪，等. 主要粮油产品质量全程跟踪与溯源技术研究. 北京：科技部“863”计划课题申请报告.

[6] 薛亮，方瑜. 农业信息化. 北京：京华出版社，1998.

[7] 王人潮，黄敬峰，史舟，等. 关于农业信息科学形成的讨论. 中国工程科学，2000，2(6).

撰稿人：许世卫　刘世洪

参考文献

附　录

基础农学学科研究有关国家、部门重点计划项目*

我国重视基础农学研究,特别是改革开放以来,先后启动了"攀登计划"、"973"计划、"863"计划、国家自然基金项目和国家重点实验室等,基础农学研究是其中的重点领域之一。现将与基础农学研究相关的资助计划项目列下:

一、与基础农学有关的攀登计划项目

攀登计划,即国家基础性研究重大项目计划,是由国家科技部组织实施。1991 年出台计划,1992 年组织实施,先后有 45 个项目列入该计划,其中与基础农学相关的攀登计划项目有:

1.粮、棉、油雄性不育杂种优势利用基础研究

首席科学家:李竞雄

顾问:谈家祯

主持单位:中国农业科学院作物育种栽培研究所

起止年限:1993~1997 年

农作物杂种优势利用是大幅度提高产量的重要途径之一,也是当前作物品种改良研究的重要内容,深入研究粮、棉、油作物的雄性不育机理和杂种优势的遗传基础及其表达具有重大的科学意义和实用价值,可为杂种优势利用和育种工作的重大突破提供理论指导,并为生物技术等育种新技术的引进打好理论基础,从而使我国杂种优势利用工作继续保持国际先进水平,并向深度和广度发展。

本项目以稻、麦、棉和油料作物为主,利用我国丰富的作物资源,深入研究杂种优势的生理生化、遗传基础、雄性不育的机理以及创造新不育系的途径和方法,并尽可能发掘新的种质资源,为粮、棉、油雄性不育杂种优势的利用提供理论指导,并在实践中取得重大突破。预期 5~10 年内,使我国雄性不育和杂种优势利用的基础研究取得重大突破,在某些方面达到国际水平。

2.主要农作物高产、高效、抗逆生理基础研究

首席科学家:娄成后

主持单位:北京农业大学

起止年限:1993~1997 年

本项目是通过对我国主要农作物在现在高、中、低产的各个水平上的产量形成生理学研究,建立以最少的资源投入而获得最大增产效益的理论体系,并提出适合我国特点的高产高效抗逆的作物生产体系和调控原则。

---

* 资料来源:"973"计划、"863"计划、国家自然安全委员会和国家重点实验室等相关网站。

项目将采用控制条件与大田栽培、室内分析与田间测试相结合等现代高新技术方法，组织多学科协作，以研究各类农田中作物个体生理机能与群体微环境相互关系为基础，以作物发育物质生产和产量形成生理学为中心，以研究细胞器—细胞—器官—个体—群体的不同层次上物质生产的代谢、运转、分配与高产、高效、抗逆的关系为突破口，找出制约作物对光、热等资源利用和水、肥投入效率进一步提高的关键因素，提出农作物高产、高效、抗逆的理论体系与调控的指导原则，使作物产量在高效、抗逆、优质基础上达到新的更高水平，同时培养一批高水平的作物生理高级研究人才。

3.粮、棉作物五大病虫害灾变规律及控制技术的基础研究

首席科学家:李光博

顾问:裘维蕃

主持单位:中国农业科学院植物保护研究所

起止年限:1994～1998 年

农作物病虫害是自然灾害中最重要的生物灾害，也是制约农业和国民经济发展的关键因素之一。生物灾害具有种类多、分布广、规律复杂、灾变频繁等特点，对农作物产量和品质所造成的损失极大，常给人类带来巨大灾害和严重的经济损失，甚至酿成饥荒，影响社会稳定。深入研究重大农作物病虫等有害生物的灾变规律及控制技术的基础性问题，对于农业生产减灾防灾、实现两高一优农业的总体目标，以及发展有关学科均有深远意义。

本项目从我国农业生产的发展趋势和有害生物发生与防治的实际出发，结合对本领域国际研究动向的分析，选定水稻、小麦、棉花等三大作物，以棉铃虫、麦蚜、褐稻虱、小麦条锈病、稻瘟病 5 种重大暴发性病虫害为代表性研究对象，采用先进的技术路线和研究手段，宏观与微观研究、内因与外因结合起来，在加强基础生物学研究的基础上，从大区宏观规律深入到生理生态机制与分子生物学水平，综合研究病虫“暴发”危害的原因与灾变机制、作物对病虫致害的防御机理、病虫种型与作物抗性的遗传变异规律及其互作关系，为探索长期控害减灾途径、提高灾变预警、革新防治技术、发展有关学科奠定理论与物质基础。

二、国家重点基础研究发展计划(“973”计划)

随着攀登计划领域的不断扩充和拓展，1997 年由科技部组织实施了国家重点基础研究发展计划(亦称“973”计划)。从 2001—2005 年立项数量项目分布来看，农业及相关领域的项目数占“973”计划总数约 17%。

(一)"973"计划重要支持方向

年　度	领　域	重要支持方向	举　例
1998	农业	植物高产高效抗逆生理基础及营养代谢规律	植物高效光合作用机理;生物固氮的生理基础;农业微生物与植物相互作用规律的研究;杂种优势机理和重要遗传资源的鉴定和利用
		动植物与人类重要功能基因(组)的研究	动植物发育与重要经济性状的基因(组)及其调控
		动植物与人类重要生物大分子结构和功能	重大生物灾害病原物分子结构和功能
	资源环境	重要自然资源的形成规律与预测	土壤质量的演变与土地资源可持续利用研究
		自然灾害发生机理及预测研究	气候动力学、气候预测与重大气象灾害发生机理
1999	农业	农用动植物重要经济性状的分子生物学研究与育种	重要动植物功能基因组研究;杂种优势利用的分子生物学基础
		提高作物水分、养分利用效率和抗逆性的基础研究	作物抗逆性与水分、养分高效利用的生理学和分子生物学;作物一土壤信号系统和水肥效应;生物固氮研究
		植物保护和动物防疫的基础研究	农业重要病虫害成灾规律与控制的基础研究
		农业资源和生态环境的基础研究	土壤质量演变规律与持续利用;林木的优质快速培育及森林植被对区域农业生态环境的作用机制和调控机理;农业生态系统与资源环境的系统模型和优化治理
2000	农业	农作物重大病虫害成灾机理及调控基础	
		草地退化生态系统的恢复与农牧复合生态系统的重建	
	资源环境	生物多样性与优化生态环境的可持续性研究	

续表

年　度	领　域	重要支持方向	举　例
2001	农业	重要农业生物基因组及品质改良	作物杂交育种及杂种优势利用的分子生物学基础;重要农业动物的功能基因组研究
		农业资源保护与生态系统	土壤—作物(包括蔬菜)系统中污染物的迁移与积累及其对环境与健康的影响;森林、植被对区域农业生态环境的调控与植被恢复的基础研究;转基因农业生物安全性研究
		提高作物水分、养分利用效率的基础研究	生物固氮
2002	农业	重要农业生物基因组学及品质改良	重要农业生物功能基因组研究及品质改良
		农业动植物病虫害可持续控制	危险生物入侵的重大科学问题研究
		农业资源环境的保护与生态系统	森林植被对区域农业生态环境的调控机理、植被恢复及森林重大病虫害的控制
2003	农业	重要农业生物基因组学及品种改良	重要农业动物、生防微生物功能基因组学应用基础研究
		农业动植物病虫害可持续控制	绿色化学农药;森林重大生物灾害可持续控制关键科学问题
		农业生物资源的保护和利用	抗旱作物的基础生物学研究
	综合交叉与重要科学前沿	生物催化与生物转化	具有重要应用价值的微生物和酶的定向改造及生物制造
2004	农业	重要农业动植物功能基因组学	重要农作物核心种质遗传资源发掘与利用的基础研究;重要农作物经济性状功能基因组研究
		重要农业动物品质形成及安全的基础研究	农产品营养品质及安全生产与监测的基础研究
	资源环境	生态系统保护修复研究	海滨湿地生态系统保护与修复研究
	综合交叉与重要科学前沿	特殊资源的高质利用	稀土、秸秆、极端微生物资源利用的基础研究
		多领域交叉的重大基础问题研究	光合作用的基础研究

续表

年　度	领　域	重要支持方向	举　例
2005	农业	重要农业动植物经济性状与病害发生的基础生物学	农业生物(水稻、家蚕等)主要经济性状功能基因组学研究;作物抗逆与高效利用养分的分子机理
		农业生物资源利用与生态系统调控	农业生态系统中生物多样性利用和保护的基础研究;重要农田生态系统过程与调控研究

(二)"973"计划农业及相关领域支持重点

项目编号	项目名称	年度	依托部门	项目首席科学家
2002CB 111300	重要农作物品质性状功能基因组学与分子改良的研究	2002	中国科学院 农业部	王道文　中科院遗传与发育生物学研究所 何中虎　中国农科院作物育种栽培研究所
2002CB 111400	农林危险生物入侵机理及控制基础研究	2002	农业部	万方浩　中国农科院生物防治研究所 郑小波　南京农业大学
2002CB 111500	西部典型区域森林植被对农业生态环境的调控机理	2002	国家林业局	刘世荣　中国林业科学研究院
2003CB 114200	农业微生物杀虫防病功能基因的发掘和分子机理研究	2003	农业部	黄大昉　中国农科院生物技术研究所
2003CB 114300	作物高效抗旱的分子生物学和遗传学基础	2003	教育部	巩志忠　中国农业大学
2003CB 114400	绿色化学农药先导结构及作用靶标的发现与研究	2003	上海市科委	钱旭红　华东理工大学/大连理工大学
2005CB 120800	水稻重要农艺性状的功能基因组和分子基础研究	2005	中国科学院	薛勇彪　中国科学院遗传与发育生物学研究所
2005CB 120900	作物高效利用氮磷养分的分子机理	2005	教育部 浙江省科技厅	吴 平
2005CB 121000	家蚕主要经济性状功能基因组与分子改良研究	2005	教育部 重庆市科委	夏庆友　西南农业大学

续表

项目编号	项目名称	年度	依托部门	项目首席科学家
2005CB 121100	我国农田生态系统重要过程与调控对策研究	2005	中国科学院农业部	张佳宝　中国科学院南京土壤研究所
2006CB 100100	作物应答高盐、低温胁迫的分子调控机理	2006	教育部	武维华　中国农业大学
2006CB 100200	农业生物多样性控制病虫害和保护种质资源的原理与方法	2006	云南省科技厅	朱有勇　云南农业大学

三、国家高技术研究发展计划(“863”计划)

(一)“八五”期间农业重大项目

1. 重大关键技术项目:

(1)两系法杂交稻技术;

(2)抗虫棉花等转基因植物。

2. 重大成果转化项目:

(1)两系法杂交水稻试种示范;

(2)基因工程多肽药物的开发。

(二)“九五”期间农业重大项目

1. 两系法杂交水稻;

2. 抗虫棉花等转基因植物;

3. 生物技术药物。

(三)“十五”期间农业重点项目

1. 主题:

(1)生物工程技术主题;

(2)基因操作技术主题;

(3)生物信息技术主题;

(4)现代农业技术主题。

2. 专项:

(1)功能基因组和生物芯片专项;

(2)现代农业节水技术和新产品专项;

(3)优质超高产农作物新品种专项;

(4)组织(器官)工程专项;

(5)生物反应器专项；
(6)数字农业技术研究与示范专项。

四、国家自然科学基金委员会重大计划和重点计划

(一)基础农学及相关领域的重大计划项目

年 度	重大计划项目
2001	中国西部环境和生态科学
2002	西部能源利用及其环境保护的若干关键问题；全球变化及其区域响应；真核生物重要生命活动的信息基础
2003	真核生物重要生命活动的信息基础
2006	西部能源利用及其环境保护的若干关键问题
2007	全球变化及其区域响应

(二)基础农学及相关领域的重点项目

年度	项目编号/申请代码	项目名称	项目负责人	依托单位	项目起止年月
1999	79930080/G0308	中国可持续发展理论体系及其发展模式研究	赵景柱	中国科学院生态环境研究中心	2000—01 至 2002—12
	29935080/B05	活性自由基生物功能及其机理的 ESRI 研究	赵保路	中国科学院生物物理研究所	2000—01 至 2003—12
	39930010/C0102	植物细胞信号转导中钙和 cAMP 信使上下游调控及作用机制	武维华	中国农业大学	2000—01 至 2002—12
	39930020/C01020204	东亚植物区系中主要特征成分和重要类群的形成和发展	吴征镒	中国科学院昆明植物研究所	2000—01 至 2002—12
	39930120/C02020606	蔬菜重要害虫控制的生态学机理	庞雄飞	华南农业大学	2000—01 至 2003—12
	39930110/C02020502	小麦品质改良的应用基础研究	刘广田	中国农业大学	2000—01 至 2002—12

续表

年度	项目编号/申请代码	项目名称	项目负责人	依托单位	项目起止年月
2000	30030030/C011109	水土流失的生态学规律及其监控途径	王兆骞	浙江大学	2001—01至2004—12
2001	30130010/C010103	野油菜黄单胞菌致病性的功能基因组学	唐纪良	广西大学	2002—01至2005—12
	70133001/G0301	农业结构良性调整与产业化经营问题及政策研究	傅泽田	中国农业大学	2002—01至2004—12
	30130120/C020203	油料作物品质形成的生理生态基础及调控机理	傅廷栋	华中农业大学	2002—01至2005—12
2002	30230020/C010105	中国西北地区微生物资源、分类与分子系统学研究	庄文颖	中国科学院微生物研究所	2003—01至2006—12
	40231003/D0125	大气二氧化碳浓度升高对稻麦轮作生态系统生产力的影响	朱建国	中国科学院南京土壤研究所	2003—01至2006—12
	40231018/D0124	中国东北样带典型生态系统的碳循环过程与机理	周广胜	中国科学院植物研究所	2003—01至2006—12
	30230060/C0103	重要农林入侵害虫的控制技术及其机理	张润志	中国科学院动物研究所	2003—01至2006—12
	30230250/C02021001	设施园艺作物连作中土壤环境变化规律及其可持续利用的研究	喻景权	浙江大学	2003—01至2006—12
	30230220/C020202	作物磷效率的根系形态构型特性及其生理和遗传基础	严小龙	华南农业大学	2003—01至2006—12
	40235057/D0114	典型稻田生态系统碳循环过程与模拟	吴金水	中国科学院亚热带农业生态研究所	2003—01至2006—12
	30230240/C02020603	水稻白叶枯病菌致病性及其变异机理研究	王金生	南京农业大学	2003—01至2006—12
	40231016/D0124	中国主要水稻土有机碳的固定机制、稳定性与碳汇效应	潘根兴	南京农业大学	2003—01至2006—12

续表

年度	项目编号/申请代码	项目名称	项目负责人	依托单位	项目起止年月
2002	30230050/C01020305	赤霉素对植物成花诱导的调控机理研究	吕应堂	武汉大学	2003－01 至 2005－12
	40233035/D0501	绿洲系统能量和水分循环过程观测和数值研究	吕世华	中国科学院寒区旱区环境与工程研究所	2003－01 至 2006－12
	30230010/C010102	氯代硝基苯类化合物的微生物降解途径和机理的研究	刘双江	中国科学院微生物研究所	2003－01 至 2006－12
	40235056/D0116	东北黑土区土壤侵蚀机理与土地退化预警	刘宝元	北京师范大学	2003－01 至 2006－12
	30230230/C020202	西北旱地优质高产高效栽培的生理生态研究	李生秀	西北农林科技大学	2003－01 至 2006－12
	30230070/C010304	昆虫对有毒化学物质的分子适应及其机理	程家安	浙江大学	2003－01 至 2006－12
2003	30330360/C0109	植物细胞凋亡和细胞程序化死亡的分子机理	左建儒	中国科学院遗传与发育生物学研究所	2004－01 至 2007－12
	40331014/D0510	土壤－农作物体系 N_2O 排放系数的观测与模式研究	郑循华	中国科学院大气物理研究所	2004－01 至 2007－12
	20333010/B03	生物大分子特征识别技术的基础研究	赵新生	北京大学	2004－01 至 2007－12
	30330070/C010304	棉铃虫蜕皮级联反应功能基因表达研究	赵小凡	山东大学	2004－01 至 2007－12
	30330370/C02020501	水稻优质性状的遗传基础研究	张桂权	华南农业大学	2004－01 至 2007－12
	30330420/C02021003	果实碳水化合物库强调节的细胞与分子机制	张大鹏	中国农业大学	2004－01 至 2007－12
	30330310/C0109	植物配子体形成过程中减数分裂，细胞极性与细胞命运决定的分子机理	杨维才	中国科学院遗传与发育生物学研究所	2004－01 至 2007－12

续表

年度	项目编号/申请代码	项目名称	项目负责人	依托单位	项目起止年月
2003	30330120/C011104	内蒙古典型草原受损生态系统恢复演替机理研究	王 炜	内蒙古大学	2004—01 至 2007—12
	30330380/C02020502	小麦抗镰刀菌毒素基因定位、克隆与功能分析	刘大钧	南京农业大学	2004—01 至 2007—12
	30330390/C02020502	提高小麦个体与群体光合效率及光合产物优化分配	李振声	中国科学院遗传与发育生物学研究所	2004—01 至 2007—12
	30330040/C01020102	高等植物株型形成的分子调控机理	李家洋	中国科学院遗传与发育生物学研究所	2004—01 至 2007—12
	30330400/C02020504	甘蓝型油菜优质高效黄籽性状的遗传基础研究	李加纳	西南大学	2004—01 至 2007—12
	70333001/G0305	转基因农作物经济影响和发展策略研究	黄季焜	中国科学院地理科学与资源研究所	2004—01 至 2007—12
	30330150/C011110	草原生态系统中生源要素的计量化学关系及其耦合机理	韩兴国	中国科学院植物研究所	2004—01 至 2007—12
	30330410/C02020606	棉花—棉铃虫—侧沟茧蜂三营养级间的通讯机制	郭予元	中国农业科学院植物保护研究所	2004—01 至 2007—12
	40335047/D0115	水稻土可持续利用机理研究:五千年古水稻土与现代水稻土质量比较研究	曹志洪	中国科学院南京土壤研究所	2004—01 至 2007—12
2004	30430160/C011105	克隆植物资源分配、生长构型与交配系统相互关系的研究	张大勇	北京师范大学	2005—01 至 2008—12
	20432010/B02	生物合理设计绿色农药的分子基础研究	席 真	南开大学	2005—01 至 2008—12
	30430470/C020209	水稻抗病的阶段转换性和病原生理小种特异性的遗传基础和分子机理研究	王石平	华中农业大学	2005—01 至 2008—12

续表

年度	项目编号/申请代码	项目名称	项目负责人	依托单位	项目起止年月
2004	30430480/C02021005	果实在采后病害防御中对生物和非生物因子的应答机理	田世平	中国科学院植物研究所	2005—01至2008—12
	30430020/C010106	通过进化生物学途径从植物共生放线菌中寻找强生理活性化合物	沈月毛	中国科学院昆明植物研究所	2005—01至2008—12
	30430440/C020204	我国特有抗赤霉病小麦种质的抗性功能基因组研究	马正强	南京农业大学	2005—01至2008—12
	40432005/D0122	复合污染农田毒害污染物的生物转移过程和生态风险评估	骆永明	中国科学院南京土壤研究所	2005—01至2008—12
	30430490/C02021005	呼吸跃变型果蔬采后成熟过程中跃变乙烯启动的物质基础	罗云波	中国农业大学	2005—01至2008—12
	30430330/C0109	豆科蝶形花瓣发育模式建成的分子机制研究	罗　达	中国科学院植物生理生态研究所	2005—01至2008—12
	30430340/C0109	水稻细胞质雄性不育与恢复相互作用的分子机制及其起源	刘耀光	华南农业大学	2005—01至2008—12
	30430060/C01020201	高等植物远缘杂交诱导的表观遗传变异(epigenetic variation)现象及其在物种进化和新种形成中的作用	刘　宝	东北师范大学	2005—01至2008—12
	30430520/C020302	大豆中主要抗原蛋白的免疫生物学特性及其致敏机理的研究	李德发	中国农业大学	2005—01至2008—12
	30430460/C02020607	水稻化感品种的抑草机制及相应的化学物质基础	孔垂华	华南农业大学	2005—01至2008—12
	30430210/C01040102	水稻中miRNA的寻找和其他功能的初步研究	金由辛	中国科学院上海生命科学研究院生物化学与细胞生物学研究所	2005—01至2008—12

续表

年度	项目编号/申请代码	项目名称	项目负责人	依托单位	项目起止年月
2004	30430030/C0102	稻属中的杂交和多倍化及其进化意义	葛 颂	中国科学院植物研究所	2005—01 至 2008—12
	30430150/C011105	有翅蚜迁飞传播虫霉流行病的能力与行为模式研究	冯明光	浙江大学	2005—01 至 2008—12
	40432004/D0122	重金属在土壤—微生物—根系微界面迁移转化的分子机制	陈英旭	浙江大学	2005—01 至 2008—12
	30430450/C020204	油料作物高油种质资源创制的机理及其应用	陈锦清	浙江省农业科学院	2005—01 至 2008—12
2005	30530520/C02020604	双生病毒与番茄互作的分子机理研究	周雪平	浙江大学	2006—01 至 2009—12
	40535028/D0113	东北黑土氮素转化过渡特性及转化过程调控研究	张旭东	中国科学院沈阳应用生态研究所	2006—01 至 2009—12
	30530160/C011101	外来植物入侵的若干机制研究	叶万辉	中国科学院华南植物园	2006—01 至 2009—12
	30530060/C0102	植物花药和雄配子体发育的细胞与分子机制	叶 德	中国农业大学	2006—01 至 2009—12
	30530100/C01020305	转录因子 MYB103 调控花粉发育的分子机理	杨仲南	上海师范大学	2006—01 至 2009—12
	30530400/C0109	泛素蛋白修饰在植物发育及植物与环境相互作用中的调控机制	谢 旗	中国科学院遗传与发育生物学研究所	2006—01 至 2009—12
	30530480/C02020502	小麦体细胞杂交新品种山融 3 号耐盐的功能基因研究	夏光敏	山东大学	2006—01 至 2009—12
	30530490/C02020506	利用激素合成与传导基因改良棉花的纤维品质与产量	裴 炎	西南大学	2006—01 至 2009—12
	30530460/C020202	Strategy I 植物的铁元素吸收代谢分子调控机制研究	凌宏清	中国科学院遗传与发育生物学研究所	2006—01 至 2009—12

续表

年度	项目编号/申请代码	项目名称	项目负责人	依托单位	项目起止年月
2005	30530510/C020206	基于抗体的植物真菌病害分子控制原理与技术研究	廖玉才	华中农业大学	2006—01 至 2009—12
	30530030/C01010702	水稻矮缩病毒(RDV)编码 RNA 沉默抑制因子作用机制研究	李 毅	北京大学	2006—01 至 2009—12
	30530050/C0102	中国华北地区晚新生代植物演化与环境变迁	李承森	中国科学院植物研究所	2006—01 至 2009—12
	30530530/C02020608	昆虫半胱氨酸环类神经递质受体的基因结构和药理学特性	韩召军	南京农业大学	2006—01 至 2009—12
	30530470/C02020501	稻米品质性状重要基因变异的分子机理及其育种应用研究	顾铭洪	扬州大学	2006—01 至 2009—12
	30530020/C0101	宿主细胞抗病毒因子 ZAP 作用机理研究	高光侠	中国科学院生物物理研究所	2006—01 至 2009—12
	30530500/C020206	病毒基因沉默抑制子与植物抗病途径的相互作用	方荣祥	中国科学院微生物研究所	2006—01 至 2009—12
	30530070/C0102	端粒在植物同源染色体联会中的作用	程祝宽	中国科学院遗传与发育生物学研究所	2006—01 至 2009—12
2006	30630003/C0101	微生物侵染线虫的分子机理	张克勤	云南大学	2007—01 至 2010—12
	30630046/C020202	植物镉超积累作用的生理生化机制	杨肖娥	浙江大学	2007—01 至 2010—12
	30630044/C011001	茉莉素调控植物雄性不育的分子机理研究	谢道新	清华大学	2007—01 至 2010—12
	30630054/C020603	菌根真菌对黄土高原植被恢复和生态系统重建的作用机制	唐 明	西北农林科技大学	2007—01 至 2010—12
	30630041/C0110	转录后基因沉默过程控制植物形态建成机理的研究	黄 海	中国科学院植物生理生态研究所	2007—01 至 2010—12

续表

年度	项目编号/申请代码	项目名称	项目负责人	依托单位	项目起止年月
2006	30630002/C0101	棉铃虫病毒结构蛋白组成和相互作用关系以及调控 BV/ODV 形成的分子机制的研究	胡志红	中国科学院武汉病毒研究所	2007—01 至 2010—12
	30630004/C0102	拟南芥 ros1 突变抑制因子维持异染色质扩散的分子机理	巩志忠	中国农业大学	2007—01 至 2010—12
	30630009/C01020305	赤霉素与生长素相互作用调控 DELLA 蛋白降解的分子机理研究	傅向东	中国科学院遗传与发育生物学研究所	2007—01 至 2010—12
	30630015/C0111	华南地区受损丘陵生态系统植被和土壤恢复机理及格局优化研究	傅声雷	中国科学院华南植物园	2007—01 至 2010—12
	30630045/C0202	谷子核心种质与功能基因组研究平台建设	刁现民	河北省农林科学院谷子研究所	2007—01 至 2010—12

五、国家重点实验室

国家重点实验室计划于 1984 年开始实施。目前,国家重点实验室已发展到 197 个(国家重点实验室网站,2007),其中与基础农学相关的国家重点实验室共 21 个:

序号	实验室名称	所属学科	主管部门	地区
1	蛋白质工程和植物基因工程国家重点实验室	生命	教育部	北京
2	农业虫害鼠害综合治理研究国家重点实验室	生命	中国科学院	北京
3	农业生物技术国家重点实验室	生命	教育部	北京
4	农业微生物学国家重点实验室	生命	教育部	湖北
5	水稻生物学国家重点实验室	生命	农业部	浙江
6	微生物技术国家重点实验室	生命	教育部	山东
7	微生物资源国家重点实验室	生命	中国科学院	北京
8	系统与进化植物学国家重点实验室	生命	中国科学院	北京
9	遗传工程国家重点实验室	生命	教育部	上海

续表

序号	实验室名称	所属学科	主管部门	地区
10	有害生物控制与资源利用国家重点实验室	生命	教育部	广东
11	植物病虫害生物学国家重点实验室	生命	农业部	北京
12	植物分子遗传国家重点实验室	生命	中国科学院	上海
13	植物化学与西部植物资源可持续利用国家重点实验室	生命	中国科学院	云南
14	植物基因组学国家重点实验室	生命	中国科学院	北京
15	植物生理学与生物化学国家重点实验室	生命	教育部	北京
16	植物细胞与染色体工程国家重点实验室	生命	中国科学院	北京
17	作物遗传改良国家重点实验室	生命	教育部	湖北
18	作物遗传与种质创新国家重点实验室	生命	教育部	江苏
19	热带作物生物技术国家重点实验室	生命	农业部	海南
20	动物营养学国家重点实验室	生命	农业部	北京
21	兽医生物技术国家重点实验室	生命	农业部	黑龙江

六、农业部重点开放实验室

农业部根据合理布局、择优命名的原则，1986 年启动了部重点开放实验室建设项目计划。到 2005 年，共建设 84 个重点开放实验室，其中与基础农学相关的重点开放实验室 55 个：

序号	实验室名称	依托单位
1	农业部作物种质资源与生物技术重点开放实验室	中国农科院品质所
2	农业部作物基因组学与遗传改良重点开放实验室	中国农业大学
3	农业部油料作物遗传改良重点开放实验室	中国农科院油料所
4	农业部水稻生物学重点开放实验室	中国水稻所
5	农业部农药化学及应用技术重点开放实验室	中国农科院植保所 中国农业大学
6	农业部植物营养与养分循环重点开放实验室	中国农科院土肥所 中国农业大学
7	农业部农业环境与气候变化重点开放实验室	中国农科院环发所
8	农业部设施农业生物环境工程重点开放实验室	中国农业大学

续表

序号	实验室名称	依托单位
9	农业部农作物分子生物学重点开放实验室	中国农科院生物技术研究所
10	农业部蔬菜遗传与生理重点开放实验室	中国农科院蔬菜花卉所
11	农业部棉花遗传改良重点开放实验室	中国农科院棉花所
12	农业部农业微生物资源及其应用重点开放实验室	中国农业大学
13	农业部西北园艺植物种质资源与遗传改良重点开放实验室	西北农林科技大学
14	农业部作物遗传与生物技术育种重点开放实验室	江苏农科院
15	农业部作物遗传育种重点开放实验室	中国农科院作物所
16	农业部作物生理生态遗传育种重点开放实验室	沈阳农业大学
17	农业部小麦栽培生理与遗传改良重点开放实验室	山东农业大学
18	农业部病虫监测与治理重点开放实验室	南京农业大学
19	农业部生物防治重点开放实验室	中国农科院生物防治研究所 中国农业大学
20	农业部作物病虫害综合治理与系统学重点开放实验室	西北农林科技大学
21	农业部作物栽培与耕作学重点开放实验室	中国农业大学
22	农业部寒地作物生理生态重点开放实验室	东北农业大学
23	农业部园艺植物生长发育与生物技术重点开放实验室	浙江大学
24	农业部动物营养与饲料重点开放实验室	浙江大学
25	农业部旱区农业节水重点开放实验室	西北农林科技大学
26	农业部草地农业生态系统学重点开放实验室	甘肃草原生态所
27	农业部土壤和水重点开放实验室	中国农业大学
28	农业部亚热带农业资源与环境重点开放实验室	华中农业大学
29	农业部茶叶化学工程重点开放实验室	中国农科院茶叶所
30	农业部生态农业环境工程重点开放实验室	浙江大学
31	农业部农业环境与农产品安全重点开放实验室	农业部环保科研监测所
32	农业部农业环境微生物工程重点开放实验室	南京农业大学
33	农业部农业病毒学与生物技术重点开放实验室	浙江省农科院
34	农业部农业信息技术重点开放实验室	北京市农科院
35	农业部分子植物病理学重点开放实验室	中国农业大学
36	农业部昆虫学重点开放实验室	华南农业大学
37	农业部资源遥感与数字农业重点开放实验室	中国农科院农业自然资源和区划所
38	农业部生物技术与作物品质改良重点开放实验室	西南农业大学

续表

序号	实验室名称	依托单位
39	农业部水稻遗传改良重点开放实验室	广东省农科院水稻所
40	农业部甘蔗生理生态与遗传改良重点开放实验室	福建农林大学
41	农业部麻类遗传育种与工程微生物重点开放实验室	中国农科院麻类所
42	农业部北方农作物病害免疫重点开放实验室	沈阳农业大学
43	农业部作物生长调控重点开放实验室	南京农业大学
44	农业部热带作物栽培生理学重点开放实验室	中国热带农科院橡胶栽培研究所
45	农业部草地植被恢复与重建重点开放实验室	中国农业大学
46	农业部草地资源生态重点开放实验室	中国农科院草原所
47	农业部长江上游农业资源与环境重点开放实验室	四川农科院土肥所
48	农业部功能食品研究重点开放实验室	广东省农科院生物技术研究所
49	农业部天然橡胶加工重点开放实验室	华南热带农产品加工设计研究所
50	农业部南方高原农业生物技术重点开放实验室	云南农科院
51	农业部核农学重点开放实验室	浙江大学原子核农业研究所
52	农业部茶叶生物化学与生物技术重点开放实验室	安徽农业大学
53	农业部农业技术与航天育种重点开放实验室	中国农科院原子能利用所
54	农业部农村可再生能源重点开放实验室	河南农业大学
55	农业部农业微生物重点开放实验室	华中农业大学

ABSTRACTS IN ENGLISH

Comprehensive Report

Development of Basic Agronomy

This report, on the basis of defining the concept and connotation of basic agronomic subject, retrospects the development of basic agronomy in the beginning, the tortuous and destroying, the resuming and developmental, and the reforming and adjusting stages since the foundation of the People's Republic of China. The four stages have laid a solid foundation for the development of basic agronomy.

Basic agronomy plays an extremely important role in the development of science and technology, economy and society. It is the significant guide line to scale the level of scientific research of the nation. New concepts, theories and methods of basic agronomy are dynamics to promote progress and innovation of agricultural science and technology. Orientational observation and basic data accumulation in basic agronomy are scientific basis of macro policy-making of the nation. Basic agronomy is so important that it can be used to train highly qualified men of ability and improve the level of agricultural education. Transforming and popularizing the research fruits of basic agronomy subject may accelerate the development of agricultural and rural economics in a continuously stable and healthy way.

Since the foundation of new China, especially since the reforming and opening up, great changes have taken place in the research of basic agronomy in the amplification of research institutions, the enlargement of the scales of groups, the improvement of experimental conditions and international co-operation and communication. In different phases of history, basic agronomy has been emphases of the national programs of science and technology. Since the sixth five-year plan (from 1980 to 1985) many programs concerning agricultural research such as Key Technologies R & D Program, Hi-tech Research and Development Program of China ("863" Program), National basic Research Program of China ("973" Program) and R & D Conditional Constructing Plan have been launched by the nation. More funds from the above-mentioned programs have been invested into basic agronomy and its sub-subject, namely, crop genetics breeding, crop nutrition science, agricultural entomology and plant pathology, agricultural microbiology, agricultural molecular biology and biotechnology, agricultural biological physics, agro-meteorology, agricultural ecology and agricultural information science.

It is worthwhile to point out that based on the need of the nation and the existent research work results, unprecedented significant research fruits that are of great scientific value have been obtained in the field of basic research that is used to clarify natural phenomena, characteristics and laws as well as in the domain of basic application research that is used to produce products, and make technical inventions in technology and systems. According to the statistics, 27 items of prizes for national award of agricultural achievements, 18 items of special grade prizes and first grade prizes for National Award of Technique Invention, etc. were awarded from 1949 to 2005. These achievements were of high level of science and technology. They enriched and developed basic agronomy and brought about great social and economic benefits by being transformed and extended directly and indirectly.

Along with the rapid development of modern science and technology, especially the penetration of basic sciences such as mathematics, physics, chemistry, astronomy, geography and biology into agricultural sciences, new characteristics and trends have appeared in the research of basic agronomy since 1990s. Combined more and more closely, basic agronomy, agricultural science and technology, and production have become incorporated and integrated. It tends to become evident that basic sciences have penetrated into basic agronomy so that new frontier scientific subjects, intercrossing subjects and synthetic subjects come into being continuously. Basic agronomy is developing microcosmically and macroscopically and with the help of modern experimental tools, theories and methods, modernization of investigating means has been realized in the research of basic agronomy. There are competition and co-operation, intercommunication and restriction in the international research of basic agronomy, which makes situation complicated. Transforming and extending of the research achievements in basic agronomy will make contributions to solving the food shortage problem of the world population fastigium.

In order to accelerate the development of basic agronomy, it is necessary to carry out the scientific guidelines of "independent innovating, keystone spanning, supported developing, and leading to the future," deepen further the reformation of scientific system, establish a highly qualified and efficient basic agronomy research group that fits for socialism market economy and the basic agronomy laws, and speed up establishment of the key state laboratories and modern experimental research bases of basic agronomy under the guidance of the great thought of "Three Represents" and scientific development outlook. It is imperative to accelerate the international co-operation and communion of basic agronomy, greatly increase the scientific investment into basic agronomy in order to raise the basic agronomic investment from 6% of all the agricultural scientific investment in 2004 to more than 12% in 2010. It is also essential to create favorable exterior environment for continuously stable development of basic agronomy, keep the stability and continuity of research plans, encourage the innovation of academic ideas, build up good style of study, improve the living standard of researchers, and amend the achievement awarding system. The implementation of all the correlative policies will certainly redound to the continuous development of basic agronomy.

Written by Xu Shiwei, Sun Haoqin, Xin Naiquan

Reports on Special Topics

Development of Agricultural Botany

This paper gives a brief review on history, present status and recent progress of agricultural botany. Since the Neolithic Age mankind began to cultivate crops. through documental stage and experimental stage, agricultural botany now reaches modern stage which focuses the studies on molecular mechanisms of metabolism, growth, development, response to environment of agricultural plants. In recent years the genes related to many important agricultural traits have been cloned and applied to gene engineering. Special concern has now been given to the roles of hormone signal system and transcription factors in gene expression of development process and stress tolerance. The results in above-mentioned areas achieved by researchers abroad and in China are under discussion. It is obvious that the knowledge and techniques derived from modern agricultural botany have opened several new approaches for crop improvement, such as proteome engineering, metabolome engineering, molecular design breeding, genomics-assisted breeding and biofortification breeding. For the future investigation of agricultural botany, attention should be paid to the following areas: ①Gene regulation of crop development; ②Cloning of new genes useful in breeding; ③Further improvement of gene engineering; ④Molecular mechanism of hetrosis; ⑤Breeding super-high yield crops by using multi breeding techniques; ⑥Theoretical bases and techniques for developing environment-friendly cultivars.

Written by Zhu Zhiqing, Liu Gongshe

Development of Plant Nutrition

In 1840, Liebig's theory of the mineral nutrition of plants stated the foundation of plant nutrition science. Study on plant nutrition science began very late in our country. After the foundation of new China, two times of national soil survey and three times of national fertilizer field experiments provided a scientific basis for agro-chemistry research and rational use of chemical fertilizer in China.

The recent investigation showed that great attention need to be paid to soil fertility improvement since national soil fertility degraded in some regions. In the last ten years, new progresses have been made on the behaviors of K, Mg, S, and Si in soil and their availability to plant. Great breakthrough on the mechanisms of plant Ca uptake and translocation, physiological function of B, Zn, Mo, Mn and the fertilization techniques of Ca, Si, Mo have been achieved. And primary progresses on morphological and physiological adaptation mechanisms of root in various environmental stress conditions have been made. In regard to yield physiology, many results on the roles of N, P, and K in yield formation and regulation of sink-source have been obtained. All the above achievements have promoted rational application of fertilizer and enhancement of fertilizer use efficiency.

On plant nutrition genetics, many studies in China are focused on screening for N, P and K highly efficient crop genotypes, and have bred wheat cultivars with high P use efficiency by genetic approach. Chinese researchers have obtained encouraging results in mocular regulation mechanisms of Fe and K uptake and transport in *Arabidopsis thaliana*, which was helpful in breeding for increasing Fe or K use efficiency.

In the last ten years, plant nutrition theory has played an important role in remediation of heavy mental polluted soil and control of agricultural non-point source pollution in China. Under the condition of fertilization system with urgent need of economic and ecological efficiency, studies on precision soil nutrient management and balance fertilization technical system have achieved new progresses and promoted the nationwide activity of testing soil for formulated fertilization.

In addition, controlled-release fertilizer and microbial fertilizer developed rapidly, but for the expensive price of controlled-release fertilizer and the unstable effect of microbial fertilizer, they have not been used widely.

In the next several years, considering the development and present situation of plant nutrition science, on the one hand, plant nutrition science should adhere to the central task of ensuring the security for grain and promoting the agricultural sustainable development, strengthen the studies of chemical behavior of soil nutrients and physiology of plant nutrients, optimize fertilization technical system, and then increase fertilizer use efficiency to protect environment and increase the yield and quality of agricultural products; and on the other hand, plant nutrition science should probe the law of plant nutrition genetics with efforts to enhance nutrient use efficiency by molecular biological technology.

Written by Jin Jiyun, Liu Xiaoyan, He Ping

Development of Agricultural Entomology and Plant Pathology

Agricultural Entomology and Plant Pathology are important branches of Agronomy. They focus on agricultural pests, natural enemies, plant pathogens such as fungi, nematodes, virus and bacteria. These are the important limitation factors influencing agricultural sustainable development.

There is a brief review of history of Agricultural entomology and Plant Pathology in China in this paper. The current situation of plant disease epidemic, pest disperse mechanism, pest and diseases population genetic variation, and crop resistance mechanism are summarized. This paper also introduced the major advances in inspection and prediction of agricultural pests and diseases, biological control, pest resistance detection and management, pathogenesis gene and signal transmission, molecular diagnosis of plant pathogens, genetic variation and pest risk analysis of alien invasive species.

Written by Ni Hanxiang, Lei Zhongren, Peng Deliang

Development of Agricultural Microbiology

Agricultural microbiology as a discipline from microbiology is mainly concerned with the microbiological application in agriculture and related theoretical exploration. And it is mainly applied in fields such as microbial feed, microbial pesticide, microbial fertilizer, microbial food, microbial energy and microbial environmental protection.

At present, the international competition of the excavation of microbial gene resources and the development of agricultural microbial agents is going more severely. With the development of modern molecular biology, genomics, proteomics, bioinformatics, molecular ecology, metabolomics and systems biology, a series of new bacteria and new functional genes with potential to resist insects, disease, stress, radiation and degrade pesticide have been separated and cloned. Many important scientific research projects closely related with agricultural production and environmental protection such as biological control, biological nitrogen fixation and biodegradation have been progressed into a new stage of the functional gene expression and network regulation at a genomic level. At the same time, the industry of agricultural microbial products has great market potential. The enzyme agents used in feed and food, and the microbial agents of pesticide, fertilizer and environmental protection are playing a very important role in solving some vital problems such as population and food, energy and resources, environment and health.

Written by Lin Min, Wu Ningfeng, Li Min

Development of Agricultural Molecular Biology and Biotechnology

In decades of years, the agricultural researches have made great progresses with the rapid development of molecular biology, molecular marker technique, and genetic linkage mapping of many crops. With the completeness of rice genomic sequencing project, the emphasis of plant genomic research has focused on functional genome research. Proteomics is one of the most active research fields in the post-genomic era. The application of proteomics in agricultural research has been progressing. Recently, increasing advances in the studies of quantitative trait in crops benefit us in further study of molecular breeding. These studies provided insights into the numbers, types and effects of QTL and their relation to ecological environment. Scientific researches on transgenic crops focuse on the control of important pests and diseases have been widely developed and made important breakthrough.

Plant molecular biology is a most essential and powerful tool in agricultural sciences. Scientists are required to unravel rice gene functions on a genome-wide scale, providing breeders with abundant genetic resources for continued generation of elite rice varieties to maintain a sustainable food supply. We expect that the successful implementation of a combinatorial approach using functional genomics and GM rice will play a crucial role in our effort to improve rice cultivars in China. The immediate goal is to breed varieties with a further improved yield potential, enhanced stress resistance and good grain quality by using molecular and genomic information in the future. Important gains achieved by the accelerated technological progress in protein separation and identification will be helpful in understanding the response of plants to biotic and abiotic stresses. To make full use of the potential of genomics for crop breeding, many important researches need to be strengthened, including targeted gene disruption, mutagenesis, RNA interference and homologous recombination. Furthermore, an integrated database that combines genome information for rice and other cereals is critical to the effective utilization of all genomics resources for cereal improvement.

Written by Huang Rongfeng, Zhang Haiwen

Development of Agricultural Mathematics

Application of statistical methods and mathematical models has played a vital role in improving sophistication and precision of agricultural sciences. Such analytic tools are also very important in socioeconomic studies on behavior of agricultural producers, consumer and markets, which provide valuable information to various decision makers for them to optimize their strategies and policies. Broadly speaking, mathematic tools are used for three key tasks: to reveal modes and patterns underlying statistical data and test their validity, to predict behaviors of technical systems or socioeconomic systems under different conditions based on identified modes and patterns through simulation analyses, and to derive optimal solutions to problems under concern. With the continued development of mathematic theories and computing techniques, many new analytic tools are made available to agricultural scientists. As a result, agricultural modeling has been rapidly proliferated in both theoretic and applied studies, particularly in the developed countries.

The Chinese agricultural scientists began to use agricultural modeling methods in the early 1980s after China opened to the world. The early stage was characterized by introducing tools from abroad and then adapting them to China's specific conditions. Lately, the Chinese agricultural scientists made attempts to develop own models based on research needs. So far, advanced mathematic methods have been increasingly used in many areas of agricultural research, such as agronomy, agricultural meteorology, agricultural biology, agricultural ecology, natural resource management, agricultural economy and sociology. The application of mathematic tools is usually problem-oriented and is heavily dependent on knowledge and ability of the researchers. While the technical gap between China and developed countries tends to narrow over time, it seems that the capacity of Chinese agricultural scientists for creative innovations of applied analytic tools is still inappropriate, particularly those of interdisciplinary nature. In future, China needs to improve mathematic education in agricultural colleges and universities so that the new generation of agricultural scientists can be well prepared to adopt advanced mathematic tools in their work. Special attention should be also given to the development of applied mathematic methods in responding to the specific needs of agricultural sciences and management.

Written by Tian Weiming, Jie Yuejian

Development of Agricultural Biophysics

This paper reviewed the main achievements of agricultural biophysics, analyzed its developmental gap and provided some thoughts on its future development. Since the research and application of agricultural biophysics were initiated in 1959, it has penetrated into the main fields of agriculture and has made outstanding achievements. In some fields, China keeps a leading place in the world. In general, the application of agricultural biophysics in mutation breeding, space breeding, agricultural isotope tracers, food irradiation, sterile insect technique, radiation hormesis, electro-magnetic field hormesis, laser breeding, ultrasound wave hormesis, effect of electron-ion beam and agricultural scientific instruments, has made considerable advancement and gained tremendous economic, social as well as ecological benefits. In considering its future development, the focus should be placed on the applied basic research and the development of some key technologies, and endeavor to make some break through in the molecular mechanism of mutation breeding and space breeding, irradiation quarantine technology, isotope tracing in environmental protection, animal health and production, physical fertilizer, testing methods and instruments of agricultural products quality, and the establishment of food safety system. The general objective is to develop a set of technology packages with domestic intellectual propriety, upgrade the capability building of technology innovation in China, and continue to keep its comprehensive advantage in agricultural biophysics.

Written by Zhang Yehui, Yan Yanlu, Peng Yunsheng, Ji Haiyan

Development of Agrometeorology

Agrometeorology is a science studying relationship and interaction between agriculture and meteorological environmental conditions. Due to its biological object- oriented production in open agriculture, it is the economical department most vulnerable and reliant to meteorological environmental conditions.

Since 1949, agrometeorology has been obtained great successful development, and is generally advanced in developing countries. In some fields agrometeorological service ranks the leading level in the world. But basic theory research is still weak and therefore can not fit the situation of agricultural modernization and the national plan of new countryside construction. Instrument and equipment are also not advanced.

In this report, development and progresses of agrometeorology were generally surveyed. Based on the national middle/long term program of sciences and technology, the focal research points and objects of agrometeorlogy in the early 21century were suggested. In 2020, construction and effects of agrometeological service will catch up to the advanced level in the world, and some important progresses of basic theory research will be obtained. In 2050, agrometeorology in China will catch up with the world advanced level including agrometeorological service, techniques, instruments and basic theory research. In order to realize the targets, several measures of agrometeorological subject construction and development were suggested.

Written by Mei Xurong, Zheng Dawei, Sun Zhongfu, Yin Yanfang

Development of Agricultural Ecology

Agriculutral Ecology is a branch of Ecology in agriculuture. It is a discipline to study the structure, function, influence, regulation and development path of agriculture from the perspective of ecology, especially ecosystem's ecology. In 1960's and 1970's, ecological crises on resources, environment, energy and food supply were related with agriculture, and agricultural crises on pesticide/fertilizer contamination and resouces consumption were related with ecology. The result was the start of modern agricultural ecology. The major achievements of agroecology in the recent years include: ① the influence of global changes on agriculture and the influence of agriculture on global changes; ②biodiversity in agriculture to control pests, to supply nutrition and to reduce severe environmental stresses; ③ system structure of sustainable agriculture in watersheds and in crop fields; ④chemical ecology in agroecosystem related to allelopathy between plants, between crop and microorganisms, and between crop and insect; ⑤resources saving agriculture based on the energy and material flow in agroecosystem; and ⑥ economic evalution of ecological service function of agriculture. The future of agricultural ecology will absorb more "nutrition" from both the new development of ecology and agricultural sciences. Landscape ecology, molecular ecology, and information/computer technology will be widely adopted in this discipline. On the one hand, suatainable development and ecological agriculture will still be the main applicational field of aroecology. On the other hand, ecological safty of transgenic food and new agricultural chemicals, the establishment of circulation systems and remediation of contaminated land will gain more attention. Agroecology will promote the use of ecological relationship among crop and their living neibours, the reduction of external inputs, the methods to overcome ecological stresses such as soil erosion, desertification, salinity and draught. The ecological agriculture will be promoted because more mature ecosystem patttens and technical packages will be available in the next 10 years.

Written by Luo Shiming, Wang Jianwu, Zhang Jiaen, Zeng Rensen, Li Huashou, Cai Kunzheng, Ye Yanqiong, Xiao Hongsheng, Chen Guikui, Qin Zhong, Zhao Na

Development of Agricultural Information Science

Agricultural information science, which studies basic laws of agricultural, takes agricultural produce activity information as object, counts on the information technology as supports, carries on agricultural information management and policy-making with specific space and time criterion and orientation, such as agricultural information collecting, processing, analyzing, storing, transmitting, and so on. Seen from the basic content and condition, agricultural information science should be composed by theories, key technologies and application systems.

For nearly 30 years, the fast development of information technology has provided new measures and methods for agricultural production management modernization and informationization. Meanwhile, modern agricultural science theories and technologies have provided support for high quality, high production, high efficiency, ecologic and secure agriculture industry. Agricultural information science gradually forms in the background of the development of information science and agricultural science, as well as information technologies applied in agricultural field. It has approximately experienced three stages: infancy, start and growth.

Agricultural information science has already formed complete discipline system, including 9 key technologies, such as agricultural database, multimedia, network, agricultural space information management, automatic control, agricultural system simulate, agricultural artificial intelligence, agricultural management decision and agricultural information service, etc.

Along with the rapid development of information technology, as well as its thorough application in agricultural field, agriculture information science key technologies have been obtained a series of fruitful achievements. From now on, agricultural information science develops towards information agricultural, precise agricultural and agricultural informationization project.

Written by Xu Shiwei, Liu Shihong